1+X 职业技能鉴定考核指导手册

# 工具钳工

## （注塑模）

### 编审委员会

主　　任　仇朝东

委　　员　葛恒双　顾卫东　宋志宏　杨武星　孙兴旺
　　　　　刘汉成　葛　玮

执行委员　孙兴旺　张鸿樑　李　晔　瞿伟洁

中国劳动社会保障出版社

**图书在版编目(CIP)数据**

工具钳工（注塑模）：三级/上海市职业培训研究发展中心组织编写. —北京：中国劳动社会保障出版社，2011

1 + X 职业技能鉴定考核指导手册

ISBN 978 - 7 - 5045 - 8936 - 1

Ⅰ. ①工… Ⅱ. ①上… Ⅲ. ①注塑-塑料模具-职业技能鉴定-自学参考资料 Ⅳ. ①TQ320. 5

中国版本图书馆 CIP 数据核字(2011)第 052936 号

**中国劳动社会保障出版社出版发行**

（北京市惠新东街 1 号 邮政编码：100029）

出 版 人：张梦欣

*

北京市艺辉印刷有限公司印刷装订 新华书店经销

787 毫米 × 960 毫米 16 开本 21. 75 印张 356 千字

2011 年 9 月第 1 版 2011 年 9 月第 1 次印刷

**定价：40. 00 元**

**读者服务部电话：010 - 64929211/64921644/84643933**

**发行部电话：010 - 64961894**

**出版社网址：http：//www. class. com. cn**

# 前　言

职业资格证书制度的推行，对广大劳动者系统地学习相关职业的知识和技能，提高就业能力、工作能力和职业转换能力有着重要的作用和意义，也为企业合理用工以及劳动者自主择业提供了依据。

随着我国科技进步、产业结构调整以及市场经济的不断发展，特别是加入世界贸易组织以后，各种新兴职业不断涌现，传统职业的知识和技术也愈来愈多地融进当代新知识、新技术、新工艺的内容。为适应新形势的发展，优化劳动力素质，上海市人力资源和社会保障局在提升职业标准、完善技能鉴定方面做了积极的探索和尝试，推出了1+X培训鉴定模式。1+X中的1代表国家职业标准，X是为适应上海市经济发展的需要，对职业标准进行的提升，包括了对职业的部分知识和技能要求进行的扩充和更新。上海市1+X的培训鉴定模式，得到了国家人力资源和社会保障部的肯定。

为配合上海市开展的1+X培训与鉴定考核的需要，使广大职业培训鉴定领域专家以及参加职业培训鉴定的考生对考核内容和具体考核要求有一个全面的了解，人力资源和社会保障部教材办公室、中国就业培训技术指导中心上海分中心、上海市职业培训研究发展中心联合组织有关方面的专家、技术人员共同编写了《1+X职业技能鉴定考核指导手册》。该手册由“理论知识复习题”“操作技能复习题”和“理论知识模拟试卷及操作技能模拟试卷”三大块内容组成，书中介绍了题库的命题依据、试卷结构和题型题量，同时从上海市1+X鉴定题库中抽取部分理论知识题、操作技能试题和模拟样卷供考生参考和练习，便于考生能够有针对性地进行考前复习准备。今后我们会随着国家职业标准以及鉴定题库的提升，逐步对手册内容进行补充和完善。

本系列手册在编写过程中，得到了有关专家和技术人员的大力支持，在此一并表示感谢。

由于时间仓促，缺乏经验，如有不足之处，恳请各使用单位和个人提出宝贵意见和建议。

1+X职业技能鉴定考核指导手册
编审委员会

# 目　录

CONTENTS　1+X 职业技能鉴定考核指导手册

# 工具钳工（注塑模）职业简介

## 一、职业名称

工具钳工（注塑模）。

## 二、职业定义

本职业培养模具制造行业的工具钳工，以完成对注塑模具的调试、装配和试模工作。

工具钳工（注塑模）是指经过本职业的培训，能熟悉已经制造完成的注塑模具的工作原理，了解其制造过程，并在其基础上，使用钳工工具、量具及相关设备，完成对注塑模具的装配、修配和调试工作的人员。

## 三、主要工作内容

从事的工作主要包括：（1）使用钳工工具、量具及相关设备，针对注塑模具零件，完成相应的测绘、测量和钳工修配工作；（2）重点完成注塑模具的装配与调试工作；（3）最终完成注塑模具的试模工作。

# 第1部分

# 工具钳工（注塑模）（三级）鉴定方案

## 一、鉴定方式

工具钳工（注塑模）（三级）的鉴定方式分为理论知识考试和操作技能考核。理论知识考试采用闭卷计算机机考方式，操作技能考核采用现场实际操作及笔试方式。理论知识考试和操作技能考核均实行百分制，成绩皆达60分及以上者为合格。理论知识或操作技能不及格者可按规定分别补考。

## 二、理论知识考试方案（考试时间90 min）

| 题库参数 / 题型 | 考试方式 | 鉴定题量 | 分值（分/题） | 配分（分） |
|---|---|---|---|---|
| 判断题 | 闭卷机考 | 40 | 0.5 | 20 |
| 单项选择题 | | 120 | 0.5 | 60 |
| 多项选择题 | | 20 | 1 | 20 |
| 小计 | — | 180 | — | 100 |

## 三、操作技能考核方案

考核项目表

<table>
<tr><td colspan="2">职业（工种）</td><td colspan="2">工具钳工（注塑模）</td><td rowspan="2">等级</td><td colspan="3" rowspan="2">三级</td></tr>
<tr><td colspan="2">职业代码</td><td colspan="2"></td></tr>
<tr><td>序号</td><td>项目名称</td><td>单元编号</td><td>单元内容</td><td>考核方式</td><td>选考方法</td><td>考核时间（min）</td><td>配分（分）</td></tr>
<tr><td rowspan="2">1</td><td rowspan="2">模具零件测绘与液压系统安装</td><td>1</td><td>模具零件测绘</td><td>操作</td><td>必考</td><td>60</td><td>10</td></tr>
<tr><td>2</td><td>液压系统安装</td><td>操作</td><td>必考</td><td>60</td><td>10</td></tr>
<tr><td rowspan="2">2</td><td rowspan="2">注塑模具修配</td><td>1</td><td>复杂注塑模具型芯（型腔）修配</td><td>操作</td><td rowspan="2">抽一</td><td rowspan="2">180</td><td rowspan="2">35</td></tr>
<tr><td>2</td><td>侧向抽芯机构修配</td><td>操作</td></tr>
<tr><td rowspan="2">3</td><td rowspan="2">注塑模具装配</td><td>1</td><td>带侧向抽芯机构的注塑模具装配</td><td>操作</td><td rowspan="2">抽一</td><td rowspan="2">120</td><td rowspan="2">30</td></tr>
<tr><td>2</td><td>带镶件的注塑模具装配</td><td>操作</td></tr>
<tr><td rowspan="2">4</td><td rowspan="2">注塑模具调试</td><td>1</td><td>注塑模具检测与验收</td><td>操作</td><td>必考</td><td>60</td><td>10</td></tr>
<tr><td>2</td><td>注塑模具问题分析与排除</td><td>笔试</td><td>必考</td><td>30</td><td>5</td></tr>
<tr><td colspan="6">合计</td><td>510</td><td>100</td></tr>
<tr><td>备注</td><td colspan="7"></td></tr>
</table>

# 第2部分

# 鉴定要素细目表

| 职业（工种）名称 | | | | | 工具钳工（注塑模） | 等级 | 三级 |
|---|---|---|---|---|---|---|---|
| 职业代码 | | | | | | | |
| 序号 | 鉴定点代码 | | | | 鉴定点内容 | | 备注 |
| | 章 | 节 | 目 | 点 | | | |
| | 1 | | | | 职业道德 | | |
| | 1 | 1 | | | 工具钳工的职业道德 | | |
| | 1 | 1 | 1 | | 社会主义职业道德规范 | | |
| 1 | 1 | 1 | 1 | 1 | 职业道德规范的定义 | | |
| 2 | 1 | 1 | 1 | 2 | 职业道德规范的内容 | | |
| | 1 | 1 | 2 | | 工具钳工的职业道德规范要求 | | |
| 3 | 1 | 1 | 2 | 1 | 工具钳工职业道德的特点 | | |
| 4 | 1 | 1 | 2 | 2 | 工具钳工职业道德的要求 | | |
| | 1 | 1 | 3 | | 工具钳工的职业概况 | | |
| 5 | 1 | 1 | 3 | 1 | 工具钳工的职业定义 | | |
| 6 | 1 | 1 | 3 | 2 | 工具钳工的职业功能 | | |
| | 1 | 2 | | | 职业守则 | | |
| | 1 | 2 | 1 | | 工具钳工的职业守则 | | |
| 7 | 1 | 2 | 1 | 1 | 工具钳工的基本职业守则 | | |
| 8 | 1 | 2 | 1 | 2 | 工具钳工的职业素养 | | |
| 9 | 1 | 2 | 1 | 3 | 工具钳工的业务素养 | | |
| | 2 | | | | 基础知识 | | |

续表

| 职业（工种）名称 | | | | | 工具钳工（注塑模） | 等级 | 三级 |
|---|---|---|---|---|---|---|---|
| 职业代码 | | | | | | | |
| 序号 | 鉴定点代码 | | | | 鉴定点内容 | | 备注 |
| | 章 | 节 | 目 | 点 | | | |
| | 2 | 1 | | | 塑料 | | |
| | 2 | 1 | 1 | | 塑料基础知识 | | |
| 10 | 2 | 1 | 1 | 1 | 塑料的组成 | | |
| 11 | 2 | 1 | 1 | 2 | 塑料的分类 | | |
| 12 | 2 | 1 | 1 | 3 | 塑料的工艺特性 | | |
| | 2 | 2 | | | 制图及 CAD 基础知识 | | |
| | 2 | 2 | 1 | | 工程识图知识 | | |
| 13 | 2 | 2 | 1 | 1 | 图线的应用 | | |
| 14 | 2 | 2 | 1 | 2 | 标题栏的填写方法 | | |
| 15 | 2 | 2 | 1 | 3 | 基本体的投影分析 | | |
| 16 | 2 | 2 | 1 | 4 | 组合体的投影分析 | | |
| 17 | 2 | 2 | 1 | 5 | 图样的标注方法 | | |
| 18 | 2 | 2 | 1 | 6 | 标准件的画法 | | |
| 19 | 2 | 2 | 1 | 7 | 常用 CAD 软件种类 | | |
| 20 | 2 | 2 | 1 | 8 | 二维 CAD 基础知识 | | |
| | 2 | 2 | 2 | | 公差配合知识 | | |
| 21 | 2 | 2 | 2 | 1 | 模具零件尺寸偏差代号的概念 | | |
| 22 | 2 | 2 | 2 | 2 | 模具零件尺寸公差等级的概念 | | |
| 23 | 2 | 2 | 2 | 3 | 基准制的选择 | | |
| 24 | 2 | 2 | 2 | 4 | 配合代号的概念 | | |
| 25 | 2 | 2 | 2 | 5 | 表面粗糙度的概念 | | |
| 26 | 2 | 2 | 2 | 6 | 形位公差的概念 | | |
| | 2 | 3 | | | 测量 | | |
| | 2 | 3 | 1 | | 测量基础知识 | | |
| 27 | 2 | 3 | 1 | 1 | 常用测量方法 | | |
| 28 | 2 | 3 | 1 | 2 | 常用量具的分类 | | |

续表

| 职业（工种）名称 | | | | | 工具钳工（注塑模） | 等级 | 三级 |
|---|---|---|---|---|---|---|---|
| 职业代码 | | | | | | | |
| 序号 | 鉴定点代码 | | | | 鉴定点内容 | 备注 | |
| | 章 | 节 | 目 | 点 | | | |
| 29 | 2 | 3 | 1 | 3 | 常用量具的测量方法 | | |
| | 2 | 4 | | | 注塑模加工工艺基础知识 | | |
| | 2 | 4 | 1 | | 金属切削加工知识 | | |
| 30 | 2 | 4 | 1 | 1 | 金属切削加工的概念 | | |
| 31 | 2 | 4 | 1 | 2 | 金属切削加工常用设备种类 | | |
| 32 | 2 | 4 | 1 | 3 | 金属切削加工设备的用途 | | |
| | 2 | 4 | 2 | | 特种加工知识 | | |
| 33 | 2 | 4 | 2 | 1 | 特种加工的概念 | | |
| 34 | 2 | 4 | 2 | 2 | 特种加工设备分类 | | |
| 35 | 2 | 4 | 2 | 3 | 特种加工设备的用途 | | |
| | 2 | 4 | 3 | | 刀具知识 | | |
| 36 | 2 | 4 | 3 | 1 | 刀具材料的特点 | | |
| 37 | 2 | 4 | 3 | 2 | 刀具的种类 | | |
| | 2 | 4 | 4 | | 夹具知识 | | |
| 38 | 2 | 4 | 4 | 1 | 工件六点定位原理 | | |
| 39 | 2 | 4 | 4 | 2 | 工件常用定位方法 | | |
| 40 | 2 | 4 | 4 | 3 | 常用定位元件的种类 | | |
| 41 | 2 | 4 | 4 | 4 | 定位基准的选择 | | |
| 42 | 2 | 4 | 4 | 5 | 工件装夹方法 | | |
| 43 | 2 | 4 | 4 | 6 | 机床夹具的种类 | | |
| 44 | 2 | 4 | 4 | 7 | 机床夹具的组成 | | |
| | 2 | 5 | | | 注塑成型 | | |
| | 2 | 5 | 1 | | 注塑成型基础知识 | | |
| 45 | 2 | 5 | 1 | 1 | 注塑成型原理 | | |
| 46 | 2 | 5 | 1 | 2 | 注塑工艺特点 | | |
| 47 | 2 | 5 | 1 | 3 | 注塑模设计步骤 | | |

续表

| 职业（工种）名称 | | | | | 工具钳工（注塑模） | 等级 | 三级 |
|---|---|---|---|---|---|---|---|
| 职业代码 | | | | | | | |
| 序号 | 鉴定点代码 | | | | 鉴定点内容 | | 备注 |
| | 章 | 节 | 目 | 点 | | | |
| 48 | 2 | 5 | 1 | 4 | 常用模具材料的种类 | | |
| 49 | 2 | 5 | 1 | 5 | 常用模具材料的特点 | | |
| 50 | 2 | 5 | 1 | 6 | 常用模具材料的用途 | | |
| 51 | 2 | 5 | 1 | 7 | 模具材料的热处理方法 | | |
| | 2 | 6 | | | 钳工基础知识 | | |
| | 2 | 6 | 1 | | 钳工（注塑模）基础知识 | | |
| 52 | 2 | 6 | 1 | 1 | 钳工的种类 | | |
| 53 | 2 | 6 | 1 | 2 | 钳工的主要任务 | | |
| 54 | 2 | 6 | 1 | 3 | 钳工主要工具的种类 | | |
| 55 | 2 | 6 | 1 | 4 | 划线的概念 | | |
| 56 | 2 | 6 | 1 | 5 | 划线的作用 | | |
| 57 | 2 | 6 | 1 | 6 | 划线的种类 | | |
| 58 | 2 | 6 | 1 | 7 | 划线基准的种类 | | |
| 59 | 2 | 6 | 1 | 8 | 锯削的概念 | | |
| 60 | 2 | 6 | 1 | 9 | 锯弓的结构 | | |
| 61 | 2 | 6 | 1 | 10 | 锯条的规格 | | |
| 62 | 2 | 6 | 1 | 11 | 锉削的概念 | | |
| 63 | 2 | 6 | 1 | 12 | 锉刀的种类 | | |
| 64 | 2 | 6 | 1 | 13 | 锉刀的编号 | | |
| 65 | 2 | 6 | 1 | 14 | 钻削的概念 | | |
| 66 | 2 | 6 | 1 | 15 | 钻头的种类 | | |
| 67 | 2 | 6 | 1 | 16 | 常用切削液的种类 | | |
| 68 | 2 | 6 | 1 | 17 | 攻螺纹的概念 | | |
| 69 | 2 | 6 | 1 | 18 | 攻螺纹工具的种类 | | |
| | 2 | 7 | | | 注塑模具装配 | | |
| | 2 | 7 | 1 | | 注塑模具装配基础知识 | | |

续表

| 职业（工种）名称 | | | | | 工具钳工（注塑模） | 等级 | 三级 |
|---|---|---|---|---|---|---|---|
| 职业代码 | | | | | | | |
| 序号 | 鉴定点代码 | | | | 鉴定点内容 | 备注 | |
| | 章 | 节 | 目 | 点 | | | |
| 70 | 2 | 7 | 1 | 1 | 模具装配工艺过程 | | |
| 71 | 2 | 7 | 1 | 2 | 模具装配的技术要求 | | |
| | 2 | 8 | | | 注塑模具调试 | | |
| | 2 | 8 | 1 | | 注塑模具调试基础知识 | | |
| 72 | 2 | 8 | 1 | 1 | 注塑机的工作原理 | | |
| 73 | 2 | 8 | 1 | 2 | 注塑机的操作步骤 | | |
| | 2 | 9 | | | 液压与气压传动基础知识 | | |
| | 2 | 9 | 1 | | 液压传动基础知识 | | |
| 74 | 2 | 9 | 1 | 1 | 液压传动的原理 | | |
| 75 | 2 | 9 | 1 | 2 | 液压系统的组成 | | |
| 76 | 2 | 9 | 1 | 3 | 液压泵的分类 | | |
| 77 | 2 | 9 | 1 | 4 | 液压泵的结构 | | |
| 78 | 2 | 9 | 1 | 5 | 液压泵的选择 | | |
| 79 | 2 | 9 | 1 | 6 | 液压缸的分类 | | |
| 80 | 2 | 9 | 1 | 7 | 液压缸的结构 | | |
| 81 | 2 | 9 | 1 | 8 | 液压缸的选择 | | |
| 82 | 2 | 9 | 1 | 9 | 液压控制阀的分类 | | |
| 83 | 2 | 9 | 1 | 10 | 液压控制阀的结构 | | |
| 84 | 2 | 9 | 1 | 11 | 液压控制阀的选择 | | |
| | 2 | 9 | 2 | | 气压传动基础知识 | | |
| 85 | 2 | 9 | 2 | 1 | 气压传动的工作原理 | | |
| 86 | 2 | 9 | 2 | 2 | 气压传动的组成 | | |
| 87 | 2 | 9 | 2 | 3 | 空气压缩机的结构 | | |
| 88 | 2 | 9 | 2 | 4 | 空气过滤器的结构 | | |
| 89 | 2 | 9 | 2 | 5 | 除油器的结构 | | |
| 90 | 2 | 9 | 2 | 6 | 单作用气缸的结构特点 | | |

续表

| 职业（工种）名称 | | | | | 工具钳工（注塑模） | 等级 | 三级 |
|---|---|---|---|---|---|---|---|
| 职业代码 | | | | | | | |
| 序号 | 鉴定点代码 | | | | 鉴定点内容 | 备注 | |
| | 章 | 节 | 目 | 点 | | | |
| 91 | 2 | 9 | 2 | 7 | 双作用气缸的结构特点 | | |
| 92 | 2 | 9 | 2 | 8 | 气动马达的结构特点 | | |
| 93 | 2 | 9 | 2 | 9 | 单向阀的结构特点 | | |
| 94 | 2 | 9 | 2 | 10 | 或门型梭阀的结构特点 | | |
| 95 | 2 | 9 | 2 | 11 | 双压阀的结构特点 | | |
| 96 | 2 | 9 | 2 | 12 | 两位三通换向阀的结构特点 | | |
| 97 | 2 | 9 | 2 | 13 | 两位四通换向阀的结构特点 | | |
| 98 | 2 | 9 | 2 | 14 | 两位五通换向阀的结构特点 | | |
| | 2 | 10 | | | 电工基础知识 | | |
| | 2 | 10 | 1 | | 通用设备和常用电器基础知识 | | |
| 99 | 2 | 10 | 1 | 1 | 通用设备和常用电器的种类及用途 | | |
| 100 | 2 | 10 | 1 | 2 | 通断开关的种类 | | |
| 101 | 2 | 10 | 1 | 3 | 空气断路器的种类 | | |
| 102 | 2 | 10 | 1 | 4 | 按钮的种类 | | |
| 103 | 2 | 10 | 1 | 5 | 熔断器的种类 | | |
| 104 | 2 | 10 | 1 | 6 | 接触器的种类 | | |
| 105 | 2 | 10 | 1 | 7 | 继电器的种类 | | |
| 106 | 2 | 10 | 1 | 8 | 热继电器的种类 | | |
| 107 | 2 | 10 | 1 | 9 | 电动机的种类 | | |
| | 2 | 10 | 2 | | 电气传动及控制原理基础知识 | | |
| 108 | 2 | 10 | 2 | 1 | 电动机点动和常动控制 | | |
| 109 | 2 | 10 | 2 | 2 | 电动机启动、保持和停止控制 | | |
| | 2 | 10 | 3 | | 安全用电知识 | | |
| 110 | 2 | 10 | 3 | 1 | 安全电压的概念 | | |
| 111 | 2 | 10 | 3 | 2 | 安全用电常识 | | |
| 112 | 2 | 10 | 3 | 3 | 安全电压的规格 | | |

续表

| 职业（工种）名称 | | | | | 工具钳工（注塑模） | 等级 | 三级 |
|---|---|---|---|---|---|---|---|
| 职业代码 | | | | | | | |
| 序号 | 鉴定点代码 | | | | 鉴定点内容 | 备注 | |
| | 章 | 节 | 目 | 点 | | | |
| | 2 | 11 | | | 安全文明生产与环境保护 | | |
| | 2 | 11 | 1 | | 安全文明生产与环境保护基础知识 | | |
| 113 | 2 | 11 | 1 | 1 | 安全防火知识 | | |
| 114 | 2 | 11 | 1 | 2 | 产生火灾的原因 | | |
| 115 | 2 | 11 | 1 | 3 | 产生火灾后的灭火方法 | | |
| 116 | 2 | 11 | 1 | 4 | 急救知识 | | |
| 117 | 2 | 11 | 1 | 5 | 环境保护知识 | | |
| 118 | 2 | 11 | 1 | 6 | 环境保护的概念 | | |
| 119 | 2 | 11 | 1 | 7 | 环境污染的原因 | | |
| | 2 | 12 | | | 质量管理 | | |
| | 2 | 12 | 1 | | 质量管理基础知识 | | |
| 120 | 2 | 12 | 1 | 1 | 质量管理的性质 | | |
| 121 | 2 | 12 | 1 | 2 | 质量管理的特点 | | |
| 122 | 2 | 12 | 1 | 3 | 质量管理的基本要求 | | |
| | 2 | 13 | | | 相关法律、法规知识 | | |
| | 2 | 13 | 1 | | 法律、法规 | | |
| 123 | 2 | 13 | 1 | 1 | 《中华人民共和国劳动法》相关知识 | | |
| 124 | 2 | 13 | 1 | 2 | 《中华人民共和国合同法》相关知识 | | |
| 125 | 2 | 13 | 1 | 3 | 《中华人民共和国消费者权益保护法》相关知识 | | |
| | 3 | | | | 专业知识 | | |
| | 3 | 1 | | | 作业环境准备和安全操作规程 | | |
| | 3 | 1 | 1 | | 作业环境准备和安全检查 | | |
| 126 | 3 | 1 | 1 | 1 | 操作现场的整理 | | |
| 127 | 3 | 1 | 1 | 2 | 工具、量具、夹具的现场摆放 | | |
| 128 | 3 | 1 | 1 | 3 | 劳动防护用品的种类 | | |
| 129 | 3 | 1 | 1 | 4 | 劳动防护用品的使用 | | |

续表

| 职业（工种）名称 | | | | | 工具钳工（注塑模） | 等级 | 三级 |
|---|---|---|---|---|---|---|---|
| 职业代码 | | | | | | | |
| 序号 | 鉴定点代码 | | | | 鉴定点内容 | | 备注 |
| | 章 | 节 | 目 | 点 | | | |
| | 3 | 1 | 2 | | 安全操作规程 | | |
| 130 | 3 | 1 | 2 | 1 | 操作过程中的安全防护 | | |
| 131 | 3 | 1 | 2 | 2 | 工具钳工安全操作规范 | | |
| 132 | 3 | 1 | 2 | 3 | 钳工设备的安全操作规范 | | |
| 133 | 3 | 1 | 2 | 4 | 注塑设备的安全操作规范 | | |
| 134 | 3 | 1 | 2 | 5 | 工具磨床的安全操作规范 | | |
| | 3 | 2 | | | 技术准备 | | |
| | 3 | 2 | 1 | | 工程识图 | | |
| 135 | 3 | 2 | 1 | 1 | 识读复杂注塑模的零件图 | | |
| 136 | 3 | 2 | 1 | 2 | 识读复杂注塑模的装配图（带镶块） | | |
| 137 | 3 | 2 | 1 | 3 | 识读复杂注塑模的装配图（带侧向抽芯） | | |
| 138 | 3 | 2 | 1 | 4 | 零件图尺寸公差技术要求 | | |
| 139 | 3 | 2 | 1 | 5 | 零件图表面粗糙度技术要求 | | |
| 140 | 3 | 2 | 1 | 6 | 零件图形位公差技术要求 | | |
| 141 | 3 | 2 | 1 | 7 | 零件加工的技术要求 | | |
| 142 | 3 | 2 | 1 | 8 | 装配图的表达方法 | | |
| 143 | 3 | 2 | 1 | 9 | 装配图的技术要求 | | |
| 144 | 3 | 2 | 1 | 10 | 模具零件测绘技术要求 | | |
| 145 | 3 | 2 | 1 | 11 | 复杂零件测绘方法 | | |
| 146 | 3 | 2 | 1 | 12 | 绘制复杂零件草图 | | |
| | 3 | 2 | 2 | | 工艺文件及相关技术标准 | | |
| 147 | 3 | 2 | 2 | 1 | 模具通用零件的热处理工艺 | | |
| 148 | 3 | 2 | 2 | 2 | 模具工作零件的热处理工艺 | | |
| 149 | 3 | 2 | 2 | 3 | 机械加工工艺规程文件 | | |
| 150 | 3 | 2 | 2 | 4 | 机械加工工艺规程的编制原则 | | |
| 151 | 3 | 2 | 2 | 5 | 机械加工精度的定义 | | |

续表

| 职业（工种）名称 | | | | | 工具钳工（注塑模） | 等级 | 三级 |
|---|---|---|---|---|---|---|---|
| 职业代码 | | | | | | | |
| 序号 | 鉴定点代码 | | | | 鉴定点内容 | | 备注 |
| | 章 | 节 | 目 | 点 | | | |
| 152 | 3 | 2 | 2 | 6 | 控制机械加工精度的方法 | | |
| 153 | 3 | 2 | 2 | 7 | 塑料模具零部件标准 | | |
| | 3 | 2 | 3 | | 液压传动与气压传动 | | |
| 154 | 3 | 2 | 3 | 1 | 液压传动的工作原理 | | |
| 155 | 3 | 2 | 3 | 2 | 液压系统的元件 | | |
| 156 | 3 | 2 | 3 | 3 | 液压泵的工作原理 | | |
| 157 | 3 | 2 | 3 | 4 | 液压泵的主要性能和参数 | | |
| 158 | 3 | 2 | 3 | 5 | 齿轮泵的工作原理 | | |
| 159 | 3 | 2 | 3 | 6 | 叶片泵的工作原理 | | |
| 160 | 3 | 2 | 3 | 7 | 柱塞泵的工作原理 | | |
| 161 | 3 | 2 | 3 | 8 | 液压缸的工作原理 | | |
| 162 | 3 | 2 | 3 | 9 | 单杆式液压缸的特点 | | |
| 163 | 3 | 2 | 3 | 10 | 双杆式液压缸的特点 | | |
| 164 | 3 | 2 | 3 | 11 | 电磁换向阀的特点 | | |
| 165 | 3 | 2 | 3 | 12 | 手动换向阀的特点 | | |
| 166 | 3 | 2 | 3 | 13 | 单向阀的特点 | | |
| 167 | 3 | 2 | 3 | 14 | 液控单向阀的特点 | | |
| 168 | 3 | 2 | 3 | 15 | 溢流阀的特点 | | |
| 169 | 3 | 2 | 3 | 16 | 溢流阀的工作原理 | | |
| 170 | 3 | 2 | 3 | 17 | 减压阀的特点 | | |
| 171 | 3 | 2 | 3 | 18 | 减压阀的工作原理 | | |
| 172 | 3 | 2 | 3 | 19 | 顺序阀的特点 | | |
| 173 | 3 | 2 | 3 | 20 | 顺序阀的工作原理 | | |
| 174 | 3 | 2 | 3 | 21 | 流量控制阀的特点 | | |
| 175 | 3 | 2 | 3 | 22 | 节流阀的特点 | | |
| 176 | 3 | 2 | 3 | 23 | 节流阀的工作原理 | | |

续表

| 职业（工种）名称 | | | | | 工具钳工（注塑模） | 等级 | 三级 |
|---|---|---|---|---|---|---|---|
| 职业代码 | | | | | | | |
| 序号 | 鉴定点代码 | | | | 鉴定点内容 | 备注 | |
| | 章 | 节 | 目 | 点 | | | |
| 177 | 3 | 2 | 3 | 24 | 调速阀的特点 | | |
| 178 | 3 | 2 | 3 | 25 | 调速阀的工作原理 | | |
| 179 | 3 | 2 | 3 | 26 | 液压辅助元件的种类 | | |
| 180 | 3 | 2 | 3 | 27 | 管路的种类 | | |
| 181 | 3 | 2 | 3 | 28 | 油箱的特点 | | |
| 182 | 3 | 2 | 3 | 29 | 过滤器的特点 | | |
| 183 | 3 | 2 | 3 | 30 | 锁紧回路原理 | | |
| 184 | 3 | 2 | 3 | 31 | 旁油路节流调速回路工作原理 | | |
| 185 | 3 | 2 | 3 | 32 | 进油节流调速回路工作原理 | | |
| 186 | 3 | 2 | 3 | 33 | 顺序控制手动换向回路工作原理 | | |
| 187 | 3 | 2 | 3 | 34 | 工进伸出节流调速回路工作原理 | | |
| 188 | 3 | 2 | 3 | 35 | 双向节流调速回路工作原理 | | |
| 189 | 3 | 2 | 3 | 36 | 手动换向阀控制回路工作原理 | | |
| 190 | 3 | 2 | 3 | 37 | 快速运动回路工作原理 | | |
| 191 | 3 | 2 | 3 | 38 | 气源装置和气动辅助元件 | | |
| 192 | 3 | 2 | 3 | 39 | 空气压缩机的工作原理 | | |
| 193 | 3 | 2 | 3 | 40 | 空气过滤器的工作原理 | | |
| 194 | 3 | 2 | 3 | 41 | 除油器的工作原理 | | |
| 195 | 3 | 2 | 3 | 42 | 单向阀的工作原理 | | |
| 196 | 3 | 2 | 3 | 43 | 或门型梭阀的工作原理 | | |
| 197 | 3 | 2 | 3 | 44 | 双压阀的工作原理 | | |
| 198 | 3 | 2 | 3 | 45 | 气压控制换向阀的工作原理 | | |
| 199 | 3 | 2 | 3 | 46 | 电磁控制换向阀的工作原理 | | |
| 200 | 3 | 2 | 3 | 47 | 气动压力控制阀的工作原理 | | |
| 201 | 3 | 2 | 3 | 48 | 气动流量控制阀的工作原理 | | |
| 202 | 3 | 2 | 3 | 49 | 气动换向回路的工作原理 | | |

续表

| 职业（工种）名称 | | | | | 工具钳工（注塑模） | 等级 | 三级 |
|---|---|---|---|---|---|---|---|
| 职业代码 | | | | | | | |
| 序号 | 鉴定点代码 | | | | 鉴定点内容 | | 备注 |
| | 章 | 节 | 目 | 点 | | | |
| 203 | 3 | 2 | 3 | 50 | 速度控制回路的工作原理 | | |
| 204 | 3 | 2 | 3 | 51 | 压力控制回路的工作原理 | | |
| | 3 | 3 | | | 物质准备 | | |
| | 3 | 3 | 1 | | 工具钳工常用设备、工具 | | |
| 205 | 3 | 3 | 1 | 1 | 划线的方法 | | |
| 206 | 3 | 3 | 1 | 2 | 划线的要求 | | |
| 207 | 3 | 3 | 1 | 3 | 找正 | | |
| 208 | 3 | 3 | 1 | 4 | 借料 | | |
| 209 | 3 | 3 | 1 | 5 | 锯削常见的废品形式 | | |
| 210 | 3 | 3 | 1 | 6 | 锯削废品的预防措施 | | |
| 211 | 3 | 3 | 1 | 7 | 锯条常见的损坏形式 | | |
| 212 | 3 | 3 | 1 | 8 | 锯条损坏的原因 | | |
| 213 | 3 | 3 | 1 | 9 | 锯条损坏的预防措施 | | |
| 214 | 3 | 3 | 1 | 10 | 锉削常见的废品形式 | | |
| 215 | 3 | 3 | 1 | 11 | 锉削废品的预防措施 | | |
| 216 | 3 | 3 | 1 | 12 | 锉削平面的方法 | | |
| 217 | 3 | 3 | 1 | 13 | 钻孔常见的废品形式 | | |
| 218 | 3 | 3 | 1 | 14 | 钻孔废品的预防措施 | | |
| 219 | 3 | 3 | 1 | 15 | 钻头损坏的形式 | | |
| 220 | 3 | 3 | 1 | 16 | 钻孔切削用量的确定 | | |
| 221 | 3 | 3 | 1 | 17 | 攻螺纹常见的废品形式 | | |
| 222 | 3 | 3 | 1 | 18 | 攻螺纹废品的预防措施 | | |
| 223 | 3 | 3 | 1 | 19 | 铰孔常见的废品形式 | | |
| 224 | 3 | 3 | 1 | 20 | 铰孔废品的预防措施 | | |
| 225 | 3 | 3 | 1 | 21 | 研磨常见的废品形式 | | |
| 226 | 3 | 3 | 1 | 22 | 研磨废品的预防措施 | | |

续表

| 职业（工种）名称 | | | | | 工具钳工（注塑模） | 等级 | 三级 |
|---|---|---|---|---|---|---|---|
| 职业代码 | | | | | | | |
| 序号 | 鉴定点代码 | | | | 鉴定点内容 | | 备注 |
| | 章 | 节 | 目 | 点 | | | |
| 227 | 3 | 3 | 1 | 23 | 测量及测绘基础知识 | | |
| 228 | 3 | 3 | 1 | 24 | 精密测量方法 | | |
| 229 | 3 | 3 | 1 | 25 | 常用量具的测量原理 | | |
| 230 | 3 | 3 | 1 | 26 | 表面粗糙度的测量原理 | | |
| 231 | 3 | 3 | 1 | 27 | 量具的使用方法 | | |
| 232 | 3 | 3 | 1 | 28 | 游标卡尺的结构 | | |
| 233 | 3 | 3 | 1 | 29 | 千分尺的结构 | | |
| 234 | 3 | 3 | 1 | 30 | 百分表的结构 | | |
| 235 | 3 | 3 | 1 | 31 | 内卡钳的结构 | | |
| 236 | 3 | 3 | 1 | 32 | 外卡钳的结构 | | |
| | 3 | 3 | 2 | | 金属切削加工 | | |
| 237 | 3 | 3 | 2 | 1 | 金属切削加工设备的维护 | | |
| 238 | 3 | 3 | 2 | 2 | 金属切削加工设备的保养方法 | | |
| | 3 | 3 | 3 | | 金属切削刀具 | | |
| 239 | 3 | 3 | 3 | 1 | 刀具磨损原因 | | |
| 240 | 3 | 3 | 3 | 2 | 切削力及其影响 | | |
| 241 | 3 | 3 | 3 | 3 | 切削热的产生及其影响 | | |
| 242 | 3 | 3 | 3 | 4 | 车刀的使用 | | |
| 243 | 3 | 3 | 3 | 5 | 铣刀的使用 | | |
| 244 | 3 | 3 | 3 | 6 | 刨刀的使用 | | |
| 245 | 3 | 3 | 3 | 7 | 砂轮的使用 | | |
| 246 | 3 | 3 | 3 | 8 | 镗刀的使用 | | |
| 247 | 3 | 3 | 3 | 9 | 钻头的使用 | | |
| | 3 | 3 | 4 | | 特种加工 | | |
| 248 | 3 | 3 | 4 | 1 | 电火花加工机理 | | |
| 249 | 3 | 3 | 4 | 2 | 电火花成型加工的基本规律 | | |

续表

| 职业（工种）名称 | | | | | 工具钳工（注塑模） | 等级 | 三级 |
|---|---|---|---|---|---|---|---|
| 职业代码 | | | | | | | |
| 序号 | 鉴定点代码 | | | | 鉴定点内容 | 备注 | |
| | 章 | 节 | 目 | 点 | | | |
| 250 | 3 | 3 | 4 | 3 | 电火花成型加工工艺参数的选择 | | |
| 251 | 3 | 3 | 4 | 4 | 电火花成型加工常用电极材料的种类 | | |
| 252 | 3 | 3 | 4 | 5 | 电火花线切割加工路径的规划 | | |
| 253 | 3 | 3 | 4 | 6 | 电火花线切割加工工艺参数的选择 | | |
| | 3 | 3 | 5 | | 注塑机 | | |
| 254 | 3 | 3 | 5 | 1 | 注塑机的结构及作用 | | |
| 255 | 3 | 3 | 5 | 2 | 卧式注塑机的结构 | | |
| 256 | 3 | 3 | 5 | 3 | 立式注塑机的结构 | | |
| 257 | 3 | 3 | 5 | 4 | 角式注塑机的结构 | | |
| | 3 | 4 | | | 复杂注塑模具零件修配 | | |
| | 3 | 4 | 1 | | 注塑模的结构 | | |
| 258 | 3 | 4 | 1 | 1 | 整体式型腔 | | |
| 259 | 3 | 4 | 1 | 2 | 组合式型芯 | | |
| | 3 | 4 | 2 | | 型芯与型腔的修配 | | |
| 260 | 3 | 4 | 2 | 1 | 型芯与型腔的修配方法 | | |
| 261 | 3 | 4 | 2 | 2 | 型芯与型腔的修配基准 | | |
| 262 | 3 | 4 | 2 | 3 | 型芯与型腔的尺寸测量 | | |
| 263 | 3 | 4 | 2 | 4 | 型芯与型腔的配合间隙 | | |
| 264 | 3 | 4 | 2 | 5 | 斜销分型与抽芯机构的形式 | | |
| 265 | 3 | 4 | 2 | 6 | 斜销的结构和安装形式 | | |
| 266 | 3 | 4 | 2 | 7 | 滑块与侧型芯的连接方式 | | |
| 267 | 3 | 4 | 2 | 8 | 楔紧块的结构形式 | | |
| 268 | 3 | 4 | 2 | 9 | 抛光原理 | | |
| 269 | 3 | 4 | 2 | 10 | 抛光工艺原则 | | |
| 270 | 3 | 4 | 2 | 11 | 带侧向抽芯模具推出机构的分类 | | |
| 271 | 3 | 4 | 2 | 12 | 带侧向抽芯模具推杆的固定形式 | | |

续表

| 职业（工种）名称 | | | | | 工具钳工（注塑模） | 等级 | 三级 |
|---|---|---|---|---|---|---|---|
| 职业代码 | | | | | | | |
| 序号 | 鉴定点代码 | | | | 鉴定点内容 | | 备注 |
| | 章 | 节 | 目 | 点 | | | |
| 272 | 3 | 4 | 2 | 13 | 带侧向抽芯模具推杆的装配要求 | | |
| 273 | 3 | 4 | 2 | 14 | 带侧向抽芯模具推杆的复位 | | |
| 274 | 3 | 4 | 2 | 15 | 带侧向抽芯模具推杆的导向 | | |
| 275 | 3 | 4 | 2 | 16 | 带侧向抽芯模具推板的固定形式 | | |
| 276 | 3 | 4 | 2 | 17 | 带侧向抽芯模具推板的装配要求 | | |
| 277 | 3 | 4 | 2 | 18 | 带侧向抽芯模具推板的复位 | | |
| 278 | 3 | 4 | 2 | 19 | 带侧向抽芯模具推板的导向 | | |
| | 3 | 4 | 3 | | 推出装置零件的修配 | | |
| 279 | 3 | 4 | 3 | 1 | 推出机构的分类 | | |
| 280 | 3 | 4 | 3 | 2 | 推杆的固定形式 | | |
| 281 | 3 | 4 | 3 | 3 | 推杆的复位 | | |
| 282 | 3 | 4 | 3 | 4 | 推杆的导向 | | |
| 283 | 3 | 4 | 3 | 5 | 推板的固定形式 | | |
| 284 | 3 | 4 | 3 | 6 | 推板的复位 | | |
| 285 | 3 | 4 | 3 | 7 | 推板的导向 | | |
| 286 | 3 | 4 | 3 | 8 | 其他推出机构 | | |
| | 3 | 5 | | | 注塑模具装配 | | |
| | 3 | 5 | 1 | | 注塑模具装配知识 | | |
| 287 | 3 | 5 | 1 | 1 | 模具装配工艺 | | |
| 288 | 3 | 5 | 1 | 2 | 模具装配的技术要求 | | |
| 289 | 3 | 5 | 1 | 3 | 修配与调整装配法 | | |
| 290 | 3 | 5 | 1 | 4 | 互换装配法 | | |
| 291 | 3 | 5 | 1 | 5 | 分组互换装配法 | | |
| 292 | 3 | 5 | 1 | 6 | 模具装配的连接方法 | | |
| 293 | 3 | 5 | 1 | 7 | 模具装配的固定方法 | | |
| 294 | 3 | 5 | 1 | 8 | 侧向抽芯机构的装配方法 | | |

续表

| 职业（工种）名称 | | | | | 工具钳工（注塑模） | 等级 | 三级 |
|---|---|---|---|---|---|---|---|
| 职业代码 | | | | | | | |
| 序号 | 鉴定点代码 | | | | 鉴定点内容 | | 备注 |
| | 章 | 节 | 目 | 点 | | | |
| 295 | 3 | 5 | 1 | 9 | 镶块的装配方法 | | |
| 296 | 3 | 5 | 1 | 10 | 模具装配后的检查原则 | | |
| | 3 | 6 | | | 注塑模具检测 | | |
| | 3 | 6 | 1 | | 模具分型面 | | |
| 297 | 3 | 6 | 1 | 1 | 模具分型面的类型 | | |
| 298 | 3 | 6 | 1 | 2 | 分型面选择的基本原则 | | |
| | 3 | 6 | 2 | | 浇注系统 | | |
| 299 | 3 | 6 | 2 | 1 | 流道的选择依据 | | |
| 300 | 3 | 6 | 2 | 2 | 浇口的选择依据 | | |
| 301 | 3 | 6 | 2 | 3 | 冷料穴的功能及要求 | | |
| 302 | 3 | 6 | 2 | 4 | 拉料杆的功能及要求 | | |
| 303 | 3 | 6 | 2 | 5 | 排气系统的作用 | | |
| | 3 | 6 | 3 | | 推出机构 | | |
| 304 | 3 | 6 | 3 | 1 | 推杆的作用及固定形式 | | |
| 305 | 3 | 6 | 3 | 2 | 推板的镶嵌形式 | | |
| | 3 | 6 | 4 | | 侧抽芯机构 | | |
| 306 | 3 | 6 | 4 | 1 | 侧抽芯机构的分类 | | |
| 307 | 3 | 6 | 4 | 2 | 侧抽芯机构的干涉现象 | | |
| 308 | 3 | 6 | 4 | 3 | 侧抽芯机构避免干涉发生的方法 | | |
| | 3 | 6 | 5 | | 冷却系统 | | |
| 309 | 3 | 6 | 5 | 1 | 注塑模冷却方法 | | |
| 310 | 3 | 6 | 5 | 2 | 注塑模冷却装置的内循环方式 | | |
| 311 | 3 | 6 | 5 | 3 | 注塑模冷却通道的加工 | | |
| 312 | 3 | 6 | 5 | 4 | 注塑模冷却水道的密封形式 | | |
| | 3 | 7 | | | 注塑模试模 | | |
| | 3 | 7 | 1 | | 塑件 | | |

续表

| 职业（工种）名称 | | | | | 工具钳工（注塑模） | 等级 | 三级 |
|---|---|---|---|---|---|---|---|
| 职业代码 | | | | | | | |
| 序号 | 鉴定点代码 | | | | 鉴定点内容 | | 备注 |
| | 章 | 节 | 目 | 点 | | | |
| 313 | 3 | 7 | 1 | 1 | 塑件的精度等级 | | |
| 314 | 3 | 7 | 1 | 2 | 塑件收缩率的确定依据 | | |
| 315 | 3 | 7 | 1 | 3 | 脱模斜度的确定依据 | | |
| 316 | 3 | 7 | 1 | 4 | 塑件圆角的处理方法 | | |
| 317 | 3 | 7 | 1 | 5 | 塑件支撑面的处理方法 | | |
| 318 | 3 | 7 | 1 | 6 | 塑件上凸台的处理方法 | | |
| 319 | 3 | 7 | 1 | 7 | 塑件上孔的处理方法 | | |
| 320 | 3 | 7 | 1 | 8 | 镶件的形式 | | |
| 321 | 3 | 7 | 1 | 9 | 镶件的用途 | | |
| 322 | 3 | 7 | 1 | 10 | 镶件的摆放 | | |
| | 3 | 7 | 2 | | 注塑成型前的准备 | | |
| 323 | 3 | 7 | 2 | 1 | 原料的检验和预处理 | | |
| 324 | 3 | 7 | 2 | 2 | 料筒的清洗作用 | | |
| 325 | 3 | 7 | 2 | 3 | 脱模剂的选择依据 | | |
| | 3 | 7 | 3 | | 注塑过程及制件后处理 | | |
| 326 | 3 | 7 | 3 | 1 | 加料过程的控制方法 | | |
| 327 | 3 | 7 | 3 | 2 | 塑化过程的控制方法 | | |
| 328 | 3 | 7 | 3 | 3 | 注射过程的控制方法 | | |
| 329 | 3 | 7 | 3 | 4 | 制件的后处理方法 | | |
| 330 | 3 | 7 | 3 | 5 | 退火处理的作用 | | |
| 331 | 3 | 7 | 3 | 6 | 调湿处理的作用 | | |
| | 3 | 7 | 4 | | 注塑成型工艺 | | |
| 332 | 3 | 7 | 4 | 1 | 料筒温度的选择方法 | | |
| 333 | 3 | 7 | 4 | 2 | 喷嘴温度的选择方法 | | |
| 334 | 3 | 7 | 4 | 3 | 模具温度的选择方法 | | |
| 335 | 3 | 7 | 4 | 4 | 塑化压力的选择方法 | | |

续表

| 职业（工种）名称 | | | | | 工具钳工（注塑模） | 等级 | 三级 |
|---|---|---|---|---|---|---|---|
| 职业代码 | | | | | . | | |
| 序号 | 鉴定点代码 | | | | 鉴定点内容 | 备注 | |
| | 章 | 节 | 目 | 点 | | | |
| 336 | 3 | 7 | 4 | 5 | 注射压力的选择方法 | | |
| 337 | 3 | 7 | 4 | 6 | 注射成型时间的选择方法 | | |
| | 3 | 7 | 5 | | 注塑工艺规程的编制 | | |
| 338 | 3 | 7 | 5 | 1 | 复杂塑件的原材料分析 | | |
| 339 | 3 | 7 | 5 | 2 | 复杂塑件的结构分析 | | |
| 340 | 3 | 7 | 5 | 3 | 复杂塑件的尺寸精度分析 | | |
| 341 | 3 | 7 | 5 | 4 | 复杂塑件的表面质量分析 | | |
| 342 | 3 | 7 | 5 | 5 | 复杂塑件的体积和质量计算 | | |
| 343 | 3 | 7 | 5 | 6 | 复杂注塑模具型腔数目的确定 | | |
| 344 | 3 | 7 | 5 | 7 | 注塑工艺参数的确定 | | |
| | 3 | 7 | 6 | | 注塑机有关工艺参数 | | |
| 345 | 3 | 7 | 6 | 1 | 最大注射量的计算 | | |
| 346 | 3 | 7 | 6 | 2 | 注射压力的计算 | | |
| 347 | 3 | 7 | 6 | 3 | 锁模力及型腔数目的计算 | | |
| 348 | 3 | 7 | 6 | 4 | 开模行程的计算 | | |
| 349 | 3 | 7 | 6 | 5 | 注塑模具调试 | | |
| | 3 | 7 | 7 | | 注塑模具验收 | | |
| 350 | 3 | 7 | 7 | 1 | 注塑模具验收标准 | | |
| 351 | 3 | 7 | 7 | 2 | 注塑模具验收记录 | | |
| | 3 | 8 | | | 注塑模问题分析与排除 | | |
| | 3 | 8 | 1 | | 注塑模常见问题与排除方法 | | |
| 352 | 3 | 8 | 1 | 1 | 塑件尺寸不稳定的原因 | | |
| 353 | 3 | 8 | 1 | 2 | 塑件尺寸不稳定的排除方法 | | |
| 354 | 3 | 8 | 1 | 3 | 塑件表面产生波纹的原因 | | |
| 355 | 3 | 8 | 1 | 4 | 塑件表面产生波纹的排除方法 | | |
| 356 | 3 | 8 | 1 | 5 | 塑件熔接不良的原因 | | |

续表

| 职业（工种）名称 | | | | | 工具钳工（注塑模） | 等级 | 三级 |
|---|---|---|---|---|---|---|---|
| 职业代码 | | | | | | | |
| 序号 | 鉴定点代码 | | | | 鉴定点内容 | | 备注 |
| | 章 | 节 | 目 | 点 | | | |
| 357 | 3 | 8 | 1 | 6 | 塑件熔接不良的排除方法 | | |
| 358 | 3 | 8 | 1 | 7 | 塑件凹陷的原因 | | |
| 359 | 3 | 8 | 1 | 8 | 塑件凹陷的排除方法 | | |
| 360 | 3 | 8 | 1 | 9 | 塑件翘曲变形的原因 | | |
| 361 | 3 | 8 | 1 | 10 | 塑件翘曲变形的排除方法 | | |
| 362 | 3 | 8 | 1 | 11 | 塑件粘模的原因 | | |
| 363 | 3 | 8 | 1 | 12 | 塑件粘模的排除方法 | | |

# 第 3 部分

# 理论知识复习题

## 职业道德

一、判断题（将判断结果填入括号中。正确的填“√”，错误的填“×”）

1. 职业道德规范是指从事某种职业的人们在职业生活中所要遵循的标准和准则。（　　）
2. 职业道德包括从事某种职业的人在职业生活中处理各种关系、矛盾的行为准则。（　　）
3. 重视安全、环保，坚持文明生产是工具钳工（注塑模）的职业道德特点之一。（　　）
4. 工具钳工（注塑模）的主要工作是完成对注塑模具的调试、装配和试模工作。（　　）
5. 工具钳工（注塑模）的职业功能主要是模具设计。（　　）
6. 严格执行工作规范是工具钳工（注塑模）的基本职业守则之一。（　　）
7. 是否爱岗敬业是评价工具钳工（注塑模）业务素养的指标之一。（　　）

二、单项选择题（选择一个正确的答案，将相应的字母填入题内的括号中）

1. 职业道德规范是指从事某种职业的人们在职业生活中所要遵循的（　　）。

A. 规章　　B. 原则　　C. 标准和准则　　D. 规范

2. 职业道德包括两方面的内容，一方面是从事某种职业的人在职业生活中处理各种关系、矛盾的行为准则；另一方面是评价从事某种职业的人（　　）好坏的标准。

A. 道德行为　　B. 行为　　C. 社会行为　　D. 职业行为

3. 以下（　　）不是工具钳工（注塑模）的职业道德特点。

A. 严格执行工作规范　　B. 灵活执行工艺文件

C. 重视安全、环保，坚持文明生产　　D. 尊重知识产权，严格执行安全保密规程

4. 关于工具钳工（注塑模）的职业道德要求，以下说法中错误的是（　）。

A. 要爱岗敬业　　B. 要刻苦学习，提高自己的业务能力

C. 能够团结合作　　D. 不需主动配合他人工作

5. 工具钳工（注塑模）的主要工作是完成对（　）的调试、装配和试模工作。

A. 冷冲模具　B. 注塑模具　C. 压铸模具　D. 挤压模具

6. 工具钳工（注塑模）的职业功能大体可分为基础钳工技能、（　）及相关其他技能等。

A. 模具装配技能　　B. 模具设计技能

C. 模具装配与调试技能　　D. 模具加工技能

7. 关于工具钳工（注塑模）的基本职业守则，以下说法中错误的是（　）。

A. 遵守法律、法规和有关规定　　B. 爱岗敬业，具有高度责任心

C. 严格执行工作规范　　D. 工作独断专行

8. 以下不属于工具钳工（注塑模）职业素养的是（　）。

A. 职业道德　B. 职业技能　C. 职业行为习惯　D. 职业规则

9. 关于工具钳工（注塑模）的业务素养，以下说法中错误的是（　）。

A. 应该刻苦学习，钻研业务　　B. 应该忠于职守，自觉履行各项职责

C. 应该严格执行企业工作规范　　D. 应该灵活执行工艺文件

10. 以下不属于工具钳工（注塑模）职业素养的是（　）。

A. 职业意识　　B. 职业技能

C. 职业规范　　D. 职业行为习惯

11. 关于工具钳工（注塑模）的基本职业守则，以下说法中错误的是（　）。

A. 工作认真，团结合作　　B. 尊重知识产权，严格执行安全保密规程

C. 遵守法律、法规和有关规定　　D. 不严格执行工艺文件

12. 工具钳工（注塑模）的职业功能大体可分为（　）、模具装配与调试技能及相关其他技能等。

A. 模具加工技能　　B. 模具设计技能

C. 基础钳工技能　　D. 模具校核能力

## 三、多项选择题（选择一个以上正确的答案，将相应的字母填入题内的括号中）

1. 职业道德规范是指从事某种职业的人们在职业生活中所要遵循的（　　）。

A. 法律规范　B. 标准　C. 劳动法　D. 准则　E. 合同法

2. 职业道德包括的内容有（　　）。

A. 从事某种职业的人在职业生活中处理各种关系、矛盾的行为准则

B. 从事某种职业的人在生活中处理各种关系、矛盾的行为准则

C. 从事某种职业的人在生活中的道德准则

D. 评价从事某种职业的人职业行为好坏的标准

E. 评价从事某种职业的人社会行为好坏的标准

3. 关于工具钳工（注塑模）的职业道德特点，以下说法中正确的是（　　）。

A. 工作认真负责　　B. 严格执行工作规范

C. 团结合作　　D. 严格执行工艺文件

E. 谦虚、谨慎

4. 关于工具钳工（注塑模）的职业道德要求，以下说法中正确的是（　　）。

A. 能够遵守企业的有关规定　　B. 能够保守企业秘密

C. 不要与人合作　　D. 能够自觉履行各项职责

E. 能够团结合作

5. 关于工具钳工（注塑模）的职业定义，以下说法中错误的是（　　）。

A. 从事企业注塑模调试的人员　　B. 从事企业注塑模设计的人员

C. 从事企业注塑模装配的人员　　D. 从事企业注塑模试模的人员

E. 从事企业挤压模设计的人员

6. 工具钳工（注塑模）的职业功能包括（　　）。

A. 模具加工　　B. 模具设计

C. 模具调试和验收　　D. 基础钳工

E. 模具装配

## 基础知识

一、判断题（将判断结果填入括号中。正确的填“√”，错误的填“×”）

1. 塑料是以树脂为基础，再加入改善其性能的各种添加剂而制成的。（　）

2. 在同一图样中，同类图线的宽度可以不一致。（　）

3. 在投影图上表示回转体就是把组成立体表面的回转面或平面和回转面表示出来，然后判别其可见性。（　）

4. 同一形体的尺寸应尽量集中标注在一个视图上。（　）

5. AutoCAD 属于二维 CAD 软件。（　）

6. 国家标准将公差等级分为 18 级。（　）

7. 用千分尺测量圆柱体直径属于直接测量。（　）

8. 金属切削加工是利用电能把工件上多余的材料去除。（　）

9. 依据能量来源和作用形式以及加工原理，特种加工设备可分为电火花加工设备、电化学加工设备和激光加工设备等。（　）

10. 刀具材料应具有高的塑性和刚度。（　）

11. 工件常用定位方法有完全定位和欠完全定位。（　）

12. 机床夹具可分为通用夹具、专用夹具和组合夹具。（　）

13. 注塑成型是指将粒状或粉状塑料经过加热熔化至流动状态后，快速注入温度较低的闭合型腔中，熔料在受压的状态下冷却、固化，开模分型后获得成型塑件。（　）

14. 常用塑料模具材料的类型有渗碳型塑料模具钢、预硬型塑料模具钢、碳素塑料模具钢以及时效硬化型塑料模具钢等。（　）

15. 对于生产量不大的热塑性塑料模型芯，常采用 45 钢并调质至 22～26HRC。（　）

16. 攻螺纹属于钳工的基本操作技能。（　）

17. 工具钳工（注塑模）的主要任务是利用台虎钳及各种手工工具、电动工具、钻床以及模具专用设备来完成目前机械加工还不能替代的手工操作，并将加工好的工具零件按图样要求进行装配、调试，最后制造出合格的模具产品。（　）

18．划线是指根据设计图样或技术要求，在毛坯或工件上用划线工具划出待加工部位的轮廓线或作为基准的点、线的操作过程。（ ）

19．锯削是一种粗加工。（ ）

20．锉削是指用锉刀对工件进行切削加工的方法。（ ）

21．钻孔时，工件固定，钻头沿轴线方向移动称为进给运动。（ ）

22．切削加工中常用的切削液有水和水溶液。（ ）

23．用圆板牙在工件孔壁上切削出内螺纹的加工方法称为攻螺纹。（ ）

24．模具零部件的配作和配修属于模具装配工艺过程的内容。（ ）

25．注塑机是利用塑料的热固性，经加热熔化后，加以高的压力使其快速流入型腔，经一段时间的保压和冷却，使其成为各种形状的塑料制品。（ ）

26．注塑机的操作步骤是先进行开车前的准备工作，再开车和停车。（ ）

27．液压传动是以流体的压力能来提高速度的。（ ）

28．液压泵按输出的流量能否调节可分为齿轮泵、变量泵、叶片泵和定量泵等。（ ）

29．液控单向阀属于流量控制阀的一种。（ ）

30．在气压传动系统中，气源装置是一种把气体的压力能转换成机械能的装置。（ ）

31．活塞杆靠弹簧弹力或其他外力复位的气缸称为单作用气缸。（ ）

32．根据用途和控制对象不同，常用低压电器可分为配电电器和控制电器。（ ）

33．空气断路器按断路方式不同可分为塑壳式和框架式两类。（ ）

34．红色按钮代表启动、工作或点动。（ ）

35．接触器中最常用的种类是空气电磁式交流接触器。（ ）

36．电动机的点动控制就是通过一个按钮开关控制接触器的线圈，从而实现用强电来控制弱电的功能。（ ）

37．安全电压是根据人体允许的电流和人体电阻确定的。（ ）

38．在有触电危险的场所使用的手持式电动工具选用的安全电压额定值为 6 V。（ ）

39．间接火源不会引起火灾。（ ）

40．常用的灭火器有泡沫灭火器、干粉灭火器、二氧化碳灭火器和 1211 灭火器。（ ）

41．对“有呼吸而心脏停跳”的触电者应采用“口对口人工呼吸法”进行急救。（ ）

42. 从科学范畴上可将环境分为社会环境和自然环境两大类。（　）

43. 环境污染源包括存在物理的、化学的、生物的有毒、有害物质或因素的设备、装置及场所等。（　）

44. 质量管理是指企业为了保证最经济地生产出满足用户要求的产品而形成并运用的一套完整的质量活动体系、制度、手段和方法。（　）

45. 全面质量管理要求企业中的全体职工参与，管理的范围应当是产品质量产生和形成的全过程。（　）

46. 在中华人民共和国境内的企业、个体经济组织和与之形成劳动关系的劳动者适用《中华人民共和国劳动法》。（　）

47. 依法成立的合同自成立时生效。（　）

48. 环境保护的目的一是合理利用自然资源，保护自然资源；二是保障人类健康，防止生态破坏。（　）

49. 防火三级检查制包括单位月检查、部门周检查、班组日检查。（　）

50. 送电时应先合上负荷开关，再合上电源隔离开关。（　）

51. 传统电动机的启动方式有直接启动、Y/△控制启动和自耦变压式启动。（　）

52. 热继电器有两相结构、三相结构和三相带断相保护装置三种类型。（　）

53. 常用继电器按结构特点不同可分为电磁式、感应式、电动式、热继电器、光电式及压电式等。（　）

54. 消费者组织不得从事商品经营和营利性服务，不得以牟利为目的向社会推荐商品和服务。（　）

55. 两位四通换向阀有两个排气口。（　）

56. 或门型梭阀只要有气体输入就会有气体输出。（　）

57. 叶片式气动马达不能反向转动。（　）

58. 活塞杆靠外力或自重复位的气缸称为双作用气缸。（　）

59. 空气过滤器在工作时必须使滤芯旋转。（　）

60. 气压传动是以气体的压力能来提高速度的。（　）

61. 正常工作时调速阀比节流阀更能保持执行元件运动速度的稳定性。（　）

62. 在液压缸中设置缓冲装置是为了减少液体的泄漏。 （ ）

63. 为消除齿轮泵的困油现象，通常可在泵两侧的端盖上开封油槽。 （ ）

64. 导向机构的导柱、导套要垂直于模座。 （ ）

65. 常用的手工攻螺纹工具有丝锥和攻螺纹铰杠。 （ ）

66. 麻花钻属于钻削刀具。 （ ）

67. 锉刀按用途不同可分为钳工锉、异形锉和整形锉三类。 （ ）

68. 锯条按齿距大小可以做成粗齿、中齿和细齿三种。 （ ）

69. 划线基准可以是两条相互垂直的中心线。 （ ）

70. 在板料上按划线下料，可以正确排样，合理使用材料。 （ ）

71. 加工中心可以用于钳工操作。 （ ）

72. 45 钢常用于制作动模板、定模板、垫块和支撑板等。 （ ）

73. 设计注塑模前应首先明确塑件的设计要求，明确塑件的生产批量，分析塑件的成型工艺资料，了解企业的现场生产条件。 （ ）

74. 塑料注射成型工艺的成型周期短，能一次成型外形复杂、尺寸精确、带有金属或非金属嵌件的塑件。 （ ）

75. 机床夹具主要由夹具体、定位元件或组件、夹紧机构三部分组成。 （ ）

76. 根据夹紧元件和夹紧机构的设计原理不同，常用的工件夹紧方法有斜楔夹紧、偏心机构夹紧、螺旋压板机构夹紧等。 （ ）

77. 常用的定位元件有 V 形块、定位销和定位心轴。 （ ）

78. 工件六点定位是指限制工件在空间的六个自由度，使之在夹具中或机床上只能移动而不能转动。 （ ）

79. 特种加工设备可用于加工由切削加工难以加工的材料及形状复杂的零件。 （ ）

80. 坐标镗床可用于镗削孔径、形状精度与位置精度要求高的孔系。 （ ）

81. 金属切削加工常采用车床、钻床、镗床及电火花加工机床等。 （ ）

**二、单项选择题（选择一个正确的答案，将相应的字母填入题内的括号中）**

1. 塑料是以（ ）为基础，再加入改善其性能的各种添加剂而制成的。

A. 树脂　　B. 增塑剂　　C. 稳定剂　　D. 填充剂

2. 塑料是以树脂为基础，再加入改善其性能的各种（　　）而制成的。

A. 添加剂　　B. 增塑剂　　C. 稳定剂　　D. 填充剂

3. 按塑料中树脂的分子结构和树脂的热性能不同，可将塑料分为热塑性塑料和（　　）。

A. 聚苯乙烯塑料　　B. 聚丙烯塑料

C. 聚乙烯塑料　　D. 热固性塑料

4. 塑料的收缩性、（　　）和热稳定性都属于塑料的工艺性能。

A. 流动性　　B. 湿度　　C. 形态　　D. 粒度

5. 细点画线用于表达轴线及（　　）。

A. 对称中心线　　B. 相邻辅助零件的轮廓线

C. 尺寸线　　D. 剖面线

6. 细实线用于表达（　　）。

A. 对称中心线　　B. 相邻辅助零件的轮廓线

C. 尺寸线　　D. 轴线

7. 标题栏的左上方为（　　）。

A. 名称　　B. 签字区　　C. 其他区　　D. 更改区

8. 竖直放置的圆柱的正面投影为（　　）。

A. 直线　　B. 圆　　C. 矩形　　D. 菱形

9. 主视图反映了物体上下、左右的位置关系，即反映了物体的（　　）。

A. 长度和宽度　　B. 高度和宽度　　C. 高度和长度　　D. 总体尺寸

10. 下列说法中错误的是（　　）。

A. 尺寸可以标注在虚线上

B. 同轴回转体的直径尺寸应尽量标注在反映轴线的视图上

C. 同一形体的尺寸应尽量集中标注在一个视图上

D. 尺寸线、尺寸界线与轮廓线应尽量避免彼此间的相交

11. 下列说法中错误的是（　　）。

A. 在绘制螺纹标准件时，螺纹的牙顶用细实线表示

B. 在垂直于螺纹轴线的投影面的视图中，需要表示部分螺纹时，螺纹的牙底线也应适当地空出一段距离

C. 完整螺纹的终止界线（简称螺纹终止线）用粗实线表示

D. 当需要表示螺纹收尾时，螺尾部分的牙底用与轴线成30°角的细实线绘制

12. 下列不属于常用三维 CAD 软件的是（　　）。

A. UG　　B. CATIA　　C. AutoCAD　　D. SolidWorks

13. 下列属于常用二维 CAD 软件的是（　　）。

A. UG　　B. CATIA　　C. AutoCAD　　D. Pro/E

14. 下列说法中错误的是（　　）。

A. AutoCAD 默认的坐标系为 UCS

B. 每个图层都具有可见（不可见）、解冻（冻结）、开锁（锁定）三种状态

C. AutoCAD 可以在同一层里设置不同的颜色

D. 在 AutoCAD 中，如要定义块，用户需要指定块名、块中对象、块插入基点和线型

15. 孔的上偏差代号用（　　）表示。

A. ES　　B. EI　　C. es　　D. ei

16. 孔的下偏差代号用（　　）表示。

A. ES　　B. EI　　C. es　　D. ei

17. 下列说法中错误的是（　　）。

A. 同一公差等级，基本尺寸越大，标准公差值相应越小

B. 同一基本尺寸，公差等级越高，标准公差数值越小，也即尺寸精确程度越高

C. 在公差等级中，IT01 ~ IT12 用于配合尺寸，IT12 ~ IT18 用于非配合尺寸

D. 在一般机械中，一般的配合部位用 IT6 ~ IT8

18. 基孔制一般用于（　　）。

A. 由冷拉棒料制造的零件，其配合表面不经切削加工

B. 减少备用定值刀具和量具的规格、数量，降低成本，提高加工的经济性

C. 滚动轴承外圈与机座孔的配合

D. 发动机活塞销与连杆衬套、活塞销孔之间的配合

19. 基轴制一般不用于（ ）。

A. 由冷拉棒料制造的零件，其配合表面不经切削加工

B. 减少备用定值刀具和量具的规格、数量，降低成本，提高加工的经济性

C. 滚动轴承外圈与机座孔的配合

D. 发动机活塞销与连杆衬套、活塞销孔之间的配合

20. 如尺寸及配合代号为 $\phi$40H7/g6，下列说法中错误的是（ ）。

A. 它属于过盈配合　　B. 孔与轴的基本尺寸是 $\phi$40 mm

C. 它属于基孔制配合　　D. 轴的基本偏差代号为 g

21. 若波形起伏间距和幅度的比值（ ），算为表面粗糙度。

A. 小于 40　　B. 为 40 ~ 500　　C. 为 500 ~ 1 000　　D. 大于 1 000

22. 下列属于位置公差的是（ ）。

A. 直线度　　B. 平面度　　C. 平行度　　D. 圆柱度

23. 下列说法中正确的是（ ）。

A. 用千分尺测量圆柱体直径属于间接测量

B. 用光切显微镜测量表面粗糙度属于非接触测量

C. 在线测量的结果仅限于发现并剔除次品

D. 用千分尺测量零件的直径属于动态测量

24. 下列属于卡尺类量仪的是（ ）。

A. 百分表　　B. 扭簧比较仪　　C. 数显量角器　　D. 测长仪

25. 下列说法中正确的是（ ）。

A. 千分尺是应用螺旋副的传动原理，将角位移转变为直线位移

B. 内径百分表是把杠杆测头的位移通过机械传动转变为指针在表盘上的偏移

C. 杠杆百分表是将测量杆的直线位移通过杠杆齿轮传动系统转变为指针在表盘上的角位移

D. 万能测长仪利用光学杠杆的放大原理，将微小的位移量转换为光学影像的移动

26. 金属切削加工是利用（ ）把工件上多余的材料去除。

A．光能　　B．热能　　C．机械能　　D．电能

27．金属切削加工常采用车床、钻床及（　　）等。

A．镗床　　B．电火花加工机床

C．电火花线切割机床　　D．快速成型机

28．金属切削加工常采用车床、（　　）及镗床等。

A．钻床　　B．电火花加工机床

C．电火花线切割机床　　D．快速成型机

29．（　　）可用于加工孔径、形状精度与位置精度要求高的孔系。

A．钻床　　B．坐标镗床

C．电火花线切割机床　　D．快速成型机

30．特种加工是指除利用与金属切削加工相同的（　　）外，还利用其他形式的能量来去除多余材料的加工方法。

A．机械能　　B．电能　　C．化学能　　D．光能

31．依据能量来源和作用形式以及加工原理，特种加工设备可分为（　　）、电化学加工设备和激光加工设备等。

A．注塑机　　B．电火花加工设备

C．压力机　　D．数控磨床

32．（　　）可用于加工由切削加工难以加工的材料及形状复杂的零件。

A．注塑机　　B．特种加工设备　　C．压力机　　D．数控磨床

33．刀具材料具有高的（　　）、硬度、耐磨性和淬透性。

A．强度　　B．弹性　　C．导电性　　D．磁性

34．刀具的种类有铣刀、钻头和（　　）等。

A．凹模　　B．凸模　　C．卡尺　　D．车刀

35．工件六点定位是指限制工件在空间的（　　）个自由度，使之在夹具中或机床上既不能移动也不能转动。

A．6　　B．5　　C．4　　D．7

36．工件常用定位方法有（　　）和不完全定位。

A. 局部定位　B. 完全定位　C. 重复定位　D. 欠定位

37. 常用定位元件有（　）、定位销、定位心轴。

A. V 形块　B. 螺栓　C. 螺母　D. 垫片

38. 常用定位元件有 V 形块、（　）、定位心轴。

A. 定位销　B. 螺栓　C. 螺母　D. 垫片

39. 选择精基准一般应遵循（　）、基准统一原则、自为基准原则和互为基准原则。

A. 基准重合原则　B. 基准不重合原则

C. 通用夹具定位原则　D. 专用夹具定位原则

40. 选择精基准一般应遵循基准重合原则、（　）、自为基准原则和互为基准原则。

A. 基准统一原则　B. 基准不统一原则

C. 通用夹具定位原则　D. 专用夹具定位原则

41. 根据夹紧元件和夹紧机构的设计原理不同，常用的工件夹紧方法有（　）、偏心机构夹紧、螺旋压板机构夹紧等。

A. 支撑夹紧　B. 斜楔夹紧　C. 导套夹紧　D. 定位夹紧

42. 机床夹具可分为（　）、专用夹具和组合夹具。

A. 万能分度头　B. 四爪单动卡盘

C. 通用夹具　D. 三爪自定心卡盘

43. 机床夹具主要由（　）、定位元件或组件、夹紧机构三部分组成。

A. 上模板　B. 夹具体　C. 下模板　D. 型芯固定板

44. 机床夹具主要由夹具体、（　）、夹紧机构三部分组成。

A. 导套　B. 定位元件或组件

C. 导柱　D. 型芯

45. 注塑成型是指将粒状或粉状塑料经过加热熔化至流动状态后，快速注入温度较低的闭合型腔中，熔料在（　）的状态下冷却、固化，开模分型后获得成型塑件。

A. 受压　B. 受拉　C. 受弯　D. 受扭

46. 塑料注射成型工艺是塑料制品一种重要的成型方法，以下说法中不正确的是（　）。

A. 成型周期短　　B. 能一次成型外形复杂的塑件

C. 所得塑件尺寸精确　　D. 成型周期很长

47. 塑料注射成型工艺是塑料制品一种重要的成型方法，以下说法中不正确的是（　　）。

A. 成型周期短　　B. 能一次成型外形复杂的塑件

C. 对各种塑料的适应性强　　D. 不能成型外形复杂的塑件

48. 设计注塑模前应首先（　　），明确塑件的生产批量，分析塑件的成型工艺资料，了解企业的现场生产条件。

A. 确定模具结构方案　　B. 进行模具设计的有关计算

C. 绘制模具结构草图　　D. 明确塑件的设计要求

49. 常用塑料模具材料的类型有渗碳型塑料模具钢、预硬型塑料模具钢、（　　）以及时效硬化型塑料模具钢等。

A. 碳素塑料模具钢　　B. SM45

C. SM50　　D. SM55

50. 常用模具材料具有良好的（　　）、优异的热性能以及良好的加工性能。

A. 流动性能　　B. 力学性能　　C. 收缩性能　　D. 固化性能

51. 45 钢常用于制作动模板、定模板、（　　）和支撑板等。

A. 垫块　　B. 导柱

C. 导套　　D. 产量大的模具的热塑性塑料模型芯

52. 45 钢常用于制作动模板、定模板、垫块和（　　）等。

A. 支撑板　　B. 导柱

C. 导套　　D. 产量大的模具的热塑性塑料模型芯

53. 对于生产量不大的热塑性塑料模型芯，常采用 45 钢并（　　）至 22～26HRC。

A. 回火　　B. 调质　　C. 退火　　D. 正火

54. 以下属于钳工基本操作技能的是（　　）。

A. 车削　　B. 钻孔　　C. 刨削　　D. 铣削

55. 工具钳工（注塑模）的主要任务是利用台虎钳及各种（　　）、电动工具、钻床以及模具专用设备来完成目前机械加工还不能替代的手工操作，并将加工好的工具零件按图样要求进行装配、调试，最后制造出合格的模具产品。

A．磨床　B．手工工具　C．车床　D．铣床

56．以下不能用于钳工操作的工具或设备是（　）。

A．錾子　B．锤子　C．手锯　D．铣床

57．以下不能用于钳工操作的工具或设备是（　）。

A．车床　B．钻床　C．锉刀　D．台虎钳

58．划线是指根据设计图样或技术要求，在毛坯或工件上用划线工具划出（　）的轮廓线或作为基准的点、线的操作过程。

A．待钻孔部位　B．待铣削部位　C．待加工部位　D．已加工部位

59．划线可以使工件在机床上装夹时按划线位置进行（　）和夹紧。

A．找正　B．定位　C．测量　D．找正和定位

60．只需在工件的一个表面上划线，就能明确表示加工界线的划线过程称为（　）。

A．划加工线　B．平面划线　C．立体划线　D．划找正线

61．关于划线基准，可以以两个相互垂直的（　）为基准。

A．平面　B．平面或直线　C．直线　D．曲线

62．关于划线基准，可以以一个平面和（　）为基准。

A．一个点　B．一条直线　C．一条中心线　D．一条曲线

63．用（　）对材料或工件进行切断或切槽等的加工方法称为锯削。

A．钻头　B．锯　C．锉刀　D．錾子

64．锯弓是用来安装锯条的，有固定式和（　）两种。

A．开放式　B．封闭式　C．可调式　D．悬臂式

65．固定式锯弓只能安装（　）长度的锯条。

A．一种　B．两种　C．三种　D．多种

66．锯条按（　）大小可以做成粗齿、中齿和细齿三种。

A．长短　B．宽度　C．齿距　D．齿宽

67．锉削是指用（　）对工件进行切削加工的方法。

A．锯条　　B．锉刀　　C．钻头　　D．錾子

68．锉刀按（　　）可分为钳工锉、异形锉和整形锉三类。

A．形状不同　　B．结构差异　　C．用途不同　　D．锉齿疏密

69．锉刀的锉纹共分为（　　）种。

A．2　　B．3　　C．5　　D．7

70．（　　）号锉纹为粗齿锉刀。

A．1　　B．2　　C．3　　D．4

71．钻孔是用钻头在实体材料上加工（　　）的方法。

A．方孔　　B．方形凹槽　　C．椭圆孔　　D．圆孔

72．以下不属于钻削刀具的是（　　）。

A．麻花钻　　B．扁钻　　C．中心钻　　D．扩孔钻

73．在切削加工中不能用做切削液的是（　　）。

A．植物油　　B．矿物油　　C．水　　D．切削油

74．用丝锥在工件孔壁上切削出（　　）的加工方法称为攻螺纹。

A．螺纹　　B．圆孔　　C．外螺纹　　D．方孔

75．以下属于手工攻螺纹工具的是（　　）。

A．攻螺纹铰杠　　B．圆板牙　　C．钻头　　D．车刀

76．模具装配工艺过程不包括（　　）。

A．模具零件的组装　　B．模具总装

C．模具零部件的配作　　D．模具设计

77．关于注塑模具对锁紧及紧固零件的装配技术要求，下列说法中错误的是（　　）。

A．锁紧作用要可靠　　B．紧固螺钉要拧紧

C．圆柱销与模具零件要精确定位　　D．圆柱销与模具零件要采用间隙配合

78．关于注塑模具对顶出系统零件的装配技术要求，下列说法中错误的是（　　）。

A．开模时推出部分应保证顺利脱模　　B．推出零件的动作要平稳

C．推出零件工作时受力要均匀　　D．对推出零件的强度无要求

79．注塑机是利用塑料的（　　），经加热熔化后，加以高的压力使其快速流入型腔，

经一段时间的保压和冷却，使其成为各种形状的塑料制品。

A．塑性　B．热固性　C．热塑性　D．可熔化性

80．注塑机的操作主要包括（　　）、开车和停车几个步骤。

A．检查注塑设备　B．开车前的准备工作

C．接通冷却水　D．加入原料到烘干桶内预热烘干

81．液压传动是以流体的（　　）来传递动力的。

A．压力能　B．动能　C．势能　D．速度

82．液压传动系统由（　　）、执行装置、控制装置、辅助装置等组成。

A．电动机　B．动力装置　C．机械装置　D．压力装置

83．液压泵按结构形式不同可分为（　　）、叶片泵、柱塞泵和螺杆泵等。

A．定量泵　B．低压泵　C．变量泵　D．齿轮泵

84．为消除齿轮泵的困油现象，通常可在泵两侧的端盖上开（　　）槽。

A．封油　B．卸荷　C．配流　D．三角

85．如果液压系统需要高压，通常采用（　　）。

A．齿轮泵　B．双作用叶片泵　C．单作用叶片泵　D．轴向柱塞泵

86．如果液压系统需要中压，通常采用（　　）。

A．齿轮泵　B．双作用叶片泵　C．轴向柱塞泵　D．螺杆泵

87．液压缸按结构形式不同可分为（　　）、柱塞缸和摆动缸。

A．差动缸　B．单杆式缸　C．活塞缸　D．缓冲缸

88．液压缸按结构形式不同可分为活塞缸、（　　）和摆动缸。

A．差动缸　B．单杆式缸　C．缓冲缸　D．柱塞缸

89．液压缸由缸筒、缸盖、（　　）、活塞杆和密封装置等组成。

A．转子　B．活塞　C．柱塞　D．定子

90．能实现差动连接的液压缸应是（　　）。

A．柱塞缸　B．摆动缸

C．双杆式活塞缸　D．单杆式活塞缸

91．按用途分（　　）属于压力控制阀。

A．单向阀　　B．调速阀　　C．溢流阀　　D．节流阀

92．先导式溢流阀有（　　）个阀芯。

A．1　　B．2　　C．3　　D．4

93．要控制液压缸的运动速度，应由（　　）来完成。

A．溢流阀　　B．节流阀　　C．顺序阀　　D．换向阀

94．气压传动是以气体的（　　）来传递动力的。

A．动能　　B．流量　　C．压力能　　D．速度

95．气压传动系统由（　　）、执行装置、控制装置、辅助装置等组成。

A．机械装置　　B．电动机　　C．气缸　　D．气源装置

96．活塞式空气压缩机由活塞、（　　）、吸气阀、排气阀等组成。

A．缸体　　B．叶片　　C．柱塞　　D．转子

97．空气过滤器通常由（　　）、滤芯及旋风叶子组成。

A．阀体　　B．泵体　　C．壳体　　D．缸体

98．除油器中的（　　）可使气体流向产生变化。

A．加强板　　B．隔板　　C．密封板　　D．除油板

99．单作用气缸是（　　）活塞杆的。

A．用弹簧弹力推出　　B．用自重推出

C．用弹簧弹力推入　　D．用气体压力推入

100．双作用气缸是（　　）活塞杆的。

A．用弹簧弹力推出　　B．用弹簧弹力推入

C．用气体压力推入　　D．用自重推入

101．当压缩空气作用在叶片式气动马达的（　　）上面时产生转矩。

A．转子　　B．定子　　C．叶片　　D．转轴

102．气动单向阀通常由阀座、（　　）、密封垫及弹簧组成。

A．阀体　　B．溢流装置　　C．阀芯　　D．阀杆

103．或门型梭阀有（　　）个阀芯。

A．1　　B．2　　C．3　　D．4

104．双压阀有（　　）个输出气口。

A．1　　B．2　　C．3　　D．4

105．两位三通换向阀的（　　）应接压缩气体。

A．B口　　B．P口　　C．A口　　D．O口

106．两位四通换向阀有（　　）个通路数。

A．1　　B．2　　C．3　　D．4

107．两位五通换向阀有（　　）个排气口。

A．1　　B．2　　C．3　　D．4

108．主要用于低压供电系统的电器称为（　　）。

A．低压控制电器　　B．自动电器

C．电磁式电器　　D．低压配电电器

109．通用的低压开关有负荷开关、组合开关和（　　）。

A．熔断器　　B．继电器　　C．空气断路器　　D．接触器

110．通用的低压开关有负荷开关、（　　）和空气断路器。

A．熔断器　　B．组合开关　　C．继电器　　D．接触器

111．空气断路器按（　　）不同可分为塑壳式和框架式两类。

A．结构形式　　B．断路方式　　C．通电方式　　D．电压形式

112．绿色或黑色按钮代表（　　）。

A．停车、开断

B．启动、工作或点动

C．工作台返回时的启动或移动出界的停止

D．保护继电器的复位

113．用于民用交流50 Hz，额定电压至380 V，额定电流至200 A的低压照明线路末端的是（　　）熔断器。

A．瓷插式　　B．螺旋式　　C．封闭式　　D．半导体器件保护用

114．最常用的接触器种类是（　　）。

A．空气电磁式交流接触器　　B．机械联锁交流接触器

C. 切换电容器接触器　　D. 真空交流接触器

115. 常用继电器按（　　）不同可分为电磁式、感应式、电动式、热继电器、光电式及压电式等。

A. 动作原理　B. 结构特点　C. 反应激励量　D. 动作功率

116. 热继电器有（　　）、三相结构和三相带断相保护装置三种类型。

A. 两相结构　　B. 两相带断路保护装置

C. 感应式　　D. 电动式

117. 按（　　）不同，电动机可分为直流电动机和交流电动机。

A. 工作电源　　B. 结构及工作原理

C. 启动与运行方式　　D. 用途

118. 电动机的（　　）就是通过一个按钮开关控制接触器的线圈，从而实现用弱电来控制强电的功能。

A. 点动控制　B. 长动控制　C. 启动控制　D. 保持控制

119. 三相异步电动机的制动方法一般有机械制动和（　　）。

A. 液压制动　B. 电子制动　C. 电气制动　D. 激光制动

120.（　　）是根据人体允许的电流和人体电阻确定的。

A. 安全电压　B. 安全电流　C. 触电电压　D. 危险电压

121. 以下关于安全用电的知识错误的是（　　）。

A. 断电时应先断开负荷开关，再断开电源隔离开关

B. 如断开三相单头刀开关时，必须用绝缘棒操作

C. 复杂的倒闸操作应一人监护、一人操作

D. 送电时应先合上负荷开关，再合上电源隔离开关

122. 在有触电危险的场所使用的手持式电动工具选用的安全电压额定值为（　　）V。

A. 6　B. 12　C. 24　D. 42

123. 关于临时用火，以下说法中错误的是（　　）。

A. 要持有动火证　　B. 要设专人看管

C. 可以个人单独临时用火　　D. 要有防范措施

124. 下列不属于直接火源的是（　）。

A. 明火　B. 电火花　C. 雷击　D. 加热自燃起火

125. 下列不属于灭火基本方法的是（　）。

A. 冷却灭火法　B. 隔离灭火法　C. 窒息灭火法　D. 报警

126. 关于触电急救的说法中错误的是（　　）。

A. 使触电者迅速脱离电源

B. 对“有呼吸而心脏停跳”的触电者应采用“胸外心脏按压法”进行急救

C. 对“有心跳而无呼吸”的触电者应采用“口对口人工呼吸法”进行急救

D. 对“有呼吸而心脏停跳”的触电者应采用“口对口人工呼吸法”进行急救

127. 关于触电急救的说法中错误的是（　　）。

A. 使触电者迅速脱离电源

B. 对“有心跳而无呼吸”的触电者应采用“胸外心脏按压法”进行急救

C. 对“有心跳而无呼吸”的触电者应采用“口对口人工呼吸法”进行急救

D. 对“无呼吸、无心跳”的触电者应联合采用“口对口人工呼吸法”和“胸外心脏按压法”进行急救

128. 下列不属于可更新资源的是（　　）。

A. 水　B. 矿物　C. 土壤　D. 生物

129. 国家环境质量标准是由（　）制定的。

A. 国务院　B. 国家安全生产部门

C. 各省环境保护部门自行　D. 国务院环境保护行政主管部门

130. （　　）不属于人类对环境造成的污染。

A. 工业废气排放　B. 化学粉尘

C. 污水排放　D. 火山喷发

131. 质量管理是指企业为了保证最经济地生产出满足用户要求的产品而形成并运用的（　）。

A. 一套完整的设计手段

B. 一套完整的加工工艺

C. 一套完整的质量活动体系、制度、手段和方法

D. 一套检测方法

132. 质量管理是指企业为了保证最经济地生产出满足用户要求的产品而形成并运用的（　　）。

A. 一套完整的用户体系

B. 一套设备体系

C. 一套完整的质量活动体系、制度、手段和方法

D. 一套检测方法

133. 全面质量管理与传统的质量管理相比较，其特点是（　　）。

A. 以事后检验为主　　B. 以预防为主

C. 以管理为主　　D. 以制造为主

134. 全面质量管理与传统的质量管理相比较，其特点是（　　）。

A. 以事后检验为主

B. 以系统的观点为指导进行全面综合治理

C. 就事论事，分散管理

D. 以制造为主

135. 全面质量管理要求（　　），管理的范围应当是产品质量产生和形成的全过程。

A. 企业中的全体职工参与　　B. 仅生产部门的职工参与

C. 仅设计部门的职工参与　　D. 仅检测部门的职工参与

136. 全面质量管理要求企业中的全体职工参与，管理的范围应当是（　　）。

A. 产品质量产生和形成的全过程

B. 产品质量产生和形成的局部过程

C. 产品设计过程

D. 产品检测过程

137. 制定《中华人民共和国劳动法》的目的是保护劳动者的（　　），调整劳动关系，建立和维护适应社会主义市场经济的劳动制度，促进经济发展和社会进步。

A. 利益　　B. 合法权益　　C. 物质财富　　D. 合法财产

138. 制定《中华人民共和国合同法》的目的是保护（ ），维护社会经济秩序，促进社会主义现代化建设。

A. 合同当事人的利益　　B. 合同当事人的合法权益

C. 国家利益　　D. 合同当事人某一方的利益

139. 制定《中华人民共和国消费者权益保护法》的目的是保护（ ）的合法权益，维护社会经济秩序，促进社会主义市场经济健康发展。

A. 公民　　B. 中国公民　　C. 消费者　　D. 外国公民

140. 消费者组织不得从事（ ），不得以牟利为目的向社会推荐商品和服务。

A. 商品经营　　B. 营利性服务

C. 商品经营和营利性服务　　D. 产品售前服务

141. 依法成立的合同自（ ）生效。

A. 成立后一个月　　B. 成立时

C. 成立后一个星期　　D. 成立后10天

142. 如果劳动者与用人单位建立劳动关系，就应当订立（ ）。

A. 协议　　B. 劳动合同　　C. 合同　　D. 工作协议

143.（ ）不属于人类对环境造成的污染。

A. 汽车排放　　B. 光污染　　C. 污水排放　　D. 火山喷发

144. 建设项目中防治污染的“三同时”是指防治污染的设施必须与主体工程同时设计、同时施工、（ ）。

A. 同时规划　　B. 同时布局　　C. 同时投产使用　　D. 同时研究

145.《中华人民共和国环境保护法》共（ ）章，四十七条。

A. 四　　B. 五　　C. 六　　D. 七

146. 间接火源包括本身自燃起火和（ ）。

A. 明火　　B. 电火花　　C. 雷击　　D. 加热自燃起火

147. 防火三级检查制包括（ ）、部门周检查、班组日检查。

A. 单位年检查　　B. 单位季检查

C. 单位月检查　　D. 单位周检查

148．对于工作面积狭窄、操作者容易大面积接触带电体的场所，选用的安全电压额定值为（　　）V。

A．6　　B．12　　C．24　　D．42

149．安全电压是根据（　　）和人体电阻确定的。

A．人体允许的电流　　B．安全电流

C．触电电压　　D．危险电压

150．（　）在电气上俗称控制器的自锁。

A．点动控制　　B．长动控制　　C．启动控制　　D．保持控制

151．易燃、易爆场合应选用防爆型及（　　）等。

A．空气电磁式交流接触器　　B．机械联锁交流接触器

C．切换电容器接触器　　D．真空交流接触器

152．多在工矿企业低压配电设备、机械设备的电气控制系统中用做断路保护的是（　　）熔断器。

A．瓷插式　　B．螺旋式

C．封闭式　　D．半导体器件保护用

153．红色按钮代表（　　）。

A．停车、开断

B．启动、工作或点动

C．工作台返回时的启动或移动出界的停止

D．保护继电器的复位

154．主要用于电力拖动及自动控制系统的电器称为（　　）。

A．低压控制电器　　B．自动电器

C．电磁式电器　　D．低压配电电器

155．有（　　）个工作口通路数的阀称为两位两通换向阀。

A．1　　B．2　　C．3　　D．4

156．液压缸的运动（　　）可由节流阀来控制。

A．压力　　B．负载　　C．速度　　D．方向

157. 直动式溢流阀有（ ）个阀芯。

A. 1　B. 2　C. 3　D. 4

158. 单杆活塞式液压缸能实现（ ）连接。

A. 行星　B. 差动　C. 伸缩　D. 增压

159. 液压泵按结构形式不同可分为齿轮泵、（ ）、柱塞泵和螺杆泵等。

A. 定量泵　B. 低压泵　C. 叶片泵　D. 高压泵

160. 注塑机开车前的准备工作中不包括（ ）。

A. 检查注塑设备　B. 接通冷却水

C. 加入原料到烘干桶内预热烘干　D. 开启电源总开关

## 三、多项选择题（选择一个以上正确的答案，将相应的字母填入题内的括号中）

1. 按塑料中树脂的分子结构和树脂的热性能不同，可将塑料分为（ ）。

A. 聚苯乙烯塑料　B. 聚丙烯塑料　C. 聚乙烯塑料

D. 热固性塑料　E. 热塑性塑料

2. 塑料的收缩性、（ ）都属于塑料的工艺性能。

A. 流动性　B. 湿度　C. 形态

D. 粒度　E. 热稳定性

3. 标题栏包括的内容有（ ）。

A. 图样名称　B. 图样代号　C. 单位名称

D. 材料标记　E. 制图、描图人员签名

4. 圆的投影可以是（ ）。

A. 直线　B. 圆　C. 椭圆

D. 菱形　E. 矩形

5. 左视图反映了物体上下、前后的位置关系，即反映了物体的（ ）。

A. 斜度　B. 高度　C. 宽度

D. 长度　E. 圆度

6. 下列说法中正确的是（ ）。

A. 尺寸应尽量避免标注在虚线上

B. 同轴回转体的直径尺寸应尽量标注在反映轴线的视图上

C. 正六棱柱应标注其高度，即正六边形的对边距离

D. 尺寸线、尺寸界线与轮廓线间可以相交

E. 标注弧长时，应在尺寸数字上方加注弧形符号

7. 下列说法中正确的是（　　）。

A. 在绘制螺纹标准件时，螺纹的牙顶用粗实线表示

B. 在垂直于螺纹轴线的投影面的视图中，需要表示部分螺纹时，螺纹的牙底线也应适当地空出一段距离

C. 完整螺纹的终止界线（简称螺纹终止线）用细实线表示

D. 当需要表示螺纹收尾时，螺尾部分的牙底用与轴线成30°角的细实线绘制

E. 不穿通的螺孔，一般将钻孔深度与螺纹深度分别画出

8. 下列说法中正确的是（　　）。

A. AutoCAD 默认的坐标系为 UCS

B. 每个图层都具有可见（不可见）、解冻（冻结）、开锁（锁定）三种状态

C. AutoCAD 可以在同一层里设置不同的颜色和线型

D. 在 AutoCAD 中，当用户使用 block 命令定义一个块时，该块只能在存储该块定义的图形文件中使用

E. AutoCAD 中的绝对坐标可以有笛卡儿坐标和极坐标

9. 下列不是轴的上偏差代号的是（　　）。

A. ES　　B. EI　　C. es

D. ei　　E. si

10. 下列说法中错误的是（　　）。

A. 同一公差等级，基本尺寸越大，标准公差值相应也越大

B. 同一基本尺寸，公差等级越高，标准公差数值越小，即尺寸精确程度越低

C. 在公差等级中，IT01 ~ IT12 用于非配合尺寸，IT12 ~ IT18 用于配合尺寸

D. 在一般机械中，一般的精密部位用 IT8 和 IT9

E. 国家标准将公差等级分为 20 级

11. 表面粗糙度对零件的（ ）都有影响，是评定零件表面质量的一项重要指标。

A. 耐磨性　　B. 耐腐蚀性　　C. 密封性

D. 抗疲劳能力　　E. 材料属性

12. 下列不属于形状公差的是（ ）。

A. 直线度　　B. 同轴度　　C. 倾斜度

D. 对称度　　E. 平行度

13. 下列说法中正确的是（ ）。

A. 用千分尺测量圆柱体直径属于直接测量

B. 用光切显微镜测量表面粗糙度属于接触测量

C. 离线测量的结果仅限于发现并剔除次品

D. 用气动量仪测量孔径属于非接触测量

E. 用千分尺测量圆柱体直径属于间接测量

14. 下列不属于机械类量仪的是（ ）。

A. 百分表　　B. 千分表　　C. 数显量角器

D. 普通千分尺　　E. 测长仪

15. 下列说法中错误的是（ ）。

A. 内径百分表是应用螺旋副的传动原理，将角位移转变为直线位移

B. 公法线千分尺是把杠杆测头的位移通过机械传动转变为指针在表盘上的偏移

C. 百分表是将测量杆的直线位移通过杠杆齿轮传动系统转变为指针在表盘上的角位移

D. 立式光学计是利用光学杠杆的放大原理，将微小的位移量转换为光学影像的移动

E. 千分尺是应用螺旋副的传动原理，将角位移转变为直线位移

16. 下列说法中错误的是（ ）。

A. 金属切削加工是利用化学能把工件上多余的材料去除

B. 金属切削加工是利用声能把工件上多余的材料去除

C. 金属切削加工是利用机械能把工件上多余的材料去除

D. 金属切削加工是利用电能把工件上多余的材料去除

E．金属切削加工是利用热能把工件上多余的材料去除

17．金属切削加工常采用（　　）及镗床等。

A．钻床　　B．电火花加工机床　　C．电火花线切割机床

D．快速成型机　　E．车床

18．特种加工可以利用（　　）等去除多余材料。

A．机械能　　B．电能　　C．声能

D．热能　　E．光能

19．依据能量来源和作用形式以及加工原理，特种加工设备可分为电火花加工设备、（　　）等。

A．注塑机　　B．电化学加工设备　　C．压力机

D．数控磨床　　E．激光加工设备

20．刀具材料具有高的强度、高的硬度、（　　）。

A．高的耐磨性　　B．高的塑性　　C．高的刚度

D．高的耐冲击性　　E．高的淬透性

21．刀具的种类有（　　）和车刀等。

A．凹模　　B．凸模　　C．卡尺

D．铣刀　　E．钻头

22．工件六点定位是指限制工件在空间的六个自由度，使之在夹具中或机床上（　）。

A．不能移动　　B．不能变形　　C．能移动

D．不能转动　　E．能转动

23．工件常用定位方法有（　）。

A．局部定位　　B．不完全定位　　C．重复定位

D．欠定位　　E．完全定位

24．选择精基准一般应遵循（　　）、自为基准原则和互为基准原则。

A．基准统一原则　　B．基准不统一原则　　C．通用夹具定位原则

D．专用夹具定位原则　　E．基准重合原则

25. 根据夹紧元件和夹紧机构的设计原理不同，常用的工件夹紧方法有（　　）、螺旋压板机构夹紧等。

A. 支撑夹紧　　B. 偏心机构夹紧　　C. 导套夹紧

D. 定位夹紧　　E. 斜楔夹紧

26. 机床夹具可分为（　　）和组合夹具。

A. 万能分度头　　B. 回转工作台　　C. 通用夹具

D. 三爪自定心卡盘　　E. 专用夹具

27. 注塑成型是指将（　　）塑料经过加热熔化至流动状态后，快速注入温度较低的闭合型腔中，熔料在受压的状态下冷却、固化，开模分型后获得成型塑件。

A. 粒状　　B. 粉状　　C. 膏状

D. 块状　　E. 纤维状

28. 设计注塑模前应首先（　　），分析塑件的成型工艺资料，了解企业的现场生产条件。

A. 确定模具结构方案　　B. 进行模具设计的有关计算

C. 绘制模具结构草图　　D. 明确塑件的生产批量

E. 明确塑件的设计要求

29. 常用塑料模具材料的类型有渗碳型塑料模具钢、（　　）以及时效硬化型塑料模具钢等。

A. 预硬型塑料模具钢　　B. 40Cr　　C. SM50

D. SM55　　E. 碳素塑料模具钢

30. 常用模具材料具有（　　）以及良好的加工性能。

A. 流动性能　　B. 优异的热性能　　C. 收缩性能

D. 固化性能　　E. 良好的力学性能

31. 下列说法中错误的是（　　）。

A. 对于生产量不大的热塑性塑料模型芯，常采用45钢并调质至22～26HRC

B. 对于生产量不大的热塑性塑料模型芯，常采用45钢并正火至22～26HRC

C. 对于生产量不大的热塑性塑料模型芯，常采用45钢并退火至22～26HRC

D. 对于生产量不大的热塑性塑料模型芯，常采用45钢并回火至22～26HRC

E. 对于生产量不大的热塑性塑料模型芯，常采用45钢并研磨至22～26HRC

32. 以下属于钳工基本操作技能的是（　　）。

A. 刮削　　B. 铣削　　C. 钻孔

D. 研磨　　E. 攻螺纹

33. 工具钳工（注塑模）的主要任务是利用（　　）以及模具专用设备来完成目前机械加工还不能替代的手工操作，并将加工好的工具零件按图样要求进行装配、调试，最后制造出合格的模具产品。

A. 电动工具　　B. 手工工具　　C. 车床

D. 台虎钳　　E. 钻床

34. 划线是指根据（　　），在毛坯或工件上用划线工具划出待加工部位的轮廓线或作为基准的点、线的操作过程。

A. 设计图样　　B. 技术要求　　C. 零件形状

D. 试验加工条件　　E. 加工需要

35. 通过划线可以确定工件加工面的（　　），明确尺寸的加工界线，以便于实施机械加工。

A. 位置　　B. 精度　　C. 加工余量

D. 表面粗糙度　　E. 平行度

36. 按划线在加工中的作用不同，划线可分为（　　）。

A. 划加工线　　B. 划证明线　　C. 划找正线

D. 划借料线　　E. 平面划线

37. 用锯对材料或工件进行（　　）等的加工方法称为锯削。

A. 切断　　B. 切槽　　C. 加工平面

D. 加工孔　　E. 加工圆柱面

38. 锯弓是用来安装锯条的，分为（　　）。

A. 开放式　　B. 封闭式　　C. 固定式

D. 可调式　　E. 悬臂式

39. 锯条按齿距大小可以做成（　　）。

A. 小齿　　B. 细齿　　C. 宽齿

D. 中齿　　E. 粗齿

40. 锉刀由（　　）组成。

A. 锉身　　B. 刃口　　C. 切削部分

D. 修光部分　　E. 锉柄

41. 锉刀按用途不同可分为（　　）。

A. 平锉　　B. 整形锉　　C. 异形锉

D. 三角锉　　E. 钳工锉

42. 以下不可以用来在钻床上钻孔的刀具是（　　）。

A. 镗刀　　B. 钻头　　C. 铣刀

D. 车刀　　E. 铰刀

43. 钻削刀具有（　　）。

A. 深孔钻　　B. 麻花钻　　C. 中心钻

D. 铰刀　　E. 扁钻

44. 切削加工中常用的切削液有（　　）。

A. 水　　B. 水溶液　　C. 植物油

D. 乳化液　　E. 切削油

45. 下列不属于用丝锥在工件孔壁上切削出内螺纹的加工方法的是（　　）。

A. 钻孔　　B. 铰孔　　C. 套螺纹

D. 攻螺纹　　E. 镗孔

46. 以下属于攻螺纹工具的是（　　）。

A. 攻螺纹铰杠　　B. 丝锥　　C. 圆板牙

D. 钻头　　E. 镗刀

47. 模具装配工艺过程包括（　　）。

A. 模具零件的组装　　B. 模具总装　　C. 模具零部件的配作

D. 模具设计　　E. 模具零部件的配修

48．注塑机是利用塑料的热塑性，经加热熔化后，加以高的压力使其快速流入型腔，经一段时间的（　　），使其成为各种形状的塑料制品。

A．保压　　B．冷却　　C．填充

D．凝固　　E．放置

49．（　　）是液压传动中的重要参数。

A．质量　　B．体积　　C．压力

D．密度　　E．流量

50．液压传动系统中的执行元件有（　　）。

A．溢流阀　　B．液压缸　　C．液压泵

D．液压马达　　E．换向阀

51．从液压泵的结构特点分析，（　　）可以做成变量泵。

A．齿轮泵　　B．双作用叶片泵　　C．单作用叶片泵

D．轴向柱塞泵　　E．径向柱塞泵

52．液压泵中（　　）为定量泵。

A．齿轮泵　　B．双作用叶片泵　　C．单作用叶片泵

D．轴向柱塞泵　　E．螺杆泵

53．（　　）属于活塞式液压缸的一种。

A．摆动缸　　B．单杆式缸　　C．双杆式缸

D．差动缸　　E．柱塞缸

54．液压缸缓冲装置中常见的结构有（　　）。

A．间隙式　　B．可调节流式　　C．三角节流槽式

D．减压式　　E．缩紧式

55．液压缸内径通常根据（　　）的计算确定。

A．动能　　B．油液黏度　　C．容积效率

D．外负载　　E．活塞移动速度

56．（　　）属于液压控制元件。

A．单向阀　　B．单杆活塞缸　　C．节流阀

D. 减压阀　　E. 蓄能器

57. 液压三位四通换向阀可实现系统卸荷的中位机能有（　　）。

A. H 型　　B. P 型　　C. Y 型

D. K 型　　E. M 型

58. （　　）是气压传动中的重要参数。

A. 质量　　B. 压力　　C. 体积

D. 密度　　E. 流量

59. 气压传动系统中的执行元件有（　　）。

A. 溢流阀　　B. 气泵　　C. 气缸

D. 气动马达　　E. 蓄能器

60. 空气过滤器的滤芯可采用（　　）材料。

A. 纸质　　B. 木质　　C. 陶瓷

D. 金属　　E. 油液

61. 除油器应具有（　　）。

A. 除油口　　B. 进气口　　C. 封油口

D. 出气口　　E. 排油口

62. 单作用气缸活塞杆的退回是靠（　　）实现的。

A. 弹簧弹力　　B. 自重　　C. 其他外力

D. 气体压力　　E. 差动力

63. 双作用气缸可以做成（　　）。

A. 无活塞杆　　B. 有一根活塞杆　　C. 有两根活塞杆

D. 有三根活塞杆　　E. 有四根活塞杆

64. 气动单向阀通常由（　　）组成。

A. 阀座　　B. 密封垫　　C. 弹簧

D. 阀体　　E. 阀芯

65. 或门型梭阀属于（　　）阀。

A. 方向　　B. 压力　　C. 流量

D. 逻辑　　E. 减压

66. 当双压阀（　　）时气体输入，输出口无气体输出。

A. 两个输入口有相同低压　　B. 一个输入口有低压

C. 一个输入口有高压　　D. 两个输入口有不同压力

E. 两个输入口有相同高压

67. 两位三通换向阀有（　　）。

A. 排气口　　B. 泄漏口　　C. 进气口

D. 控制口　　E. 遥控口

68. 通用的低压开关有（　　）。

A. 负荷开关　　B. 组合开关　　C. 继电器

D. 接触器　　E. 空气断路器

69. 空气断路器按结构形式不同可分为（　　）。

A. 万能式　　B. 装置式　　C. 塑壳式

D. 框架式　　E. 组合式

70. 熔断器的种类有（　　）。

A. 瓷插式熔断器　　B. 螺旋式熔断器　　C. 封闭式熔断器

D. 半导体器件保护用熔断器　　E. 自复式熔断器

71. 常用继电器按动作原理不同可分为（　　）。

A. 电磁式　　B. 感应式　　C. 热继电器

D. 光电式　　E. 压电式

72. 按结构及工作原理不同，电动机可分为（　　）。

A. 交流电动机　　B. 直流电动机　　C. 异步电动机

D. 同步电动机　　E. 控制电动机

73. 关于电动机的控制，以下叙述正确的是（　　）。

A. 电动机的点动控制实现弱电对强电的控制功能

B. 电动机的点动控制实现强电对强电的控制功能

C. 点动俗称接触器的自锁

D. 长动俗称接触器的自锁

E. 点动控制用于短时间内使电动机旋转，但旋转一会儿后就停止

74. 倒闸操作票的主要内容是（　　）。

A. 操作目的和操作任务　　B. 操作项目和顺序

C. 下令人和受令人签字　　D. 操作人和监护人签字

E. 操作刀开关的类型

75. 灭火的基本方法有（　　）。

A. 冷却灭火法　　B. 隔离灭火法　　C. 窒息灭火法

D. 抑制灭火法　　E. 报警

76. （　　）属于人类对环境造成的污染。

A. 核辐射　　B. 化学粉尘　　C. 光污染

D. 工业废气排放　　E. 汽车排放

77. 全面质量管理与传统的质量管理相比较，其特点是（　　）。

A. 以产量、产值为中心　　B. 以系统的观点为指导进行全面综合治理

C. 就事论事，分散管理　　D. 以制造为主

E. 以质量为中心

78. 消费者为生活消费需要（　　），其权益受《中华人民共和国消费者权益保护法》保护。

A. 购买商品　　B. 使用商品　　C. 接受服务

D. 转借商品　　E. 转让商品

79. 当事人订立合同，应当具有相应的（　　）。

A. 民事权利能力　　B. 民事行为能力　　C. 权利能力

D. 行为能力　　E. 行动能力

80. 在中华人民共和国（　　）和与之形成劳动关系的劳动者，适用《中华人民共和国劳动法》。

A. 境内的企业　　B. 境外的企业

C. 境外的个体经济组织　　D. 境内的个体经济组织

E. 境外的政府机关

81. 全面质量管理（ ）。

A. 要求企业中的全体职工参与

B. 要求企业中检测部门的职工参与

C. 管理的范围应当是产品质量产生和形成的全过程

D. 要求企业中生产部门的职工参与

E. 管理的范围应当是产品的设计过程

## 专业知识

### 一、判断题（将判断结果填入括号中。正确的填“√”，错误的填“×”）

1. 在钳工工作现场，材料与工件应该放在一起。（ ）

2. 防毒面具是劳动防护用品。（ ）

3. 钳工无须配备工作服、工作帽等劳动防护用品。（ ）

4. 台虎钳应用螺栓稳固在钳台上，当夹紧工件时，工件应夹在钳口的中心，不得施加猛力。（ ）

5. 钻小件时，应用专用工具夹持，以防止将工件带起旋转，不准用手拿着或按着钻孔。（ ）

6. 在正常生产中，如注塑设备有异常声音或有不正常的动作，应待制件生产完成一个周期后再按下液压马达开关。（ ）

7. 通过识读复杂注塑模的零件图，可以获得零件的加工基准。（ ）

8. 识读带侧向抽芯机构的注塑模装配图后无法判断侧向抽芯机构的结构是否合理。（ ）

9. 尺寸公差值恒为正值。（ ）

10. 在满足功用的前提下，应尽量选用较大的表面粗糙度值。（ ）

11. 零件的加工精度包括尺寸精度、形状精度和位置精度。（ ）

12. 装配图的技术要求包括装配要求、检验要求和使用要求。（ ）

13. 模具测绘最终要完成所拆卸模具的装配图和重要零件图的绘制。（　　）

14. 零件草图的内容与零件工作图相同，只是线条、字体等为徒手绘制。（　　）

15. 导柱、导套常采用正火的方式来提高耐磨性。（　　）

16. 工艺规程的内容主要包括工艺路线、工艺文件、各工序加工的内容与要求等。（　　）

17. 零件加工误差越小，表明零件的加工精度等级越高。（　　）

18. 推杆属于注塑模具标准件。（　　）

19. 液压传动是以流体的流量来降低运动速度的。（　　）

20. 在液压传动系统中执行装置是一种把液体的压力能转换成机械能的装置。（　　）

21. 液压泵试验时的最高压力称为工作压力。（　　）

22. 液压缸输入流量增大，则活塞杆输出推力增大。（　　）

23. 电磁换向阀是利用电磁铁的通电吸合与断电释放来控制流量大小的。（　　）

24. 手动换向阀是利用手动杠杆改变阀芯位置来控制液流方向的。（　　）

25. 单向阀能控制油流流量的大小。（　　）

26. 溢流阀的回油口应接油箱。（　　）

27. 减压阀的回油口应接油箱。（　　）

28. 顺序阀的泄油口应接油箱。（　　）

29. 节流阀两端的压差变化对流量会有影响。（　　）

30. 节流阀是利用调整压力来控制流量的。（　　）

31. 用调速阀调速属于节流调速。（　　）

32. 蓄能器可以用来对系统进行保压。（　　）

33. 油管中油液流动时的阻力与油管直径有关。（　　）

34. 过滤器有纸质滤芯结构。（　　）

35. 液压锁紧回路要同时接通两个换向阀回路才会动作。（　　）

36. 进油节流调速回路中没有溢流损失。（　　）

37. 节流调速回路中活塞一般快速返回。（　　）

38. 双手同时操作回路的两个手动换向阀应分开安装。（　　）

39．储气罐也有分离压缩空气中水分的作用。（　）

40．在空气过滤器中可使气体产生强烈旋转。（　）

41．气动单向阀能调节气流压力的大小。（　）

42．双压阀一个输入口压力大、一个输入口压力小，输出的应是大的压力。（　）

43．气压双电磁铁直动式换向阀中两个电磁铁不能同时得电。（　）

44．排气节流阀带有消声装置。（　）

45．气压速度控制回路可用空压机的输气量来调节。（　）

46．气动一次压力控制回路是用减压阀来控制压力的。（　）

47．精密划线法是指以某一基准为依据，在坯料上按样板划出加工线。（　）

48．借料就是通过试划和调整，使各加工面对加工余量合理分配，互相借用，从而保证各加工表面都有足够的加工余量，使有误差或缺陷的坯料得以补救而成为合格的坯料。（　）

49．在锯削过程中，起锯角太大会导致锯缝歪斜。（　）

50．在锯削过程中，若遇到锯条崩齿，应立即把崩齿的部位用砂轮磨一过渡圆弧。（　）

51．锯削中锯条常见的损坏形式有锯条磨损和锯条崩齿两种。（　）

52．在锯削中选择合理的锯削速度可以有效避免锯条磨损。（　）

53．锉削常见的加工缺陷有将工件夹坏、尺寸和形状不准确以及表面粗糙等。（　）

54．顺向锉是指从两个以上不同方向交替锉削的方法。（　）

55．钻削中钻出的孔不圆是由于进给量过大导致的。（　）

56．钻孔时，转速越高，切削液越多，钻头越不容易损坏。（　）

57．攻螺纹时铰杠晃动会导致螺纹烂牙。（　）

58．铰孔常见的废品形式有加工表面的表面粗糙度超差、孔壁表面有明显棱面、孔径缩小、孔径扩大等几种。（　）

59．研磨时研磨剂中混入杂质会导致研磨的孔的圆度和圆柱度不合格。（　）

60．测量是以确定量值为目的的全部操作。（　）

61．精密测量时，任何人员都可进行测量操作。（　）

62．凡利用尺身和游标刻线间长度之差原理制成的量具统称为游标类量具。（ ）

63．表面粗糙度常用的测量方法有比较法、衍射法、光切法和印模法。（ ）

64．游标卡尺由尺身、游标、固定量爪、活动量爪和止动螺钉等组成。（ ）

65．百分表一般由触头、测量杆、凸轮、指针和表盘组成。（ ）

66．内卡钳是一种直接量具，可直接从卡钳上读出测量尺寸。（ ）

67．外卡钳是一种间接量具，从卡钳上读不出测量尺寸，必须与其他带有刻度的量具配合使用。（ ）

68．日保养应由设备操作工人当班进行。（ ）

69．刀具磨损的磨损机理有磨料磨损、相变磨损、黏结磨损、扩散磨损和氧化磨损。（ ）

70．切削热是在切削过程中由于被加工材料的变形、分离以及刀具和被加工材料间的摩擦而产生的。（ ）

71．焊接车刀的刀片一般选用45钢，刀柄选用硬质合金。（ ）

72．铣刀是一种在旋转表面或端面上分布多齿的刀具。（ ）

73．砂轮是用结合剂将磨粒固结成一定形状的多孔体。（ ）

74．麻花钻专门用于加工各种轴类工件两端的中心孔。（ ）

75．电火花加工是利用电能和热能达到加工目的的。（ ）

76．电火花粗加工时应优先考虑采用较宽的脉冲宽度。（ ）

77．电火花加工常用电极材料有铜和石墨。（ ）

78．确定电火花线切割加工路径主要以能防止或减少模具变形为原则。（ ）

79．切割厚工件时为保证加工的稳定性，可选用大电流、大脉冲宽度和大的脉冲间隔。（ ）

80．锁模机构的作用是使固态塑料均匀地塑化成熔融状态，并以足够的压力和速度将塑料熔体注入闭合的型腔中。（ ）

81．卧式注塑机的结构特点是其合模装置和注塑装置的轴线呈一直线水平排列。（ ）

82．角式注塑机的结构特点是其合模装置和注塑装置的轴线互成直角排列。（ ）

83. 整体式型腔适用于小型且形状简单的塑件的成型。（ ）

84. 提高塑件质量是组合式型芯的优点之一。（ ）

85. 型芯与型腔零件组装后，若型面之间存在间隙，可以通过修磨型芯进行消除。（ ）

86. 型芯与型腔的修配基准为导柱孔。（ ）

87. 型芯与型腔间的间隙可以通过在型芯、型腔的四周塞入厚度均匀的纯铜片进行调整。（ ）

88. 斜销、滑块在动模是斜销分型与抽芯机构常见的形式之一。（ ）

89. 为了减小斜销与滑块间的摩擦，可将斜销铣出两个相对平面，其宽度为斜销直径的80%。（ ）

90. 对于尺寸较小的型芯，一般将型芯嵌入滑块的部分加大，以便于用中心销固定。（ ）

91. 采用螺钉固定、销钉定位方式固定楔紧块时，制造容易，调整方便，但承受侧压力的能力差。（ ）

92. 通过抛光可以使工件获得很高的尺寸精度和很小的表面粗糙度值。（ ）

93. 侧向抽芯模具的推出机构可以使用机动推出机构。（ ）

94. 型芯上的推杆孔与推杆配合部分应采用过渡配合。（ ）

95. 对于小型模具，可以利用弹簧的弹力使推出机构复位。（ ）

96. 对于侧向抽芯模具，若推杆数量较少，为防止因塑件反推阻力不均匀而导致推杆发生运动卡滞现象，常在推出机构中设置导向零件，一般选用导柱导向。（ ）

97. 推顶推件板的推杆要长度一致。（ ）

98. 对于小型模具，可以利用弹簧的弹力使推件板复位。（ ）

99. 对于侧向抽芯模具，为了保证推件板的运动精度及能够正常顺利脱模，会在推出机构中设置导向零件，一般选用导柱导向。（ ）

100. 模具装配工艺一般由组件装配和总装配阶段组成。（ ）

101. 对于大、中型注塑模具装配的技术要求，应要求模具增加起重吊孔、吊环供搬运用。（ ）

102. 调整装配法可分为可动调节法与固定调节法两种。（ ）

103. 根据模具装配零件能够达到的互换程度，互换装配方法可分为修配装配法和调整装配法两种。（ ）

104. 分组互换装配法适用于装配精度高的模具部件的成批生产。（ ）

105. 注塑模具零件之间常采用的连接方法是焊接。（ ）

106. 装配侧向抽芯机构时应首先装配滑块。（ ）

107. 模具装配完成后，需进行模具的外观检查、内部检查和动作检查。（ ）

108. 分型面必须在一个平面内。（ ）

109. 在开模时塑件应尽可能留在上模或定模内。（ ）

110. 低黏度塑料应采用大截面浇口。（ ）

111. 冷料穴一般位于主流道末端分型面动模一侧。（ ）

112. 拉料杆的功能是模具打开时将主流道的凝料拉向动模一侧，并在推出行程中将它脱出模外。（ ）

113. 排气系统可避免塑件的烧伤和气孔、组织疏松以及空洞等缺陷的产生。（ ）

114. 推出机构的作用是将塑件和凝料与模具松动分离并将其从模内取出。（ ）

115. 根据模具侧向分型机构所处的位置不同，可分为机动抽芯、液压抽芯和手动抽芯。（ ）

116. 如果滑块的复位先于推杆的复位，则发生侧型芯撞击推杆的现象，称为干涉现象。（ ）

117. 在模具结构允许的条件下，使推杆的位置与侧抽芯结构在闭模状态下在水平方向重合，从而可有效地避免干涉现象的发生。（ ）

118. 注塑模冷却最常用的形式是传热棒（片）。（ ）

119. 加工冷却通道时，应注意离型腔的距离一般控制在1～5 mm之间。（ ）

120. 注塑模冷却水道常用的密封形式是密封圈密封。（ ）

121. 根据标准规定将塑件分为7个精度等级，其中MT1级精度要求较高，一般经常采用。（ ）

122. 设计模具时，应根据塑料的收缩率范围，按导套的型号选取收缩率值。（ ）

123. 脱模斜度取决于塑件的用途。（ ）

124. 塑件的支撑面通常采用底脚支撑或边框支撑。（ ）

125. 塑件的凸台应位于边角部位，几何尺寸应小，高度应不超过其直径的两倍，并应具有足够的脱模斜度。（ ）

126. 塑件上孔的形状宜简单，孔和孔之间应有足够的距离。（ ）

127. 常用的嵌件形式有圆筒形嵌件、圆柱形嵌件、片形嵌件等。（ ）

128. 无论是杆状嵌件或环状嵌件，在模具中伸出的自由长度均应超过定位部分直径的两倍。（ ）

129. 对于吸水性强的塑料，在成型之前必须进行保温处理。（ ）

130. 注射成型之前，若料筒中残存的塑料与将要使用的塑料不同或颜色不一致，应将料筒清洗干净。（ ）

131. 脱模剂的选择应根据注射制品用原料决定。（ ）

132. 一般生产中多采用固定加料方式，以节省注射座进退操作时间，缩短生产周期。（ ）

133. 决定塑料塑化质量的唯一因素是物料的受热情况。（ ）

134. 初试模时，绝对不能使用过大的注射压力。（ ）

135. 塑件成型后，根据塑件的特性和使用要求，可对塑件进行退火和正火。（ ）

136. 塑件成型后进行退火可消除材料的内应力，稳定塑件尺寸。（ ）

137. 塑件成型后的调湿处理可改善塑件的韧性，使冲击韧度和抗拉强度有所提高。（ ）

138. 喷嘴温度通常比料筒的温度低。（ ）

139. 模具温度取决于塑料结晶性的有无、塑件的尺寸和结构、塑件的性能要求以及其他工艺条件。（ ）

140. 注射压力的大小取决于注塑机的类型、塑料的品种、模具浇注系统的结构等。（ ）

141. 在注塑模注塑过程中，冷却时间只与塑件的壁厚有关。（ ）

142. 热固性塑料成型工艺性能包括热力学性能、取向性、收缩率以及流动性等。（ ）

143. 塑件螺纹的精度不能要求太高，一般不低于3级。 ( )

144. 一般热固性塑料制件表面出现气泡或鼓起，可能是由于成型过程中加热不均匀而造成的。 ( )

145. 复杂塑件的壁厚可用量杯测量塑件的排水量来计算。 ( )

146. 如果采用多型腔注塑模，应根据所选注塑机的主要参数来确定型腔数。 ( )

147. 注塑机的最大注射量应小于塑件的总体积。 ( )

148. 开模行程的计算与注塑机的结构和模具结构有关。 ( )

149. 注塑模的调试应先进行调整前的检查，在试模过程中进行缺陷的检查和分析，再根据缺陷进行调整。 ( )

150. 注塑模的验收应依据由国家批准、发布的相关标准。 ( )

151. 模具调试过程中应记录在试模过程出现的异常现象及成型条件变化状况，这是模具调整及确定成型工艺条件的重要依据。 ( )

152. 塑件尺寸不稳定可能是由于保压时间过长。 ( )

153. 如果塑件尺寸不稳定，可适当降低料筒和喷嘴的温度。 ( )

154. 塑件表面有波纹的原因是原料含有水分及挥发物、料温太高或太低、注射压力太低、流道太长或浇口尺寸太大等。 ( )

155. 如果塑件表面产生波纹，可适当调整料温，不能过高或过低。 ( )

156. 塑件熔接不良可能是由于原料受到污染。 ( )

157. 塑件凹陷可能是由于加料量不足。 ( )

158. 塑件产生翘曲变形的原因之一是塑件壁厚均匀。 ( )

159. 塑件粘模的原因之一是型腔表面质量差。 ( )

160. 如果塑件粘模，可适当提高型腔表面质量。 ( )

**二、单项选择题（选择一个正确的答案，将相应的字母填入题内的括号中）**

1. 在钳工工作现场，材料与工件应该（ ）。

A. 分开摆放并摆放整齐　　B. 放在一起

C. 放在一起并摆放整齐　　D. 分开摆放

2. 关于工具、量具、夹具的现场摆放，以下说法中错误的是（ ）。

A．分类摆放　　B．放在工作位置附近

C．用后应及时放回原处　　D．随意摆放

3．关于工具、量具、夹具的现场摆放，应放在（　　），以便于随时取用，用后应及时放回原处，以免损坏。

A．仓库中　　B．工件上　　C．工作位置附近　　D．搁物架上

4．以下不属于劳动防护用品的是（　　）。

A．手套　　B．安全帽　　C．眼镜　　D．工作服

5．对产生噪声的工种应该使用（　　）等劳动防护用品。

A．防护眼镜　　B．防护耳罩　　C．耳机　　D．防尘口罩

6．关于安全防护，以下说法中错误的是（　　）。

A．使用锤子、大锤时要戴手套

B．操作钻床时严禁戴手套，袖口应扎紧

C．长发女工必须戴工作帽，并将头发塞入帽内

D．操作砂轮机时严禁站在砂轮的直径方向操作，并应戴防护眼镜

7．关于安全操作，以下说法中错误的是（　　）。

A．禁止站在行车吊起的工件下面进行操作

B．搬运工件时要防止碰伤或拉毛

C．不得擅自使用不熟悉的设备和工具

D．掉换砂轮、钻头时不必切断电源

8．关于安全操作，以下说法中错误的是（　　）。

A．使用手提式风动工具时，要求接头牢靠

B．不能用嘴吹来清除切屑

C．禁止站在行车吊起的工件下面进行操作

D．可以使用无柄的刮刀

9．关于钳工设备的安全操作，以下说法中错误的是（　　）。

A．使用手提式风动工具时，要求接头牢靠

B．台虎钳应用螺栓稳固在钳台上，当夹紧工件时，工件应夹在钳口的中心，不得

施加猛力

C. 设备使用前应检查配用的刀具、夹具是否正确

D. 用手电钻钻孔时，钻头与工件可以倾斜

10. 关于注塑机操作，以下说法中错误的是（　　）。

A. 操作人员必须精神集中，不能打瞌睡，要留意机内的塑件是否脱离模位

B. 在正常生产中，如机器有异常声音或有不正常的动作，应立即按下液压马达开关或紧急停止开关

C. 在半自动状态下，可以从后门或其他部位取出塑件

D. 制件应堆放整齐

11. 关于磨床操作，以下说法中错误的是（　　）。

A. 作业前应穿戴好安全防护用品

B. 必须正确安装和紧固砂轮

C. 用金刚石笔修整砂轮时，可用手拿着

D. 磨削前应检查砂轮是否松动

12. 关于磨床操作，以下说法中错误的是（　　）。

A. 干磨工件中途可以加注切削液

B. 湿式磨削中，当切削液停止时应立即停止磨削

C. 开机前应先进行手动调整，使砂轮和工件留有适当的间隙

D. 必须正确安装和紧固砂轮

13. 通过识读复杂注塑模的零件图，无法获得（　　）。

A. 零件的表面粗糙度　　B. 零件的技术要求

C. 零件的加工成本　　D. 零件的尺寸精度

14. 通过识读带镶块的注塑模装配图，可以（　　）。

A. 检查镶块的设置是否合适　　B. 获知镶块的加工精度

C. 获知镶块的尺寸精度　　D. 获知镶块的加工方法

15. 通过识读带镶块的注塑模装配图，可以（　　）。

A. 检查镶块的位置及结构是否合理　　B. 获知镶块的加工精度

C. 获知镶块的尺寸精度　　D. 判断模具能否生产出合格的产品

16. 识读带侧向抽芯机构的注塑模装配图后无法（　　）。

A. 检查侧向抽芯机构是否合理　　B. 检查模具整体结构是否合理

C. 获知侧向抽芯机构的结构　　D. 获知侧向抽芯机构的加工精度

17. 在零件图上标注公差时，对于批量较大的生产，应（　　）。

A. 标注出偏差数值

B. 标注出公差带的代号

C. 既可标注出偏差数值，也可只标注出公差带的代号

D. 以上选项都不对

18. 在零件图上标注公差时，对于小批量生产或单件生产，应（　　）。

A. 标注出偏差数值

B. 标注出公差带的代号

C. 既可标注出偏差数值，也可只标注出公差带的代号

D. 以上选项都不对

19. 下列说法中正确的是（　　）。

A. 在满足功用的前提下，应尽量选用较小的表面粗糙度值

B. 同一公差等级，轴比孔的表面粗糙度值要小

C. 在同一零件上，工作表面的表面粗糙度值应大于非工作表面的表面粗糙度值

D. 配合性质相同时，零件尺寸小的比尺寸大的表面粗糙度值要大

20. 在同一零件上，工作表面的表面粗糙度值应（　　）非工作表面的表面粗糙度值。

A. 大于　　B. 小于　　C. 等于　　D. 大于等于

21. 以下属于位置公差的是（　　）。

A. 直线度　　B. 圆度　　C. 平行度　　D. 圆柱度

22. 零件的加工精度包括（　　）、形状精度和位置精度。

A. 装配精度　　B. 尺寸精度　　C. 公差精度　　D. 配合精度

23. 一张完整的装配图的标题栏应不包括（　　）。

A. 绘图比例　　B. 模具的名称

C. 标准件的标准代号 D. 设计单位

24. 装配图的技术要求包括装配要求、检验要求和（ ）。

A. 运输要求 B. 配合要求 C. 使用要求 D. 测量要求

25. 模具测绘最终要完成所拆卸模具的装配图和（ ）的绘制。

A. 重要零件图 B. 全部零件图

C. 标准件零件图 D. 以上选项都不对

26. 复杂零件测绘时可用直接测量法和（ ）测量法。

A. 相对 B. 绝对 C. 间接 D. 动态

27. 复杂零件测绘工具、量具有钢直尺、（ ）等。

A. 样板 B. 游标卡尺 C. 三坐标测量机 D. 圆规

28. 绘制草图时，若零件形状较复杂，可采用勾描轮廓和（ ）的方法。

A. 拓印 B. 改变比例 C. 色描 D. 贴近

29. 导柱、导套常采用（ ）的方式来提高耐磨性。

A. 回火 B. 淬火 C. 退火 D. 正火

30. 常采用（ ）的热处理方式提高模具工作零件的强度、刚度及硬度。

A. 淬火加回火 B. 淬火加正火 C. 淬火加退火 D. 正火加回火

31. 工艺文件是指用于指导工人操作和用于（ ）、工艺管理等的各种技术文件。

A. 保管 B. 生产 C. 检验 D. 运输

32. 制定工艺规程的原则是在一定的生产条件下，以最少的劳动量和（ ）的费用按计划规定的速度加工出合格的零件。

A. 最多 B. 最低 C. 中等 D. 平均

33. 工艺规程首先要保证（ ），同时要争取最好的经济效益。

A. 产品数量 B. 产品质量 C. 产品外观 D. 生产效率

34. 零件加工后的实际参数指尺寸、（ ）和表面相互位置。

A. 几何尺寸 B. 尺寸误差 C. 几何形状 D. 尺寸偏差

35. 在机械加工中，对于常值系统误差，可用（ ）方法进行消除或减小。

A. 误差转移 B. 误差分组 C. 误差补偿 D. 直接消除

36. 以下不属于注塑模具标准件的是（　　）。

A. 推杆　　B. 直导套　　C. 带头导柱　　D. 型腔固定板

37. 液压传动是以（　　）的压力能来传递动力的。

A. 机械　　B. 水　　C. 流体　　D. 气体

38. 液压传动系统由动力装置、（　　）装置、控制装置、辅助装置等组成。

A. 机械　　B. 溢流　　C. 执行　　D. 压力

39. 如容积泵的密封容积减小，此时其压力（　　），实现压油。

A. 减小　　B. 不变　　C. 增大　　D. 消失

40. 液压泵实际工作时的输出压力称为（　　）。

A. 额定压力　　B. 理论压力　　C. 工作压力　　D. 油泵压力

41. 齿轮泵中齿轮啮合的一侧容积（　　）。

A. 减小　　B. 不变　　C. 增大　　D. 消失

42. 单作用叶片泵定子与转子同轴，其输出流量（　　）。

A. 减小　　B. 不变　　C. 增大　　D. 为零

43. 轴向柱塞泵斜盘角度减小，其输出流量（　　）。

A. 增大　　B. 不变　　C. 减小　　D. 为零

44. 液压缸输入流量增大，活塞杆输出速度（　　）。

A. 提高　　B. 不变　　C. 降低　　D. 为零

45. 相同输入时单杆式液压缸活塞杆伸出时的推力（　　）活塞杆退回时的推力。

A. 等于　　B. 可大于或小于　　C. 小于　　D. 大于

46. 相同输入时双杆式液压缸活塞杆伸出时的推力（　　）活塞杆退回时的推力。

A. 等于　　B. 可大于或小于　　C. 小于　　D. 大于

47. 电磁换向阀是利用电磁铁的通电吸合与断电释放来控制（　　）的。

A. 流量大小　　B. 液流方向　　C. 液流压力　　D. 液体推力

48. 手动换向阀是利用手动杠杆移动阀芯来控制（　　）的。

A. 流量大小　　B. 液流压力　　C. 液流方向　　D. 液体推力

49. 手动换向阀是利用手动杠杆改变（　　）位置来控制液流方向的。

A. 阀体　　B. 阀芯　　C. 弹簧　　D. 油槽

50. 单向阀是利用阀芯移动来控制油液（　　）的。

A. 单向流动　　B. 流量大小　　C. 液流压力　　D. 推力

51. 液控单向阀如（　　）进油，可使油流双向流动。

A. 进油口　　B. 出油口　　C. 控制油口　　D. 泄漏油口

52. 液控单向阀如控制油口进油，可使油流（　　）。

A. 单向流动　　B. 双向流动　　C. 静止　　D. 回流

53. 溢流阀当系统压力升至其调整值时（　　）。

A. 阀口关闭　　B. 阀芯不动　　C. 阀芯关闭　　D. 阀口打开

54. 溢流阀利用被控压力作为信号来改变（　　）的压缩量。

A. 阀体　　B. 弹簧　　C. 阀芯　　D. 油液

55. 减压阀当系统压力升至其调整值时（　　）。

A. 阀芯关闭　　B. 阀芯不动　　C. 阀口关小　　D. 阀口打开

56. 减压阀利用出口压力作为信号来改变（　　）的位置。

A. 阀体　　B. 阀口　　C. 油液　　D. 阀芯

57. 顺序阀当系统压力升至其调整值时（　　）。

A. 阀口关闭　　B. 阀口打开　　C. 阀芯关闭　　D. 阀芯不动

58. 顺序阀利用进口压力作为信号来改变（　　）的位置。

A. 阀体　　B. 阀口　　C. 阀芯　　D. 油液

59. 节流阀可利用改变阀口流通面积来控制（　　）。

A. 排量　　B. 流速　　C. 流量　　D. 压力

60. （　　）变化会影响节流阀的流量。

A. 进口压力　　B. 出口压力　　C. 弹簧弹力　　D. 阀两端压差

61. 根据工作原理，节流阀的进油口和出油口（　　）。

A. 不可互换　　B. 可互换

C. 不可串联在回路中　　D. 不可并联在回路中

62. 调速阀能使节流阀（　　）不变。

A. 进口压力　　B. 出口压力
C. 两端压差　　D. 进口和出口压力都

63. 调速阀是由节流阀与（　　）串接而成的。

A. 单向阀　　B. 换向阀　　C. 减压阀　　D. 顺序阀

64. 系统中如有冲击压力产生，可用（　　）来解决。

A. 过滤器　　B. 换向阀　　C. 减压阀　　D. 蓄能器

65. 油管的材料和壁厚根据（　　）来选用。

A. 流量　　B. 流速　　C. 密封　　D. 压力

66. 油箱可使油液中的（　　）。

A. 气体逸出　　B. 能量得到保存　　C. 流速得以储存　　D. 流量加快

67. 过滤器用来过滤混在液压油中的（　　）。

A. 气体　　B. 水分　　C. 杂质　　D. 气泡

68. 液压锁紧回路的锁紧功能通常用（　　）来实现。

A. 换向阀　　B. 单向阀　　C. 液控单向阀　　D. 顺序阀

69. 旁油路节流调速回路中溢流由（　　）承担。

A. 溢流阀　　B. 节流阀　　C. 单向阀　　D. 油泵

70. （　　）节流调速回路中溢流由节流阀承担。

A. 进油　　B. 回油　　C. 旁油路　　D. 容积

71. 进油节流调速回路中溢流由（　　）承担。

A. 溢流阀　　B. 节流阀　　C. 单向阀　　D. 油泵

72. 顺序动作回路的功能是（　　）严格按规定的顺序动作。

A. 两个油泵　　B. 多个节流阀　　C. 一个液压缸　　D. 多个液压缸

73. 液压缸要实现工进油液必须流经（　　）来完成。

A. 溢流阀　　B. 节流阀　　C. 减压阀　　D. 单向阀

74. 双向节流调速回路能使液压缸实现（　　）功能。

A. 差动　　B. 快进　　C. 泄压　　D. 背压

75. 用两个手动换向阀同时操作回路可使回路（　　）。

A. 安全动作　　B. 快速动作　　C. 复位方便　　D. 稳定性好

76. 在快速运动回路中，可以使用（　　）实现执行机构的快速运动。

A. 节流阀　　B. 双杆式液压缸　　C. 差动连接　　D. 溢流阀

77. 油雾器以（　　）为动力将润滑油雾化。

A. 油流　　B. 油泵　　C. 气缸　　D. 压缩空气

78. 空气压缩机是将（　　）转换成气压能。

A. 机械能　　B. 势能　　C. 动能　　D. 冲击能

79. 空气过滤器利用（　　）原理去除空气中的杂质。

A. 冲击　　B. 惯性　　C. 压缩　　D. 膨胀

80. 除油器用（　　）分离出压缩空气中的水分。

A. 吸附　　B. 阻隔　　C. 惯性　　D. 压缩

81. （　　）用惯性分离出压缩空气中的水分。

A. 除油器　　B. 干燥器　　C. 压缩机　　D. 后冷却器

82. 气动单向阀是利用阀芯移动来控制气流（　　）的。

A. 流量大小　　B. 单向流动　　C. 压力　　D. 推力

83. 或门型梭阀从工作原理上说相当于（　　）个单向阀。

A. 1　　B. 2　　C. 3　　D. 4

84. 或门型梭阀从工作原理上说相当于两个（　　）。

A. 节流阀　　B. 换向阀　　C. 单向阀　　D. 减压阀

85. 双压阀当只有一个输入口有气体输入时，阀的（　　）。

A. 输入口关闭　　B. 输入口打开

C. 两输入口相通　　D. 两输入口都关闭

86. 气压控制换向阀是用气体压力来控制（　　）运动的。

A. 弹簧　　B. 阀口　　C. 阀体　　D. 阀芯

87. 气压控制换向阀是用阀芯运动来改变气体（　　）的。

A. 流量　　B. 流向　　C. 流速　　D. 压力

88. 气压电磁控制换向阀用电磁铁来控制（　　）运动。

A. 弹簧　B. 阀口　C. 阀芯　D. 阀体

89. 气动调压阀是利用（　）作为信号来改变阀口大小的。

A. 出口压力　B. 进口压力　C. 出口流量　D. 进口流量

90. 气动流量控制阀利用改变阀的流通面积来实现（　）的控制。

A. 压力　B. 排量　C. 流速　D. 流量

91. 单作用气缸换向回路中气缸的退回靠（　）来实现。

A. 气体压力　B. 外力　C. 蓄能器　D. 储气罐

92. 气压速度控制回路是由（　）来控制气缸速度的。

A. 溢流阀　B. 梭阀　C. 节流阀　D. 储气罐

93. 气动二次压力控制回路是用（　）来调整气压的。

A. 溢流阀　B. 减压阀　C. 顺序阀　D. 储气罐

94. 利用工具铣床、样板铣床及坐标镗床等设备进行划线的方法称为（　）。

A. 普通划线法　B. 样板划线法　C. 精密划线法　D. 基准划线法

95. 划线按复杂程度不同可分为平面划线和（　）两种。

A. 立体划线　B. 几何划线　C. 平板划线　D. 样板划线

96. 划线前的准备包括熟悉图样、（　）、工件涂色等。

A. 熟悉工艺卡片　B. 工件的检查

C. 工件的选择　D. 熟悉划线工具

97. 下列说法中正确的是（　）。

A. 找正就是利用划线工具使工件上有关的毛坯表面处于合适的位置

B. 当工件上有不加工表面时，还应按加工表面找正后再划线

C. 当工件上有两个以上的不加工表面时，应选较小的表面作为找正依据

D. 对于有装配关系的加工部位，应优先作为找正基准

98. 要想准确借料，首先必须（　）。

A. 确定借料的方向　B. 确定借料的多少

C. 确切知道毛坯误差程度　D. 确定基准

99. 在锯削过程中锯缝歪斜是由于（　）导致的。

A. 锯条选用不当　　B. 工件锯断时锯条撞击工件

C. 工件装夹不正　　D. 推锯过猛

100. 在锯削过程中，为避免废品的产生，可采取的措施是（　　）。

A. 在锯削工件时，工件装夹得越紧越好

B. 锯削软材料时，锯削速度可慢一些

C. 应尽量避免在旧锯缝中换新锯条

D. 起锯时应尽量采用近起锯

101. 锯削中锯条常见的损坏形式有（　　）、锯条磨损和锯条折断。

A. 锯条弯曲　B. 锯条变软　C. 锯条崩齿　D. 锯条变黑

102. 在锯削过程中，锯条崩齿的原因是（　　）。

A. 工件装夹时产生歪斜　　B. 锯条安装不牢

C. 锯条选择不当　　D. 锯削速度过快

103. 下列可以在锯削中避免锯条折断的方法是（　　）。

A. 合理选择锯削速度　　B. 将锯条安装牢靠

C. 合理选择锯条　　D. 正确选择起锯方法

104. 锉削加工后工件表面过于粗糙的原因是（　　）。

A. 锉削前未检查划线的正确性　　B. 工件材料较软

C. 在精锉时仍采用较粗的锉刀　　D. 锉削时握锉、运锉不稳

105. 锉削加工后工件尺寸、形状不准确的原因是（　　）。

A. 锉削前未检查划线的正确性　　B. 工件材料较软

C. 在精锉时仍采用较粗的锉刀　　D. 切屑嵌在锉纹中未及时清除

106. 在锉削过程中，工件出现了锉削表面粗糙的情况，原因是（　　）。

A. 划线不正确　　B. 锉刀粗细选择不当

C. 夹紧力过大　　D. 台虎钳钳口过硬

107. 锉削平面的方法有（　　）、交叉锉和推锉。

A. 逆向锉　B. 横向锉　C. 纵向锉　D. 顺向锉

108. 钻削中钻出的孔不圆是由于（　　）导致的。

A．钻头后角过大　　　　B．工件划线不正确

C．进给量太大　　　　D．钻头两切削刃长度不等，高低不一致

109．钻削中钻出的孔不圆是由于（　　）导致的。

A．钻头两切削刃不对称　　　　B．工件划线不正确

C．进给量太大　　　　D．切屑堵塞在螺旋槽内，擦伤孔壁

110．钻削中可以防止钻出的孔不圆的方法是（　　）。

A．钻头两切削刃对称

B．在工件上正确划线

C．选择合适的进给量

D．及时清理堵塞在螺旋槽内的切屑，避免擦伤孔壁

111．钻头损坏的形式有折断、（　　）等。

A．变形　　B．切削刃磨损　　C．弯曲　　D．摩擦发热

112．下列说法中错误的是（　　）。

A．钻孔时，由于背吃刀量已经由钻头直径确定，因此只需要选择切削速度和进给量

B．在允许的范围内应尽量选择较小的进给量

C．钻削速度对钻头使用寿命的影响比进给量大

D．进给量对孔的表面粗糙度的影响比钻削速度大

113．攻螺纹时可导致螺纹烂牙的原因是（　　）。

A．攻螺纹时铰杠晃动　　　　B．丝锥磨钝

C．工件材料太软　　　　D．丝锥与底孔端面不垂直

114．攻螺纹时可以防止螺纹烂牙的方法是（　　）。

A．避免攻螺纹时铰杠晃动　　　　B．攻螺纹时经常倒转丝锥断屑

C．选择合适的丝锥　　　　D．合理选用切削液

115．攻螺纹时可以防止螺纹中径超差的方法是（　　）。

A．避免攻螺纹时铰杠晃动　　　　B．攻螺纹时经常倒转丝锥断屑

C．保证丝锥与底孔端面垂直　　　　D．合理选用切削液

116. 铰孔时可导致孔径缩小的原因是（　　）。

A. 底孔不圆　　B. 铰刀已磨钝

C. 铰孔完成后反转退刀　　D. 切削速度过高

117. 铰孔时可以防止孔壁表面有明显棱面的方法是（　　）。

A. 避免铰孔完成后反转退刀　　B. 避免铰孔余量留得过大

C. 避免铰削速度过高　　D. 避免手铰时两手用力不均匀

118. 研磨时可导致工件表面拉毛的原因是（　　）。

A. 工件夹持过紧而引起变形　　B. 研具硬度不合适

C. 研磨剂涂得太厚　　D. 研磨剂中混入杂质

119. 研磨时可以防止工件表面质量不合格的方法是（　　）。

A. 选用合适的研磨液　　B. 研磨时及时更换方向

C. 避免研磨时研磨剂中混入杂质　　D. 避免研磨时不用研磨棒的全长

120. 研磨时可以防止工件表面质量不合格的方法是（　　）。

A. 避免磨料太粗或不同粒度的磨料混合

B. 研磨时及时更换方向

C. 避免研磨时研磨剂中混入杂质

D. 避免研磨时不用研磨棒的全长

121. 一个完整的测量过程应包括被测对象、（　　）、测量方法和测量精度四个要素。

A. 测量顺序　　B. 计量单位　　C. 测量准确度　　D. 测量完整度

122. 精密测量中所使用的量具是（　　）。

A. 量块　　B. 卷尺　　C. 钢直尺　　D. 游标卡尺

123. 下列说法中错误的是（　　）。

A. 凡利用尺身和游标刻线间长度之差原理制成的量具统称为游标类量具

B. 微动螺旋量具采用了高精度的螺旋传动机构，测微螺杆将旋转运动变为轴向直线运动来进行测量

C. 塞尺是用来检验两个贴合面之间间隙大小的柱状量规

D. 水平仪用来测量平面对水平面或竖直面的位置偏差

124. 对大型工件和内表面的表面粗糙度，可采用（　　）复制被测表面模型，然后再进行测量。

A. 比较法　　B. 光切法　　C. 印模法　　D. 干涉法

125. 塞尺是用来检验两个贴合面之间的（　　）大小的片状定值量具。

A. 表面粗糙度　　B. 间隙　　C. 接触力　　D. 平面度

126. 游标卡尺由尺身、游标、固定量爪、活动量爪、（　　）等组成。

A. 凸轮　　B. 链轮　　C. 止动螺钉　　D. 测微螺杆

127. 千分尺主要由尺架、砧座、固定套管、锁紧装置、（　　）、测力装置等组成。

A. 凸轮　　B. 链轮　　C. 齿轮　　D. 测微螺杆

128. 百分表一般由触头、测量杆、（　　）、指针和表盘组成。

A. 凸轮　　B. 链轮　　C. 齿轮　　D. 花键轴

129. 内卡钳用于测量工件的（　　）。

A. 平面度　　B. 外径　　C. 内径　　D. 表面粗糙度

130. 外卡钳用于测量工件的（　　）。

A. 平面度　　B. 外径　　C. 内径　　D. 表面粗糙度

131. 通过擦拭、清扫、润滑、调整等一般方法对设备进行护理，以维持及保护设备的性能和技术状况，称为（　　）。

A. 设备润滑　　B. 设备维护及保养

C. 设备清扫　　D. 设备调整

132. 日保养应由设备操作工人当班进行，下列操作中不正确的是（　　）。

A. 班后擦净设备导轨面和滑动面上的油污，并加油

B. 班后清除切屑、污物

C. 班后打开电源开关

D. 班后关闭电源开关

133. 刀具磨损的磨损机理有磨料磨损、（　　）、黏结磨损、扩散磨损和氧化磨损。

A. 摩擦磨损　　B. 相变磨损　　C. 运输磨损　　D. 热磨损

134. 下列说法中正确的是（　　）。

A. 切削铸铁时产生的切削力比切削钢大

B. 切削速度是通过积屑瘤来影响切削力的

C. 刀具磨损对切削力无影响

D. 切削 1Cr18Ni9Ti 钢的切削力比切削 45 钢小

135. 在切削过程中，切削速度越高，则切屑带走的热量（　　）。

A. 越多　　B. 越少　　C. 一样　　D. 以上选项都不对

136. 成形车刀工作时根据进给量的不同，可分为（　　）、切向成形车刀和斜向成形车刀。

A. 横向成形车刀　　B. 径向成形车刀

C. 直向成形车刀　　D. 纵向成形车刀

137. 盘铣刀可以用于加工（　　）。

A. 平面　　B. 外圆　　C. 内孔　　D. 端面

138. 普通刨刀可以用于加工（　　）。

A. 平面　　B. 外圆　　C. 内孔　　D. 端面

139. 沟槽刨刀可以用于加工（　　）。

A. 沟槽　　B. 外圆　　C. 内孔　　D. 端面

140. 砂轮的特性由磨料、粒度、结合剂、（　　）和组织等参数决定。

A. 脆性　　B. 韧性　　C. 硬度　　D. 强度

141. 下列关于镗刀的说法中错误的是（　　）。

A. 镗刀可分为单刃镗刀和双刃镗刀

B. 镗刀是广泛使用的平面加工刀具

C. 双刃镗刀有固定式和浮动式两类

D. 单刃镗刀的刀头结构与车刀相似，但其刚度比车刀低得多

142. 下列关于钻头的说法中错误的是（　　）。

A. 扁钻分为整体式和装配式两种类型

B. 麻花钻是孔粗加工的主要工具

C. 深孔钻是用于加工深度与直径之比大于 5 的孔所用的钻头

D. 麻花钻专门用于加工各种轴类工件两端的中心孔

143. 电火花加工是利用（　　）和热能达到加工目的的。

A. 电能　B. 化学能　C. 光能　D. 声能

144. 电火花加工中脉冲能量越大，则（　　）。

A. 零件加工精度越高　B. 零件加工速度越慢

C. 零件表面粗糙度值越小　D. 零件表面粗糙度值越大

145. 电火花粗加工时应优先考虑采用较宽的（　　）。

A. 峰值电流　B. 冲油压力　C. 放电间隙　D. 脉冲宽度

146. 电火花加工常用电极材料有（　　）和石墨。

A. 45 钢　B. 纯铜　C. 硬质合金　D. 铝

147. 确定电火花线切割加工路径主要以（　　）为原则。

A. 获得较小的放电间隙　B. 获得较小的表面粗糙度值

C. 能防止或减少模具变形　D. 获得较高的切割速度

148. 切割厚工件时为保证加工的稳定性，可选用大电流、宽的脉冲宽度和（　　）。

A. 小的进给速度　B. 宽的脉冲间隔

C. 窄的脉冲间隔　D. 大的进给速度

149. 注塑机的基本结构包括注射机构、（　　）、液压传动和电气控制系统。

A. 定模板　B. 锁模机构　C. 动模板　D. 拉杆

150. 属于卧式注塑机结构优点的是（　　）。

A. 模具拆装方便　B. 占地面积小

C. 重心位置低，安装稳定　D. 容易安放嵌件

151. 属于卧式注塑机结构优点的是（　　）。

A. 模具拆装方便　B. 占地面积小

C. 嵌件不易倾斜或跌落　D. 机身低，易于操作和维修

152. 立式注塑机将（　　）和定模板设置在上面。

A. 动模板　B. 注射机构　C. 锁模机构　D. 推出机构

153. 角式注塑机的注塑装置和合模装置成（　　）排列。

A. 水平　　B. 垂直　　C. 直角　　D. 钝角

154. 整体式型腔的优点是（ ）。

A. 结构简单　　B. 加工工艺性好　　C. 便于维修　　D. 便于更换

155. 以下不属于组合式型芯优点的是（　　）。

A. 降低复杂型芯的加工难度　　B. 降低模具成本

C. 便于模具维修　　D. 提高塑件质量

156. 在合模状态下要求型芯、型腔表面紧密接触的注塑模，若发现合模后仍有间隙，不可以通过（　）方法进行修配。

A. 修固定板的厚度　　B. 修型腔的厚度

C. 修固定板上型芯的台肩面　　D. 修型芯的厚度

157. 修配模具型腔边沿处的分型面时，应保证型腔边沿周边（　　）mm 左右分型面接触吻合均匀，其他部位可比边沿处低 0.02 ~ 0.04 mm，以保证制品分型面处不产生飞翅或毛刺。

A. 2　　B. 10　　C. 30　　D. 50

158. 型芯的尺寸不可以通过（　　）来进行测量。

A. 游标高度尺　　B. 游标卡尺　　C. 塞尺　　D. 千分尺

159. 型腔的内腔尺寸可以通过（　　）来进行测量。

A. 千分尺　　B. 内径千分尺　　C. 塞尺　　D. 水平仪

160. 型芯与型腔间的间隙可以通过（　　）进行调整。

A. 在型腔四周塞入纯铜片　　B. 动模板

C. 定模板　　D. 固定板

161. 以下（　　）不是斜销分型与抽芯机构常见的形式。

A. 斜销在定模，滑块在动模的分型抽芯

B. 斜销在动模，滑块在定模的分型抽芯

C. 斜销、滑块在动模的分型抽芯

D. 斜滑块侧向分型抽芯

162. 为了便于斜销导入滑块，斜销头部通常做成（　　）。

A. 半球形　B. 圆锥形　C. 半球形或圆锥形　D. 矩形

163. 对于直径较小的圆型芯，一般用（　　）形式来固定连接滑块与侧型芯。

A. 燕尾槽　B. 螺纹连接和销钉止转

C. 螺钉顶紧　D. 加压板固定

164. 楔紧块的结构形式与（　）有关。

A. 斜销结构　B. 滑块结构　C. 滑块尺寸　D. 滑块磨损

165. 抛光工具与工件相对运动时，抛光剂中的磨料在外力作用下，在抛光工具表面形成众多浮动的“多刃”基体，这些基体在工件和工具之间做（　），对工件产生挤压和微量切削作用，从而使工件获得很高的尺寸精度和很小的表面粗糙度值。

A. 滑动　B. 滚动　C. 滑动或滚动　D. 转动

166. 在抛光加工之前，应了解被抛光工件的（　），确定抛光余量。

A. 材料　B. 硬度　C. 强度　D. 材料和硬度

167. 进行抛光操作时，先将抛光件表面用（　　）擦洗干净，然后按磨料粒度从大到小依次进行研磨。

A. 机油　B. 煤油　C. 植物油　D. 猪油

168. 关于侧向抽芯模具的推出机构，以下说法中正确的是（　）。

A. 只能使用顶杆推出机构

B. 不可以使用推板推出机构

C. 可以使用推杆推出机构

D. 只能使用推板推出机构

169. 关于侧向抽芯模具的推杆固定形式，以下说法中正确的是（　）。

A. 通过推杆固定板和推板固定　B. 通过粘接将推杆固定于固定板上

C. 通过销钉将推杆固定于固定板上　D. 通过焊接方法固定

170. 关于侧向抽芯模具的推杆固定形式，以下说法中正确的是（　）。

A. 采用紧定螺钉将顶杆固定于固定板上

B. 通过粘接固定

C. 通过销钉将推杆固定于固定板上

D．通过焊接方法固定

171．关于带侧向抽芯机构模具推杆的装配要求，以下说法中错误的是（　　）。

A．保证脱模运动平稳

B．推杆装配完成后端面形状应随型芯表面形状进行修磨

C．推杆装配完成后端面应不低于型芯表面

D．型芯上的推杆孔与推杆配合部分的间隙应控制在 0.5 mm 以上

172．侧向抽芯模具推杆的复位可以通过（　　）来完成。

A．侧滑块　　B．推杆　　C．复位杆　　D．斜销

173．对于侧向抽芯模具，若推杆较细或推杆数量较多，为防止因塑件反推阻力不均匀而导致推杆折断或发生运动卡滞现象，常在推出机构中设置导向零件，一般选用（　　）导向。

A．导向块　　B．导柱和导套　　C．导向板　　D．推杆

174．对于侧向抽芯模具，推件板常设计成局部镶嵌的结构，若镶块的外形为圆形，常使用的镶嵌形式为（　　）。

A．过盈配合　　B．铆接　　C．粘接　　D．焊接

175．对于侧向抽芯模具，推件板常设计成局部镶嵌的结构，若镶块的外形为非圆形，常使用的镶嵌形式为（　　）。

A．过盈配合　　B．粘接　　C．铆接　　D．焊接

176．关于带侧向抽芯机构模具推件板的装配要求，以下说法中错误的是（　　）。

A．保证脱模运动平稳

B．应保证推件板型孔与型芯配合部分有 1°的斜度

C．推件板型孔与型芯配合部分间隙应均匀，不能溢料

D．推顶推件板的推杆要长度一致

177．侧向抽芯模具推件板的复位可以通过（　　）来完成。

A．侧滑块　　B．推杆　　C．复位杆　　D．斜销

178．对于侧向抽芯模具，为了保证推件板能够正常顺利脱模，会在推出机构中设置导向零件，一般选用（　　）导向。

A．导向块　　B．导柱　　C．导向板　　D．推杆

179．模具装配工艺一般由研究图样、组件装配、总装配、（　　）四个阶段组成。

A．检验　　B．配作　　C．调试　　D．检验和调试

180．注塑模的装配从（　　）、成型零件、浇注系统、侧向分型及抽芯机构零件、推出系统零件、加热及冷却系统零件以及导向机构等方面提出了技术要求。

A．模具外观　　B．模具结构　　C．模具功能　　D．塑件结构

181．修配装配法属于（　　）。

A．互换装配法　　B．分组互换法

C．完全互换法　　D．非互换装配法

182．根据模具装配零件能够达到的互换程度不同，（　　）可分为完全互换法、部分互换法和分组互换法三种。

A．非互换装配法　　B．修配装配法

C．互换装配法　　D．调整装配法

183．分组互换装配法是指将配合零件的（　　）扩大数倍，然后将加工出来的零件进行实测，按扩大前的公差大小、扩大倍数以及实测尺寸进行分组，并以不同的颜色相区别，进行分组装配。

A．尺寸　　B．制造公差　　C．制造误差　　D．表面粗糙度

184．注塑模具零件之间可拆卸的连接方法是（　　）。

A．焊接　　B．铆接　　C．销连接　　D．螺纹连接

185．侧向抽芯机构的装配顺序是（　　）。

A．滑块和抽芯压板的装配→楔紧块的装配→滑块复位定位装置的装配

B．楔紧块的装配→滑块和抽芯压板的装配→滑块复位定位装置的装配

C．楔紧块的装配→滑块复位定位装置的装配→滑块和抽芯压板的装配

D．滑块复位定位装置的装配→滑块和抽芯压板的装配→楔紧块的装配

186．在镶块的装配方法中，一般不采用（　　）。

A．沉孔嵌入　　B．螺钉固定式　　C．底部通孔嵌入　　D．粘接式

187．在镶块的装配方法中，一般不采用（　　）。

A. 沉孔镶入　B. 螺钉固定式　C. 底部通孔嵌入　D. 焊接式

188. 模具装配完成后，需进行模具的外观检查、内部检查和动作检查，以下说法中错误的是（　）。

A. 推出机构要运动平稳、灵活，无卡阻，导向准确

B. 模具开模、合模动作要灵活、平稳，定位准确、可靠

C. 复位杆要高出分型面，以便于顺利复位

D. 各零件应连接可靠，螺钉应拧紧

189. 分型面的形状有平面、斜面、阶梯面和（　）。

A. 脱模面　B. 浇注面　C. 分离面　D. 曲面

190. 为便于塑件脱模，在选择分型面时应考虑（　）。

A. 开模时塑件应尽可能留于下模内

B. 开模时塑件应尽可能留于上模内

C. 开模时塑件应尽可能留于定模内

D. 开模时塑件应尽可能留于凸模内

191. 在浇注系统中，流道的效率是流道的（　）与流道周长的比值。

A. 截面积　B. 热损失　C. 流速　D. 压力损失

192. 多腔模具可选用（　）。

A. 侧浇口　B. 直接浇口　C. 盘形浇口　D. 轮辐浇口

193. 为避免形成强度不同的熔接纹，在型腔之外相应处应设置（　），使熔接纹产生在塑件之外。

A. 主流道　B. 冷料穴　C. 分流道　D. 浇口

194. 拉料杆的功能是模具打开时将主流道的凝料拉向动模一侧，并（　）。

A. 收集熔体流动的前锋冷料　B. 在推出行程中将凝料脱出膜外

C. 避免冷料进入型腔　D. 避免形成强度不同的熔接纹

195. 下列不属于排气系统作用的是（　）。

A. 避免塑件烧伤　B. 避免产生气孔

C. 避免熔接不良　D. 避免发生爆炸

196. 推出机构的作用是将塑件和凝料与模具松动、分离并（    ）。

A. 避免发生爆炸　　B. 避免型腔填充不满

C. 避免塑件边角缺料和烧伤　　D. 将塑件和凝料从模内取出

197. 推件板的作用是（    ）。

A. 导向作用　B. 推出作用　C. 限位作用　D. 抽芯作用

198. 推件板孔边与型芯周边的单边间隙为（    ）mm。

A. 0.05～0.1　B. 0.2～0.5　C. 0.55～0.65　D. 0.7～0.8

199. 根据模具侧向分型机构动力来源的不同，可分为机动抽芯、（    ）和手动抽芯。

A. 定模外侧抽芯　　B. 定模内侧抽芯

C. 液压抽芯　　D. 定模斜抽芯

200. 如果滑块的复位先于推杆的复位，则发生侧型芯撞击推杆的现象称为（    ）现象。

A. 撞击　B. 干涉　C. 推动　D. 碰撞

201. 推杆的推出距离（    ）侧型芯底面就能有效地避免干涉现象的发生。

A. 低于　B. 高于　C. 等于　D. 不等于

202. 注塑模最常用的冷却形式是（    ）。

A. 传热棒（片）冷却　　B. 水井冷却

C. 冷却水道冷却　　D. 喷流式冷却通道冷却

203. 冷却介质总是沿阻力最小的方向流动，因此冷却水道通常（    ）布置。

A. 串联　B. 并联　C. 对称　D. 平衡

204. 加工冷却通道时，应注意离型腔的距离一般控制在（    ）mm 之间。

A. 1～5　B. 6～10　C. 15～25　D. 30～40

205. 注塑模冷却水道常用的密封圈形式是（    ）密封。

A. X 型　B. D 型　C. A 型　D. O 型

206. 根据标准规定将塑件分为（    ）个精度等级，其中 MT1 级精度要求较高，一般不采用。

A. 7　B. 2　C. 4　D. 8

207. 设计模具时，应根据塑料的收缩率范围，按（ ）、塑件的尺寸、模具结构等综合考虑选取收缩率值。

A. 导柱、导套的配合精度　　B. 塑件的形状

C. 导柱的型号　　D. 导套的型号

208. 脱模斜度取决于（ ）、壁厚及塑料的收缩率。

A. 塑件的形状　　B. 塑件的尺寸　　C. 塑件的用途　　D. 塑件的硬度

209. 塑件内圆角半径最好为壁厚的（ ）以上。

A. 2 倍　　B. 1/3　　C. 1/4　　D. 3 倍

210. 塑件的支撑面通常采用（ ）或边框支撑。

A. 底脚支撑　　B. 中心面支撑

C. 整个底面支撑　　D. 中心凸台支撑

211. 塑件的凸台应位于边角部位，几何尺寸应小，高度应不超过其直径的（ ）倍，并应具有足够的脱模斜度。

A. 1.5　　B. 2　　C. 3　　D. 5

212. 塑件上的孔应进行妥善处理，以下说法中错误的是（ ）。

A. 形状宜简单　　B. 孔和孔之间应有足够的距离

C. 孔的深度和孔径应有一定的关系　　D. 形状宜复杂

213. 常用的嵌件形式有（ ）、圆柱形嵌件、片形嵌件等。

A. 圆筒形嵌件　　B. 圆锥形嵌件　　C. 三角形嵌件　　D. 五边形嵌件

214. 嵌件在塑件中的作用是（ ）。

A. 提高塑件的局部强度　　B. 方便塑件的推出

C. 改善模具浇注系统　　D. 简化模具结构

215. 无论是杆状或环状嵌件，在模具中伸出的自由长度均不应超过定位部分直径的（ ）倍。

A. 2　　B. 3　　C. 4　　D. 5

216. 对于吸水性强的塑料，在成型之前必须进行（ ）。

A. 保湿处理　　B. 冷却处理　　C. 保温处理　　D. 干燥处理

217. 注射成型之前，若料筒中残存的塑料与将要使用的塑料不同或颜色不一致，应（　　）。

A. 加大注射压力　　B. 更换新料筒

C. 将料筒拆卸下来　　D. 将料筒清洗干净

218. 脱模剂的选择应根据（　　）决定。

A. 注射制品用的原料　　B. 模具导柱的类型

C. 推出机构的类型　　D. 分型面的情况

219. 一般生产中多采用（　　）方式，以节省注射座进退操作时间，缩短生产周期。

A. 后加料　　B. 固定加料　　C. 前加料　　D. 中间加料

220. 决定塑料塑化质量的主要因素是（　　）和所受到的剪切作用。

A. 物料的受热情况　　B. 物料的种类

C. 物料的颜色　　D. 物料的粒度

221. 初试模时，使用过大的注射压力会产生不良影响，但不会（　　）。

A. 引起塑料中水分增加　　B. 使制件产生较大的内应力

C. 损坏模具　　D. 损伤机器

222. 塑件成型后，根据塑件的特性和使用要求，可对塑件进行（　　）和调湿处理。

A. 退火　　B. 正火　　C. 回火　　D. 淬火

223. 塑件成型后进行退火可（　　），稳定塑件尺寸。

A. 使塑件变硬　　B. 消除塑件的内应力

C. 使塑件弹性增加　　D. 使塑件达到吸湿平衡

224. 塑件成型后的调湿处理可改善塑件的韧性，使（　　）和抗拉强度有所提高。

A. 冲击韧度　　B. 屈服强度　　C. 抗压强度　　D. 切削性能

225. 在注塑成型中，（　　）注塑机的料筒温度可以比柱塞式的低 10～20℃。

A. 拉杆式　　B. 螺杆式　　C. 压杆式　　D. 弯杆式

226. 喷嘴温度通常比（　　）的温度低。

A. 注塑机　　B. 料筒　　C. 模具　　D. 塑件

227. 模具温度取决于（　　）、塑件的尺寸和结构以及塑件的性能要求等。

A. 塑料结晶性的有无　　B. 塑料的质量

C. 注塑机的温度　　D. 注塑机的总质量

228. 塑化压力的大小应根据（　　）而定。

A. 塑件的尺寸和结构　　B. 塑料的品种

C. 注塑机的温度　　D. 注塑机的总质量

229. 塑化压力的大小应根据塑料的品种而定，对于（　　）塑化压力应低一些。

A. 热稳定性高的塑料　　B. 热敏性塑料

C. 塑料质量较大的情况　　D. 复杂模具

230. 注射压力的大小取决于（　　）、塑料的品种、模具浇注系统的结构等。

A. 模架的类型　　B. 注塑机的总质量

C. 注塑机的类型　　D. 型腔材料

231. 在注塑模注塑过程中，冷却时间主要依据塑件的壁厚、（　　）、塑料的热性能和结晶性能来确定。

A. 模具的温度　　B. 塑料的干燥程度

C. 注射压力　　D. 模架的类型

232. 热固性塑料成型工艺性能主要包括塑料的固化速度、水分及挥发物含量、（　　）以及流动性等。

A. 收缩率　　B. 弯曲性　　C. 伸长性　　D. 热敏性

233. 一般塑件螺纹的螺距（　　）0.7 mm，注射成型螺纹的直径不小于2 mm。

A. 不小于　　B. 不大于　　C. 必须等于　　D. 其他

234. 一般塑件螺纹的螺距不小于0.7 mm，注射成型螺纹的直径（　　）2 mm。

A. 不小于　　B. 不大于　　C. 必须等于　　D. 其他

235. 塑件螺纹的精度不能要求太高，一般（　　）。

A. 只能为3级　　B. 低于3级

C. 不低于3级　　D. 不高于8级

236. 一般热固性塑料制件表面出现气泡或鼓起，可能是由于成型过程中（　　）。

A. 模压压力过高　　B. 塑料中水分过少

C. 模压时间过长　　D. 加热不均匀

237. 复杂塑件的（　　）可用量杯测量塑件的排水量来计算。

A. 体积　　B. 长度　　C. 质量　　D. 壁厚

238. 如果采用多型腔注塑模，应根据所选注塑机的（　　）来确定型腔数。

A. 主要参数　　B. 质量　　C. 体积　　D. 尺寸

239. 注塑工艺参数的确定与（　　）、注塑机类型、塑料种类及塑件的要求等有密切关系。

A. 模具结构　　B. 导柱的材料

C. 导套的材料　　D. 注塑机总长

240. 当注塑机的最大注射量以容积标定时，注塑机的最大注射量（　　）注塑机最大注射量的利用系数应大于等于塑件的总体积。

A. 除以　　B. 乘以　　C. 加上　　D. 减去

241.（　　）应大于等于塑件成型时所需的注射压力。

A. 注塑机的额定注射压力　　B. 注塑机的额定注射量

C. 注塑机的额定注射温度　　D. 注塑机的额定锁模力

242. 注塑机的额定注射压力应大于等于（　　）。

A. 塑件成型时所需的注射压力　　B. 注塑机的额定注射量

C. 注塑机的额定注射温度　　D. 注塑机的额定锁模力

243. 一般来说，闭模时要从模外施加大于（　　）一倍以上的锁模力。

A. 注塑机的额定注射压力　　B. 型腔外压力

C. 型腔内压力　　D. 塑件成型时所需的注射压力

244. 开模行程的计算与（　　）和模具结构有关。

A. 注塑机的结构　　B. 注塑机的额定注射压力

C. 塑件成型时所需的注射压力　　D. 注塑机的总长

245. 注塑模的调试应先（　　），在试模过程中进行缺陷的检查和分析，再根据缺陷进行调整。

A. 检测塑料的强度　　B. 检查模柄是否安装正确

C. 检测模具材料的硬度　　D. 进行调整前的检查

246. 注塑模具验收时主要依据的模具工艺质量标准有（　　）。

A.《塑料注射模技术条件》　　B.《冲模零件及技术条件》

C.《压铸模技术条件》　　D.《塑料注射模模架技术条件》

247. 注塑模具验收时主要依据的模具工艺质量标准有（　　）。

A.《塑料注射模模架》　　B.《冲模模架》

C.《压铸模模架》　　D.《橡胶模模架》

248. 模具调试过程中应记录试模过程中（　　）及成型条件变化状况，这是模具调整及确定成型工艺条件的重要依据。

A. 导柱的材料　　B. 出现的异常现象

C. 塑件产品图　　D. 模架的型号

249. 塑件尺寸不稳定可能是由于（　　）、模具温度不均匀。

A. 充模时间过长　　B. 保压时间过长

C. 注射压力过高　　D. 模具设计尺寸不准确

250. 如果塑件尺寸不稳定，可适当（　　）。

A. 降低料筒和喷嘴的温度　　B. 减少充模时间

C. 减少保压时间　　D. 提高料筒和喷嘴的温度

251. 如果塑件尺寸不稳定，可适当（　　）。

A. 提高注射压力　　B. 减少充模时间

C. 减小注射压力　　D. 提高料筒和喷嘴的温度

252. 塑件表面有波纹是由于原料含有水分及挥发物、料温太高或太低、（　　）、流道太长或浇口尺寸太大等。

A. 注射压力太高　　B. 注射压力太低

C. 部分塑料发生分解　　D. 加料量不足

253. 如果塑件表面产生波纹，可（　　）并适当提高嵌件的预热温度。

A. 适当减小注射压力　　B. 适当调整料温，不过高或过低

C. 适当在原料中添加水分　　D. 适当增大浇口尺寸

254. 塑件熔接不良可能是由于（　　）、型腔排气不良。

A. 原料受到污染　　B. 注射速度太快

C. 塑料流动性太强　　D. 料温太高

255. 如果塑件熔接不良，可适当（　　）。

A. 提高注射压力　　B. 降低模温

C. 减小注射压力　　D. 降低注射速度

256. 如果塑件熔接不良，可适当（　　）。

A. 提高模温　　B. 降低模温

C. 降低塑料在型腔中的充填速度　　D. 降低注射速度

257. 塑件凹陷可能是由于（　　）、料温太高。

A. 注射速度太慢　　B. 加料量过多

C. 加料量不足　　D. 注射压力过高

258. 如果出现塑件凹陷，可适当（　　）。

A. 提高料温　　B. 减少加料量

C. 减少注射及保温时间　　D. 增加注射及保温时间

259. 塑件产生翘曲变形的原因之一是（　　）。

A. 塑件壁厚均匀　　B. 冷却时间太长

C. 浇口位置不当　　D. 模具温度太低

260. 塑件产生翘曲变形的原因之一是（　　）。

A. 塑件壁厚均匀　　B. 冷却时间太长

C. 塑件壁厚相差悬殊　　D. 模具温度太低

261. 塑件产生翘曲变形可适当（　　），尽量使塑件推出时受力均匀。

A. 降低模具温度　　B. 提高模具温度

C. 改变塑件的壁厚　　D. 减少冷却时间

262. 塑件产生翘曲变形可适当（　　），检查浇口位置是否适当。

A. 延长冷却时间　　B. 提高模具温度

C. 改变塑件的壁厚　　D. 减少冷却时间

263．塑件粘模的原因之一是（　　）。

A．型腔表面质量差　　B．注射压力太低

C．脱模斜度太大　　D．模具温度太低

264．若塑件粘模，可适当（　　）。

A．延长注射时间　　B．提高型腔表面质量

C．减小脱模斜度　　D．提高模具温度

265．若塑件粘模，可适当（　　）。

A．延长注射时间　　B．增大脱模斜度

C．减小脱模斜度　　D．提高注射压力

266．注塑模的调试应先进行调整前的检查，在试模过程中进行缺陷的检查和分析，再根据（　　）进行调整。

A．制件的颜色　　B．制件的强度

C．制件的形状　　D．制件的缺陷

267．当注塑机的最大注射量以容积标定时，（　　）乘以注塑机最大注射量的利用系数应大于等于塑件的总体积。

A．注塑机的最大注射拉力　　B．注塑机的最大注射量

C．注塑机的最大注射压力　　D．注塑机的最高注射温度

268．注塑工艺参数的确定与模具结构、注塑机类型、（　　）及塑件的要求等有密切关系。

A．塑料的种类　　B．导柱的材料

C．导套的材料　　D．注塑机总长

269．热固性塑料成型工艺性能主要包括塑料的固化速度、水分及挥发物含量、收缩率以及（　　）等。

A．流动性　　B．弯曲性　　C．水敏性　　D．扭转性

270．模具温度取决于塑料结晶性的有无、（　　）以及塑件的性能要求等。

A．塑件的尺寸和结构　　B．塑料的质量

C．注塑机的温度　　D．注塑机的总质量

271. 初试模时，使用过大的注射压力会产生不良影响，但不会（　　）。

A. 降低模具温度　　B. 引起塑件粘模

C. 损坏模具　　D. 损伤机器

272. 脱模剂的选择主要应根据（　　）决定。

A. 注射制品用的原料　　B. 模具导套的类型

C. 推出机构的类型　　D. 推杆的长度

273. 嵌件在塑件中的作用是（　　）。

A. 提高塑件的局部硬度　　B. 方便塑件的推出

C. 降低型腔的加工难度　　D. 简化模具结构

274. 若因模具排位的要求，冷却水道必须并联时，则进水、出水主流道的横截面积要（　　）并联支流道的横截面积的总和。

A. 等于　　B. 小于

C. 大于　　D. 小于等于

275. 在浇注系统中，流道的效率是流道的截面积与（　　）的比值。

A. 热损失　　B. 压力损失

C. 流速　　D. 流道周长

276. 抛光工具与工件相对运动时，抛光剂中的磨料在外力作用下，在抛光工具表面形成众多浮动的“多刃”基体，这些基体在工件和工具之间做滑动或滚动，对工件产生（　　）作用，从而使工件获得很高的尺寸精度和很小的表面粗糙度值。

A. 挤压　　B. 切削

C. 微量切削　　D. 挤压和微量切削

277. 电火花加工中脉冲能量越大，则（　　）。

A. 放电间隙越小　　B. 零件加工速度越慢

C. 零件表面粗糙度值越低　　D. 零件加工速度越快

278. 下列关于镗刀的说法中错误的是（　　）。

A. 镗刀可分为单刃镗刀和双刃镗刀

B. 镗刀是广泛使用的孔加工刀具

C. 双刃镗刀有固定式和浮动式两类

D. 单刃镗刀的刀头结构与车刀相似，但其刚度比车刀高得多

279. 通过擦拭、清扫、润滑、调整等一般方法对设备进行护理，以维持及保护设备的性能和技术状况，称为（ ）。

A. 设备润滑 B. 设备维护及保养

C. 设备擦拭 D. 设备管理

280. 千分尺微分筒的外圆锥面上刻有（ ）格。

A. 30 B. 40 C. 50 D. 60

281. 印模法适用于笨重零件及（ ）。

A. 内表面 B. 外表面 C. 端面 D. 成形面

282. 铰孔时可以防止加工表面的表面粗糙度超差的方法是（ ）。

A. 避免铰孔完成后反转退刀 B. 避免铰孔余量留得过大

C. 避免铰削速度过高 D. 避免手铰时两手用力不均匀

283. 下列说法中错误的是（ ）。

A. 钻孔较深，钻头较长时，应选择较小的进给量

B. 在允许的范围内应尽量选择较小的进给量

C. 钻削速度对钻头使用寿命的影响比进给量大

D. 进给量对孔的表面粗糙度的影响比钻削速度大

284. 钻削中可以防止钻出的孔不圆的方法是（ ）。

A. 选择合适的钻头后角

B. 在工件上正确划线

C. 选择合适的进给量

D. 及时清理堵塞在螺旋槽内的切屑，避免擦伤孔壁

285. 在锉削加工中，工件锉削表面较粗糙的原因是（ ）。

A. 划线不正确 B. 锉刀粗细选择不当

C. 夹紧力过大 D. 夹紧钳口过硬

286. 在锯削过程中，锯条折断是由于（ ）。

A．工件装夹时产生歪斜　　B．锯条安装不牢

C．锯条安装过松　　D．锯削速度过快

287．下列说法中错误的是（　）。

A．找正就是利用划线工具使工件上有关的毛坯表面处于合适的位置

B．当工件上有不加工表面时，还应按加工表面找正后再划线

C．当工件上有两个以上的不加工表面时，应选较大的表面作为找正依据

D．对于有装配关系的非加工部位，应优先作为找正基准

288．气缸的退回靠外力的称为（　）气缸换向回路。

A．单作用　　B．双作用　　C．手动　　D．单活塞

289．气压电磁控制换向阀用电磁铁来控制（　）的运动。

A．弹簧　　B．阀口　　C．阀芯　　D．阀体

290．空气压缩机是将机械能转换成空气（　）。

A．势能　　B．动能　　C．压力能　　D．冲击能

291．可用差动连接实现液压缸（　）运动。

A．工进　　B．快进　　C．慢进　　D．停止

292．双向节流调速回路能使（　）上存在背压。

A．油泵　　B．活塞　　C．溢流阀　　D．换向阀

293．顺序动作回路可用（　）来控制顺序动作。

A．溢流阀　　B．节流阀　　C．行程阀　　D．单向阀

294．油箱里安装隔板的作用是（　）。

A．储存能量　　B．沉淀杂质　　C．减慢流速　　D．均衡流量

295．调速阀是由（　）与减压阀串接而成的。

A．单向阀　　B．节流阀　　C．溢流阀　　D．顺序阀

296．阀两端的压差变化会影响（　）的流量。

A．溢流阀　　B．顺序阀　　C．减压阀　　D．节流阀

297．顺序阀利用（　）作为信号来改变阀芯的位置。

A．出口压力　　B．进口压力　　C．出口流量　　D．进口流量

298. 减压阀利用（　　）作为信号来改变阀芯的位置。

A. 出口压力　B. 进口压力　C. 出口流量　D. 进口流量

299. 溢流阀利用被控（　　）作为信号来改变弹簧的压缩量。

A. 压力　B. 流量　C. 流速　D. 油液

300. 相同输入时双杆式液压缸活塞杆伸出时的速度（　　）活塞杆退回时的速度。

A. 小于　B. 可大于或小于

C. 等于　D. 大于

301. 相同输入时单杆式液压缸活塞杆伸出时的速度（　　）活塞杆退回时的速度。

A. 等于　B. 可大于或小于

C. 小于　D. 大于

302. 轴向柱塞泵斜盘角度（　　），则其输出流量减小。

A. 减小　B. 不变　C. 增大　D. 为零

303. 单作用叶片泵定子与转子偏心量（　　），则其输出流量为零。

A. 减小　B. 为零　C. 增大　D. 最大

304. 齿轮泵齿轮脱开的一侧容积（　　）。

A. 减小　B. 不变　C. 增大　D. 消失

305. 如容积泵的密封容积增大，此时其压力（　　），实现吸油。

A. 减小　B. 不变　C. 增大　D. 消失

306. 在机械加工中，对于（　　）误差，就必须采用积极控制方法进行补偿。

A. 常值系统　B. 变值系统　C. 等值系统　D. 差值系统

307. 常采用淬火加（　　）的热处理方式提高模具工作零件的强度、刚度及硬度。

A. 回火　B. 正火　C. 退火　D. 调质

308. 一张完整的装配图的标题栏应不包括（　　）。

A. 绘图比例　B. 模具的名称

C. 标准件的标准代号　D. 设计者

309. 下列属于形状公差的是（　　）。

A. 直线度　B. 同轴度　C. 倾斜度　D. 对称度

310. 关于注塑机操作，以下说法中错误的是（ ）。

A. 操作之前，应检查手动、半自动、全自动操作的各个动作是否正常，紧急按钮是否有效

B. 在半自动状态下，一定要先打开安全门，后取出塑件，禁止从后门或其他部位取出塑件

C. 要保持注塑机及周围环境清洁，地上无水、无油污

D. 打开注塑机电源前，不用检查外露接线的端子有无松动、脱皮情况

311. 对钳工工作现场的整理要求是（ ）。

A. 将工作场地用水清理干净　　B. 材料和工件放在一起

C. 工作场地保持整洁　　D. 工件和工具放在一起

312. 以下不属于劳动防护用品的是（ ）。

A. 防护面具　　B. 防砸鞋　　C. 凉鞋　　D. 工作服

313. 对产生粉尘的工种应该使用（ ）等劳动防护用品。

A. 防毒口罩　　B. 防尘口罩　　C. 防毒面具　　D. 防砸鞋

314. 关于安全防护，以下说法中错误的是（ ）。

A. 钻孔时的切屑可用手直接清除

B. 操作砂轮机时严禁站在砂轮的直径方向操作，并应戴防护眼镜

C. 在小型工件上钻孔时，应使用机床用平口虎钳或压板压住工件，严禁用手直接握持工件

D. 使用扳手时，扳口尺寸应与螺母尺寸相符，不得在扳手的开口中加垫片，应将扳手靠紧螺母或螺钉

315. 关于钳工设备的安全操作，以下说法中错误的是（ ）。

A. 可随时调整钻床的速度和行程

B. 用台虎钳夹紧工件时，工件应夹在钳口的中心

C. 凡两人或两人以上在同一台机床工作时，必须有一人负责安全，统一指挥，以防止发生事故

D. 钻头上绕上长切屑时，要停车清除，禁止用口吹、手拉，应使用刷子或铁钩

清除

316. 通过识读带侧向抽芯机构的注塑模装配图，可以（　　）。

A. 检查侧向抽芯机构是否合理

B. 获知侧向抽芯机构的加工精度

C. 获知侧向抽芯机构的尺寸精度

D. 判断模具能否生产出合格的产品

317. 零件的加工精度包括（　　）、尺寸精度和位置精度。

A. 装配精度　B. 形状精度　C. 公差精度　D. 配合精度

318. 下列说法中错误的是（　　）。

A. 测绘中，测量结果要按技术资料上的理论数据进行必要的圆整

B. 模具测绘的第一步是要先画出模具的结构草图，并测量总体尺寸

C. 测绘时标准件也必须画出草图

D. 测绘中零件间有配合、连接关系的应将其同时标注在相关零件图上

319. 绘制草图时，若零件形状较复杂，且平面能接触纸面，可采用（　　）的方法。

A. 拓印　B. 勾描轮廓　C. 色描　D. 贴近

## 三、多项选择题（选择一个以上正确的答案，将相应的字母填入题内的括号中）

1. 对钳工工作现场的整理要求是（　　）。

A. 材料与工件分放整齐　B. 工具、量具合理摆放

C. 将工作场地用水清理干净　D. 工作场地保持整洁

E. 材料和工件放在一起

2. 关于工具、量具、夹具的现场摆放，下列说法中正确的是（　　）。

A. 分类摆放　B. 放在工作位置附近

C. 用后及时放回原处　D. 随意摆放

E. 整齐摆放

3. 下列属于劳动防护用品的是（　　）。

A. 安全帽　B. 工作服　C. 耳机

D. 指套　E. 防护面具

4. 关于安全防护，以下说法中正确的是（　　）。

A. 使用锉刀、刮刀、錾子、扁铲等工具时，用力要猛

B. 用手电钻、风钻等钻具钻孔时，钻头与工件必须垂直，用力不宜过大，人体和手不得摆动

C. 使用钢锯时，工件应夹紧，用力要均匀，工件将要锯断时，应用手或支架托住

D. 使用锤子、大锤时严禁戴手套

E. 使用锤子、大锤时要戴手套

5. 关于安全操作，以下说法中正确的是（　　）。

A. 工作前应按要求穿戴好防护用品

B. 使用手提式风动工具时，要求接头牢靠

C. 用嘴吹来清除切屑

D. 禁止使用无柄的刮刀

E. 不得擅自使用不熟悉的设备和工具

6. 关于钳工设备的安全操作，以下说法中正确的是（　　）。

A. 使用设备前应检查机械防护装置是否完好，配用的刀具、钻具安装是否牢固，确认无误后空转、试运转正常后，方可使用

B. 钻床开动后，不准接触运动着的工件、刀具和传动部分

C. 钻头上绕上长切屑时，要用嘴吹、手拉清除

D. 使用摇臂钻时，横臂回转范围内不准有障碍物

E. 用台虎钳夹紧工件时，工件应夹在钳口的中心

7. 关于注塑机的操作，以下说法中正确的是（　　）。

A. 打开注塑机电源前，先检查外露接线的端子有无松动、脱皮，以防止发生触电事故

B. 机器关闭但总电源开关未关闭时，可直接用手触摸带高压的接线端子

C. 操作之前，应先空运行，检查机器各部位有无异常现象

D. 在半自动状态下，一定要先打开安全门，后取出塑件，禁止从后门或其他部位取出塑件

E. 在正常生产中，如机器有异常声音或有不正常的动作，应立即按下液压马达开关或紧急停止开关

8. 关于磨床操作，以下说法中正确的是（　　）。

A. 开机前应先进行手动调整，使砂轮和工件留有适当的间隙

B. 测量工件时，砂轮要退到安全位置

C. 在砂轮未退离工件时，停止砂轮转动

D. 干磨砂轮时要戴防护眼镜

E. 用金刚石笔修整砂轮时，可用手拿着

9. 通过识读复杂注塑模的零件图，可以获得（　　）。

A. 零件的表面粗糙度　　B. 零件的整体形状

C. 零件的加工成本　　D. 零件的尺寸精度

E. 零件的热处理要求

10. 通过识读带镶块的注塑模装配图，可以（　　）。

A. 检查镶块的位置及结构是否合理

B. 获知镶块的加工精度

C. 获知镶块的尺寸精度

D. 判断模具能否生产出合格的产品

E. 检查镶块的材料选择是否合理

11. 通过识读带侧向抽芯机构的注塑模装配图，可以（　　）。

A. 检查侧向抽芯机构的设置是否合理

B. 获知零件所选用的材料

C. 获知零件的尺寸精度

D. 判断模具能否生产出合格的产品

E. 检查侧向抽芯机构的结构是否合理

12. 下列说法中正确的是（　　）。

A. 在零件图上标注公差时，对于批量较大的生产必须标注出偏差数值

B. 当零件产量不确定时，在零件图中应标注出公差代号和偏差数值

C. 选用轴和孔的公差等级时应尽量选用轴比孔低一级的公差等级

D. 尺寸公差值恒为正值

E. 公差越小，零件的精度越高

13. 下列说法中正确的是（　　）。

A. 在满足功用的前提下，应尽量选用较小的表面粗糙度值

B. 同一公差等级，轴比孔的表面粗糙度值要小

C. 在同一零件上，工作表面的表面粗糙度值应大于非工作表面的表面粗糙度值

D. 配合性质相同时，零件尺寸小的比尺寸大的表面粗糙度值要大

E. 受循环载荷的表面其表面粗糙度值要小

14. 下列说法中正确的是（　　）。

A. 标注形状和位置公差时，应在标准的公差框格中标注

B. 当被测要素为轴线、球心或中心平面时，指引线的箭头不应与该要素的尺寸线对齐

C. 圆柱度属于形状公差

D. 当被测要素为整体轴线或公共中心平面时，指引线的箭头可以直接指在轴线或中心线上

E. 当基准符号与尺寸线的箭头重叠时，该尺寸线的箭头不可省略

15. 零件的加工精度包括（　　）。

A. 装配精度　　B. 形状精度　　C. 公差精度

D. 尺寸精度　　E. 位置精度

16. 一张完整的装配图应包括一组图形和（　　）。

A. 必要的尺寸　　B. 标题栏　　C. 技术要求

D. 明细栏　　E. 零件编号

17. 装配图的技术要求包括（　　）。

A. 运输要求　　B. 使用要求　　C. 装配要求

D. 测量要求　　E. 检验要求

18. 下列说法中正确的是（　　）。

A. 测绘中，测量结果要按技术资料上的理论数据进行必要的圆整

B. 模具测绘的第一步是要先画出模具的结构草图，并测量总体尺寸

C. 模具测绘最终要完成所拆卸模具的装配图和全部零件图的绘制

D. 测绘时标准件也必须画出草图

E. 测绘中零件间有配合、连接关系的应将其同时标注在相关零件图上

19. 绘制草图时，若零件形状较复杂，可采用（　）的方法。

A. 拓印　　B. 改变比例　　C. 色描

D. 贴近　　E. 勾描轮廓

20. 以下说法中正确的是（　）。

A. 导柱常采用淬火的方式来提高耐磨性

B. 导套常采用淬火的方式来提高耐磨性

C. 垫块常采用淬火的方式来提高耐磨性

D. 导套常采用正火的方式来提高耐磨性

E. 导柱常采用退火的方式来提高耐磨性

21. 为提高模具工作零件的强度、刚度及硬度，关于常采用的热处理方式，以下说法中错误的是（　）。

A. 常采用淬火加回火的热处理方式

B. 常采用淬火加退火的热处理方式

C. 常采用淬火加正火的热处理方式

D. 常采用正火加回火的热处理方式

E. 常采用淬火加渗氮的热处理方式

22. 工艺装备（简称工装）包括（　）等。

A. 刀具　　B. 切削液　　C. 模具

D. 量具　　E. 机床

23. 在制定工艺规程时，应注意（　）。

A. 技术上的先进性　　B. 工艺上的合理性

C. 工艺上的先进性　　D. 经济上的合理性

E．有良好的生产条件

24．加工误差具体分为（　　）等。

A．加工原理误差　　B．尺寸误差　　C．表面粗糙度

D．形状误差　　E．位置误差

25．下列属于注塑模具标准件的是（　　）。

A．型芯固定板　　B．直导套　　C．垫块

D．斜滑块　　E．斜销

26．（　　）是液压传动中的重要参数。

A．质量　　B．体积　　C．压力

D．密度　　E．流量

27．液压传动系统中的执行元件有（　　）。

A．溢流阀　　B．液压缸　　C．液压泵

D．液压马达　　E．换向阀

28．单杆式液压缸安装时可以（　　）。

A．缸筒与活塞杆都固定　　B．仅固定缸筒

C．仅固定活塞杆　　D．缸筒与活塞杆都不固定

E．缸筒与活塞都固定

29．电磁换向阀阀芯的移动与（　　）有关。

A．阀体　　B．电磁铁　　C．弹簧

D．油压　　E．流量

30．手动换向阀根据结构不同有（　　）。

A．压力控制型　　B．流量控制型　　C．自动复位型

D．位置定位型　　E．推力控制型

31．液控单向阀有（　　）。

A．进油口　　B．出油口　　C．控制油口

D．节流油口　　E．工作油口

32．溢流阀具有（　　）的特点。

A．常开　　B．常闭　　C．回油口接油箱
D．进油口压力与弹簧弹力相平衡
E．出油口压力与弹簧弹力相平衡

33．减压阀具有（　　）的特点。
A．常开　　B．常闭　　C．回油口接油箱
D．进油口压力与弹簧弹力相平衡
E．出油口压力与弹簧弹力相平衡

34．若顺序阀的被控压力大于阀的调整压力，会出现（　　）的现象。
A．阀口打开　　B．阀口关闭　　C．阀口关小
D．弹簧放松　　E．弹簧压紧

35．流量阀的流量受阀的（　　）影响。
A．进油管　　B．出油管　　C．弹簧弹力
D．流通通道长度　　E．流通面积

36．调速阀具有使（　　）的特点。
A．外负载稳定　　B．流量稳定　　C．压差稳定
D．进口压力稳定　　E．出口压力稳定

37．蓄能器可用来对系统进行（　　）。
A．过滤　　B．保压　　C．吸收冲击
D．补充泄漏　　E．换向

38．油箱的功用有（　　）。
A．防止冲击　　B．储存油液　　C．储存能量
D．散发热量　　E．沉淀杂质

39．液压锁紧回路中换向阀的中位机能可选（　　）。
A．H 型　　B．M 型　　C．O 型
D．P 型　　E．Y 型

40．旁油路节流调速回路较适用于（　　）。
A．低速　　B．高速　　C．轻载

D. 重载　　E. 负值负载

41. 系统的顺序动作可由（　　）控制来完成。

A. 流量　　B. 速度　　C. 压力

D. 行程　　E. 溢流

42. 工进调速换接回路可由（　　）实现。

A. 顺序阀　　B. 节流阀　　C. 单向阀

D. 溢流阀　　E. 调速阀

43. 双向节流调速回路可实现液压缸（　　）。

A. 工进　　B. 顺序动作　　C. 差动

D. 缓冲　　E. 溢流

44. 操作工必须双手同时操作的液压系统回路常用于（　　）上。

A. 车床　　B. 锻造机械　　C. 磨床

D. 冲床　　E. 钻床

45. 气源装置中（　　）能去除压缩空气中的水分。

A. 后冷却器　　B. 分离器　　C. 油雾器

D. 储气罐　　E. 消声器

46. 空气压缩机按工作原理不同分为（　　）。

A. 缓冲式　　B. 冲击式　　C. 容积式

D. 阻尼式　　E. 速度式

47. 压缩空气在除油器中会产生（　　）的变化而分离出水分。

A. 体积　　B. 质量　　C. 密度

D. 流向　　E. 速度

48. 气动单向阀由（　　）组成。

A. 电磁铁　　B. 阀座　　C. 阀芯

D. 线圈　　E. 密封垫

49. 或门型梭阀在有（　　）个输入信号时会有输出。

A. 1　　B. 2　　C. 3

D. 4　　E. 5

50. 气压控制换向阀有（　　）控制。

A. 零压　　B. 负压　　C. 加压

D. 卸压　　E. 差压

51. 气压电磁控制换向阀按控制方式不同分为（　　）。

A. 直动式　　B. 先导式　　C. 加压式

D. 卸压式　　E. 差压式

52. 下列属于气动流量控制阀的是（　　）。

A. 节流阀　　B. 溢流阀　　C. 单向节流阀

D. 排气节流阀　　E. 梭阀

53. 下列属于双作用气缸换向回路的基本功能的是（　　）。

A. 气缸伸出　　B. 缓冲　　C. 速度换接

D. 气缸退回　　E. 气缸任意位置停留

54. （　　）回路是利用节流阀来调节的速度控制回路。

A. 高、低压转换　　B. 缓冲　　C. 速度换接

D. 互锁　　E. 连续往复

55. 在具体实施划线操作时，一般划线的方法有（　　）。

A. 普通划线法　　B. 样板划线法　　C. 精密划线法

D. 基准划线法　　E. 坐标划线法

56. 划线工具有（　　）等。

A. 划线平板　　B. 划线盘　　C. 划规

D. V形架　　E. 千斤顶

57. 下列说法中正确的是（　　）。

A. 找正就是利用划线工具使工件上有关的毛坯表面处于合适的位置

B. 当工件上有不加工表面时，还应按加工表面找正后再划线

C. 当工件上有两个以上的不加工表面时，应选较大的表面作为找正依据

D. 对于有装配关系的非加工部位，应优先作为找正基准

E. 当毛坯上有不加工表面时，通过找正后再划线，可使加工表面与不加工表面之间保持尺寸均匀

58. 在锯削过程中锯齿崩裂的原因是（　　）。

A. 锯条选用不当

B. 工件锯断时锯条撞击工件

C. 工件装夹不正

D. 起锯角太大

E. 锯条装夹过紧

59. 在锯削过程中，为避免废品的产生，可采取的措施是（　　）。

A. 在锯削工件时，工件装夹得越紧越好

B. 锯削软材料时，锯削速度可慢一些

C. 应尽量避免在旧锯缝中换新锯条

D. 起锯时应尽量采用近起锯

E. 若遇到锯条崩齿，应立即把崩齿的部位用砂轮磨一过渡圆弧

60. 在锯削过程中锯条折断的原因是（　　）。

A. 工件装夹时产生歪斜

B. 锯条安装不牢

C. 锯条安装过松

D. 锯削速度过快

E. 工件装夹不牢固

61. 锉削加工后工件尺寸和形状不准确的原因是（　　）。

A. 锉削前未检查划线的正确性

B. 工件材料较软

C. 在精锉时仍采用较粗的锉刀

D. 切屑嵌在锉纹中未及时清除

E. 锉削时握锉、运锉不稳

62. 锉削平面的方法有（　　）。

A. 逆向锉　　B. 横向锉　　C. 顺向锉

D. 交叉锉　　E. 推锉

63. 钻削中可以防止钻出的孔不圆的方法是（　　）。

A. 选择合适的钻头后角

B. 在工件上正确划线

C. 选择合适的进给量

D. 及时清理堵塞在螺旋槽内的切屑，避免擦伤孔壁

E. 钻头两切削刃对称

64. 下列说法中错误的是（　　）。

A. 钻孔较深，钻头较长时，应选择较大的进给量

B. 在允许的范围内应尽量选择较小的进给量

C. 钻削速度对钻头使用寿命的影响比进给量大

D. 进给量对孔的表面粗糙度的影响比钻削速度大

E. 孔的表面粗糙度值要求较小且精度要求较高时，应选择较小的进给量

65. 攻螺纹时可以防止螺纹中径超差的方法是（　　）。

A. 避免攻螺纹时铰杠晃动

B. 攻螺纹时经常倒转丝锥断屑

C. 保证丝锥与底孔端面垂直

D. 合理选用切削液

E. 选择适当的螺纹底孔直径

66. 铰孔时可导致孔壁表面有明显棱面的原因是（　　）。

A. 底孔不圆　　B. 铰刀已磨钝　　C. 铰孔完成后反转退刀

D. 铰削速度过高　　E. 铰孔余量留得过大

67. 研磨时可导致工件表面质量不合格的原因是（　　）。

A. 工件夹持过紧而引起变形　　B. 研磨液选用不当

C. 研磨剂涂得太厚　　D. 研磨剂中混入杂质

E. 研磨时清洁工作未做好

68. 一个完整的测量过程应包括（　　）等几个要素。

A. 被测对象　　B. 计量单位　　C. 测量方法

D. 测量精度　　E. 测量顺序

69. 下列说法中错误的是（　　）。

A. 凡利用尺身和游标刻线间长度之差原理制成的量具统称为游标类量具

B. 百分表用来检验机床精度及测量工件的尺寸、形状和位置误差

C. 塞尺是用来检验两个贴合面之间间隙大小的柱状量规

D. 游标高度尺是用于测量和划线的工具

E. 千分尺测微螺杆上的螺距为0.1 mm，当微分筒转一圈时，测微螺杆就沿轴向移动0.01 mm

70. 关于量具的使用方法，以下说法中正确的是（　　）。

A. 卡规可以检验圆柱形零件的外部尺寸

B. 游标卡尺可以测量矩形零件的外部尺寸

C. 塞尺可以检验两个贴合面之间的间隙

D. 塞尺可以测量矩形零件的外部尺寸

E. 游标卡尺可以测量两个贴合面之间的间隙

71. 游标卡尺由尺身、游标、（　　）等组成。

A. 凸轮　　B. 止动螺钉　　C. 活动量爪

D. 测微螺杆　　E. 固定量爪

72. 千分尺主要由尺架、（　　）、测力装置等组成。

A. 凸轮　　B. 砧座　　C. 测微螺杆

D. 锁紧装置　　E. 固定套管

73. 通过（　　）等一般方法对设备进行护理，以维持及保护设备的性能和技术状况，称为设备维护及保养。

A. 擦拭　　B. 润滑　　C. 提高主轴转速

D. 清扫　　E. 调整

74. 日保养应由设备操作工人当班进行，下列操作中正确的是（　　）。

A．班后擦净设备导轨面和滑动面上的油污，并加油

B．班后清扫工作场地

C．班后拆下安全罩

D．班后关闭开关

E．班后清除切屑、污物

75．下列属于刀具磨损的磨损机理的是（　　）。

A．黏结磨损　　B．磨料磨损　　C．相变磨损

D．扩散磨损　　E．氧化磨损

76．影响切削力的因素有（　　）。

A．工件材料　　B．刀具材料　　C．进给量

D．刀具几何角度　　E．切削速度

77．铣刀可以用于加工（　　）。

A．沟槽　　B．外圆　　C．内孔

D．平面　　E．台阶面

78．砂轮的特性由磨料、结合剂、（　　）和组织等参数决定。

A．脆度　　B．韧度　　C．粒度

D．强度　　E．硬度

79．关于钻头的说法中错误的是（　　）。

A．扁钻分为整体式和装配式两种类型

B．麻花钻是平面精加工的主要工具

C．深孔钻是用于加工深度与直径之比大于 5 的孔所用的钻头

D．麻花钻专门用于加工各种轴类工件两端的中心孔

E．在加工大直径孔时，采用扁钻比采用麻花钻更为经济

80．电火花加工是利用（　　）达到加工目的的。

A．热能　　B．化学能　　C．光能

D．声能　　E．电能

81．确定电火花粗加工电规准时应（　　）。

A．优先考虑采用较宽的脉冲宽度

B．选择合适的电极材料

C．选择合适的脉冲峰值电流

D．注意加工面积和加工电流之间的配合关系

E．选择合适的电极平动量

82．确定电火花线切割加工路径主要以（　　）为原则。

A．获得较小的放电间隙

B．获得较大的放电间隙

C．能防止模具变形

D．获得较低的切割速度

E．能减少模具变形

83．锁模机构的作用有（　　）。

A．锁紧模具

B．使塑料均匀地塑化

C．实现模具的开闭动作

D．以足够的压力和速度将塑料熔体注入型腔

E．开模时顶出模内制品

84．整体式型腔的特点是（　　）。

A．结构简单　　B．强度高　　C．受损后维修较困难

D．成型的塑件质量较好　　E．受损后维修容易

85．在合模状态下要求型芯、型腔表面紧密接触的注塑模，若发现合模后仍有间隙，可以通过（　　）方法进行修配。

A．修固定板厚度

B．修型腔的厚度

C．修固定板上型芯的台肩面

D．修型芯的厚度

E．修动模板和定模板的配合面

86. 关于型芯与型腔的修配基准，以下说法中错误的是（ ）。

A. 以动模板的一个侧面为基准

B. 修配既有垂直分型面又有水平分型面的型芯与型腔时，应先使垂直分型面接触吻合，水平分型面留有 0.01 ~0.02 mm 的间隙

C. 以导柱孔为基准

D. 以动模板底面为基准

E. 以定模板底面为基准

87. 型芯与型腔的尺寸可以通过（ ）进行测量。

A. 千分尺　B. 内径千分尺　C. 水平仪

D. 塞尺　E. 间接测量法

88. 以下（ ）是斜销分型与抽芯机构常见的形式。

A. 斜销在定模，滑块在动模的分型抽芯

B. 斜销在动模，滑块在定模的分型抽芯

C. 斜销、滑块在动模的分型抽芯

D. 滑块导滑的斜滑块分型抽芯

E. 斜销、滑块在定模的分型抽芯

89. 滑块与侧型芯的连接方式有（ ）。

A. 骑缝销　B. 中心销　C. 燕尾槽

D. 螺钉顶紧　E. 螺纹连接和销钉止转

90. 楔紧块的结构形式与（ ）有关。

A. 滑块受力大小　B. 滑块磨损　C. 滑块形式

D. 塑件精度　E. 斜销结构

91. 抛光用的润滑剂和稀释剂有（ ）。

A. 煤油　B. 汽油　C. 无水乙醇

D. 机油　E. 10 号机油

92. 侧向抽芯模具的推出机构可以使用（ ）。

A. 推杆推出机构　B. 推板推出机构　C. 推块推出机构

D. 机动推出机构　　E. 液压推出机构

93. 关于侧向抽芯模具的推杆固定形式，以下说法中正确的是（　　）。

A. 通过推杆固定板和推板固定

B. 通过焊接方法固定

C. 采用紧定螺钉将推杆固定于固定板上

D. 通过销钉固定

E. 通过螺钉固定

94. 关于带侧向抽芯机构模具推杆的装配要求，以下说法中正确的是（　　）。

A. 保证脱模运动平稳

B. 推杆装配完成后端面形状应随型芯表面形状进行修磨

C. 推杆装配完成后端面应不低于型芯表面

D. 型芯上的推杆孔与推杆配合部分的间隙应控制在 0.5 mm 以上

E. 型芯上的推杆孔与推杆配合部分应采用过渡配合

95. 对于侧向抽芯模具，若推杆较细或推杆数量较多，为防止因塑件反推阻力不均匀而导致推杆折断或发生运动卡滞现象，常在推出机构中设置导向零件，一般选用（　　）导向。

A. 导向块　　B. 导柱　　C. 导柱和导套

D. 导向板　　E. 导尺

96. 对于侧向抽芯模具，推件板常设计成局部镶嵌的结构，若镶块的外形为非圆形，可采用的镶嵌形式为（　　）。

A. 过盈配合　　B. 粘接　　C. 铆接

D. 焊接　　E. 螺钉连接

97. 关于带侧向抽芯机构模具推件板的装配要求，以下说法中正确的是（　　）。

A. 保证脱模运动平稳

B. 应保证推件板型孔与型芯配合部分有 1°的斜度

C. 推件板型孔与型芯配合部分间隙应均匀，不能溢料

D. 推顶推件板的推杆要长度一致

E. 推件板本身不得有翘曲变形或推出时产生弹性变形

98. 模具装配工艺一般由（ ）等阶段组成。

A. 研究图样 B. 检验 C. 总装配

D. 调试 E. 组件装配

99. 关于注塑模具装配的技术要求，以下说法中正确的是（ ）。

A. 导柱、导套要垂直于模座

B. 冷却水道要通畅，不漏水，阀门控制正常

C. 模具闭合后，各承压面之间要闭合严密，不得有较大的缝隙

D. 模具外露非工作部位的棱边均应倒角

E. 装配后的模具应打上标记，如编号、合模标记等

100. 根据模具装配零件能够达到的互换程度不同，互换装配方法可分为（ ）。

A. 修配装配法 B. 完全互换法

C. 调整装配法 D. 部分互换法

E. 分组互换法

101. 分组互换装配法是指将配合零件的制造公差扩大数倍，然后将加工出来的零件进行实测，按（ ）进行分组，并以不同的颜色相区别，进行分组装配。

A. 实测尺寸 B. 扩大前的公差大小

C. 制造精度 D. 制造误差

E. 扩大倍数

102. 对于注塑模具零件之间的连接，以下不可拆卸的连接方法包括（ ）。

A. 销连接 B. 螺纹连接 C. 焊接

D. 铆接 E. 过盈配合

103. 侧向抽芯机构的装配过程中可能涉及的工作种类包括（ ）。

A. 测量 B. 修磨 C. 钻孔

D. 磨削 E. 攻螺纹

104. 在镶块的装配方法中，一般采用的方法有（ ）。

A. 沉孔嵌入 B. 螺钉固定式 C. 底部通孔嵌入

D. 粘接式　　　　E. 焊接式

105. 分型面的形状有（　　）。

A. 脱模面　　　　B. 平面　　　　C. 斜面

D. 曲面　　　　E. 阶梯面

106. 为便于塑件脱模，在选择分型面时应考虑（　　）。

A. 开模时塑件应尽可能留于动模一侧

B. 应有利于侧面分型和抽芯

C. 应合理安排塑件在型腔中的位置

D. 开模时塑件应尽可能留于定模内

E. 浇口位置和形式的设计

107. 常用流道的截面形状有（　　）。

A. 圆形　　　　B. 梯形　　　　C. U 形

D. 正方形　　　　E. 六边形

108. 浇口类型的选择原则包括（　　）。

A. 按塑料品种选择浇口

B. 按塑件尺寸和形状选择浇口

C. 按塑件质量要求选择浇口

D. 按型腔数量选择浇口

E. 按生产要求选择浇口

109. 冷料穴的功能有（　　）。

A. 收集熔体流动的前锋冷料

B. 避免冷料进入型腔

C. 避免形成强度不同的熔接纹

D. 将熔料从注塑机喷嘴引入模具中

E. 实现熔体的分流和转向

110. 拉料杆的功能有（　　）。

A. 收集熔体流动的前锋冷料

B. 避免冷料进入型腔

C. 避免形成强度不同的熔接纹

D. 模具打开时将主流道的凝料拉向动模一侧

E. 在推出行程中将凝料脱出模外

111. 排气系统的作用有（　　）。

A. 避免薄壁塑件型腔填充不满

B. 避免厚壁塑件边角缺料

C. 避免塑件烧伤

D. 避免熔接不良

E. 避免产生气孔、组织疏松、空洞等缺陷

112. 脱模推出机构的作用包括（　　）。

A. 将塑件从定模中脱出

B. 将塑件从动模上取出

C. 将塑件和凝料与模具松动、分离

D. 将塑件和凝料从模内取出

E. 避免塑件烧伤

113. 根据模具侧向分型机构动力来源的不同，可分为（　　）。

A. 机动抽芯　　B. 液压抽芯　　C. 手动抽芯

D. 定模外侧抽芯　　E. 定模内侧抽芯

114. 关于侧向抽芯机构避免干涉的方法，以下说法中正确的是（　　）。

A. 推杆与侧型芯机构在闭模状态下在水平方向上重合

B. 推杆与侧型芯机构在闭模状态下不在垂直方向上重合

C. 推杆的推出距离高于侧型芯底面

D. 推杆与侧型芯机构在闭模状态下不在水平方向上重合

E. 推杆的推出距离低于侧型芯底面

115. 冷却通道的形式有（　　）。

A. 冷却水道冷却　　B. 水井冷却

C. 螺旋式冷却　　D. 喷流式冷却通道冷却

E. 传热棒（片）冷却

116. 冷却水道的布置有（　　）等方式。

A. 串联　　B. 并联　　C. 对称

D. 面对面　　E. 背对背

117. 以下关于注塑模冷却水道密封的说法中正确的是（　　）。

A. 水道经过两个镶件时中间要加密封圈

B. 钢件间需有足够的正压力，否则难以保证密封效果

C. 对于圆形冷却水道的密封，应尽量避免装配时对密封圈的磨损

D. 圆形型芯和内模镶件中间的配合间隙要适当

E. 密封圈孔底一定要平滑，不要有粗纹，否则一定漏水

118. 以下说法中错误的是（　　）。

A. 塑件材料为 ABS 时，选择 MT3 级精度，为一般精度等级

B. 塑件材料为 PA66 时，选择 MT4 级精度，为一般精度等级

C. 塑件材料为 PP（高密度）时，选择 MT5 级精度，为一般精度等级

D. 塑件材料为 PP（低密度）时，选择 MT6 级精度，为一般精度等级

E. 常用的塑件选择 MT1 级精度，为高精度等级

119. 设计模具时，应根据塑料的收缩率范围，按塑件的形状、（　　）等综合考虑选取收缩率值。

A. 导柱、导套的配合精度　　B. 模具结构

C. 导柱的型号　　D. 导套的型号

E. 塑件的尺寸

120. 脱模斜度取决于（　　）。

A. 塑料的收缩率　　B. 塑件的尺寸　　C. 塑件的用途

D. 塑件的壁厚　　E. 塑件的形状

121. 以下说法中错误的是（　　）。

A. 塑件内圆角半径最好为壁厚的一倍以上

B. 塑件内圆角半径最好为壁厚的两倍以上

C. 塑件内圆角半径最好为壁厚的三倍以上

D. 塑件内圆角半径通常取为壁厚的一半

E. 塑件内圆角半径最好为壁厚的 1/3 以上

122. 塑件的凸台（　　）。

A. 应位于边角部位　　B. 应具有足够的脱模斜度

C. 几何尺寸应小　　D. 应具有足够的角度

E. 高度应不超过其直径的 5 倍

123. 塑件上的孔应进行妥善处理，以下说法中正确的是（　　）。

A. 形状宜简单

B. 塑件上受力的孔应设计出凸台予以加强

C. 需要设置侧壁孔时应尽可能避免侧向抽芯装置

D. 形状宜复杂

E. 孔和孔之间应有足够的距离

124. 常用的嵌件形式有（　　）、片形嵌件等。

A. 圆筒形嵌件　　B. 圆柱形嵌件　　C. 圆锥形嵌件

D. 三角形嵌件　　E. 五边形嵌件

125. 嵌件在塑件中的作用是（　　）。

A. 提高塑件的局部硬度　　B. 方便塑件的推出

C. 降低型腔的加工难度　　D. 简化模具结构

E. 提高塑件的局部强度

126. 以下说法中错误的是（　　）。

A. 对于吸水性强的塑料，在成型之前必须进行保压处理

B. 对于吸水性强的塑料，在成型之前必须进行冷却处理

C. 对于吸水性强的塑料，在成型之前必须进行熔化处理

D. 对于吸水性强的塑料，在成型之前必须进行保温处理

E. 对于吸水性强的塑料，在成型之前必须进行干燥处理

127. 以下说法中错误的是（　　）。

A. 注射成型之前，若料筒中残存的塑料与将要使用的塑料不同，应将料筒清洗干净

B. 注射成型之前，若料筒中残存的塑料与将要使用的塑料颜色不一致，应将料筒清洗干净

C. 注射成型之前，若料筒中残存的塑料与将要使用的塑料不同，应延长注射时间

D. 注射成型之前，若料筒中残存的塑料与将要使用的塑料颜色不一致，应延长注射时间

E. 注射成型之前，若料筒中残存的塑料与将要使用的塑料颜色不一致，应将料筒拆卸下来

128. 一般注塑机生产中多采用固定加料方式来节省时间，缩短生产周期，以下说法中错误的是（　　）。

A. 可节省合模时间

B. 可节省注射座进退操作时间

C. 可节省开模时间

D. 可节省试模时间

E. 可节省塑件推出时间

129. 塑件成型后，根据塑件的特性和使用要求，可对塑件进行（　　）。

A. 调湿处理　　B. 调质处理　　C. 保压处理

D. 正火　　E. 退火

130. 塑件成型后进行退火可（　　）。

A. 使塑件变硬　　B. 稳定塑件尺寸

C. 使塑件弹性增加　　D. 使塑件达到吸湿平衡

E. 消除塑件的内应力

131. 塑件成型后的调湿处理可改善塑件的韧性，使（　　）有所提高。

A. 抗拉强度　　B. 屈服强度　　C. 抗压强度

D. 切削性能　　E. 冲击韧度

132. 在注塑成型中，以下说法中不正确的是（　　）。

A. 拉杆式注塑机的料筒温度可以比柱塞式的低 10～20℃

B. 螺杆式注塑机的料筒温度可以比压杆式的高 10～20℃

C. 螺杆式注塑机的料筒温度可以比拉杆式的高 10～20℃

D. 弯杆式注塑机的料筒温度可以比柱塞式的低 10～20℃

E. 螺杆式注塑机的料筒温度可以比柱塞式的低 10～20℃

133. 在注塑模注塑过程中喷嘴温度要适当，以下说法中错误的是（　　）。

A. 喷嘴温度通常比料筒的温度高

B. 喷嘴温度通常比料筒的温度低

C. 喷嘴温度通常比模具的温度高

D. 喷嘴温度通常比模具的温度低

E. 喷嘴温度通常与塑件的温度一致

134. 塑化压力的大小应根据塑料的品种而定，对于（　　）塑化压力应低一些。

A. 热稳定性高的塑料　　B. 热敏性塑料

C. 熔体黏度很低的塑料　　D. 复杂模具

E. 塑料质量较大的情况

135. 注射压力的大小取决于注塑机的类型和（　　）等。

A. 模架的类型　　B. 注塑机的总质量

C. 塑料的品种　　D. 型腔材料

E. 模具浇注系统的结构

136. 在注塑模注塑过程中，冷却时间主要依据（　　）、塑料的热性能和结晶性能来确定。

A. 塑件的壁厚　　B. 塑料的干燥程度

C. 注射压力　　D. 模架的类型

E. 模具的温度

137. 以下说法中正确的是（　　）。

A. 一般塑件螺纹的螺距不大于 0.7 mm

B. 一般塑件螺纹的螺距不小于 0.7 mm

C. 一般注射成型螺纹的直径不小于 2 mm

D. 一般注射成型螺纹的直径不大于 2 mm

E. 一般注射成型螺纹的直径都为 2 mm

138. 以下说法中正确的是（ ）。

A. 塑件螺纹的精度一般低于 3 级

B. 塑件螺纹的精度只能为 7 级

C. 塑件螺纹的精度不低于 3 级

D. 塑件螺纹的精度低于 8 级

E. 塑件螺纹的精度可以为 4 级

139. 一般热固性塑料制件表面出现气泡或鼓起时，可能是由于成型过程中（ ）。

A. 模压压力过高　　B. 塑料中挥发物含量太少

C. 模压时间过长　　D. 模压时间过短

E. 模压压力过低

140. 如果采用多型腔注塑模，应根据所选注塑机的（ ）来确定型腔数。

A. 最大注射量　　B. 质量

C. 体积　　D. 料筒的容量

E. 锁模力

141. 注塑工艺参数的确定与模具结构、注塑机类型、（ ）等有密切关系。

A. 塑料的种类　　B. 导柱的材料　　C. 导套的材料

D. 注塑机总长　　E. 塑件的要求

142. 注塑机的额定注射压力应（ ）塑件成型时所需的注射压力。

A. 与……无关　　B. 小于等于　　C. 大于

D. 小于　　E. 大于等于

143. 闭模时要从模外施加大于型腔内压力（ ）的锁模力。

A. 1.1 倍以上　　B. 1.2 倍以上　　C. 1 倍以上

D. 1 倍以下　　E. 0.5 倍以下

144. 开模行程的计算与（　）有关。

A. 模具结构　　B. 注塑机的额定注射压力

C. 塑件成型时所需的注射压力　　D. 注塑机的总长

E. 注塑机的结构

145. 注塑模的调试应先进行调整前的检查，其次（　），然后根据缺陷进行调整。

A. 检测塑料的强度　　B. 检查模柄是否安装正确

C. 检测模具材料的硬度　　D. 在试模过程中进行缺陷的检查

E. 在试模过程中进行缺陷的分析

146. 注塑模具验收时依据的主要模具工艺质量标准有（　）。

A.《塑料注射模模架》

B.《塑料注射模零件及技术条件》

C.《压铸模技术条件》

D.《橡胶模模架》

E.《塑料注射模技术条件》

147. 模具调试过程中应记录试模过程中（　），这是模具调整及确定成型工艺条件的重要依据。

A. 导柱的材料　　B. 成型条件变化状况

C. 塑件产品图　　D. 模板的材料

E. 出现的异常现象

148. 塑件尺寸不稳定可能是由于（　）。

A. 充模时间过长　　B. 保压时间过长

C. 注射压力过高　　D. 模具温度不均匀

E. 模具设计尺寸不准确

149. 如果塑件尺寸不稳定，可适当（　）。

A. 提高注射压力　　B. 减少充模时间

C. 减小注射压力　　D. 提高料筒和喷嘴的温度

E. 降低料筒和喷嘴的温度

150. 塑件表面有波纹是由于（　　）、流道太长或浇口尺寸太大等。

A. 原料含有水分及挥发物　　B. 注射压力太低

C. 部分塑料发生分解　　D. 料温太高或太低

E. 加料量不足

151. 如果塑件表面产生波纹，可（　　）并适当提高嵌件的预热温度。

A. 适当减小注射压力　　B. 适当调整料温，不过高或过低

C. 适当在原料中添加水分　　D. 适当增大浇口尺寸

E. 适当增大注射压力

152. 塑件熔接不良可能是由于（　　）。

A. 型腔排气不良　　B. 注射速度太快

C. 塑料流动性太强　　D. 料温太高

E. 原料受到污染

153. 塑件凹陷可能是由于（　　）。

A. 注射速度太慢　　B. 加料量过多

C. 料温太高　　D. 注射压力过高

E. 加料量不足

154. 塑件产生翘曲变形的原因是（　　）。

A. 塑件壁厚均匀　　B. 冷却时间太长

C. 塑件壁厚相差悬殊　　D. 模具温度太低

E. 塑件推出时受力不均匀

155. 如果塑件产生翘曲变形，可适当（　　）。

A. 延长冷却时间　　B. 提高模具温度

C. 改善塑件壁厚的均匀性　　D. 减少冷却时间

E. 降低模具温度

156. 塑件粘模的原因是（　　）。

A. 注射压力太高　　B. 注射时间太短

C. 脱模斜度太大　　D. 模具温度太低

E. 型腔表面质量差

157. 如果塑件粘模，可适当（　　）。

A. 缩短注射时间　　B. 增大脱模斜度

C. 减小脱模斜度　　D. 提高注射压力

E. 减小注射压力

158. 如果出现塑件凹陷，可适当（　　）。

A. 提高料温　　B. 减少加料量

C. 减少注射及保温时间　　D. 增加注射及保温时间

E. 调整浇口位置

159. 如果塑件熔接不良，可适当（　　）。

A. 提高模温　　B. 提高注射压力

C. 减小注射压力　　D. 提高注射速度

E. 降低注射速度

160. 当注塑机的最大注射量以容积标定时，注塑机的最大注射量乘以注塑机最大注射量的利用系数应（　　）塑件的总体积。

A. 与……无关　　B. 小于　　C. 小于等于

D. 大于　　E. 大于等于

# 第 4 部分

# 操作技能复习题

## 模具零件测绘与液压系统安装

**一、模具零件测绘（二）（试题代码①：1.1.2；考核时间：60 min）**

1．试题单

（1）操作条件

1）模具零件：镶块。

2）测绘工具。

3）A4 幅面空白草稿纸 1 张。

4）考生自备 HB 绘图铅笔、橡皮、削笔刀（器）。

（2）操作内容

测绘模具零件“镶块”，并在答题纸上补全“镶块”的零件图。

（3）操作要求

1）按要求，用给定的测绘工具（游标卡尺）进行实物零件的尺寸测量。

2）绘制并补全零件草图。在绘制的过程中，只允许使用铅笔徒手绘制，不允许使用圆规、直尺等绘图工具。

3）标出在各个视图中缺少的尺寸。

① 试题代码表示该试题在操作技能考核方案表格中的所属位置。左起第一位表示项目号，第二位表示单元号，第三位表示在该项目、单元下的第几个试题。

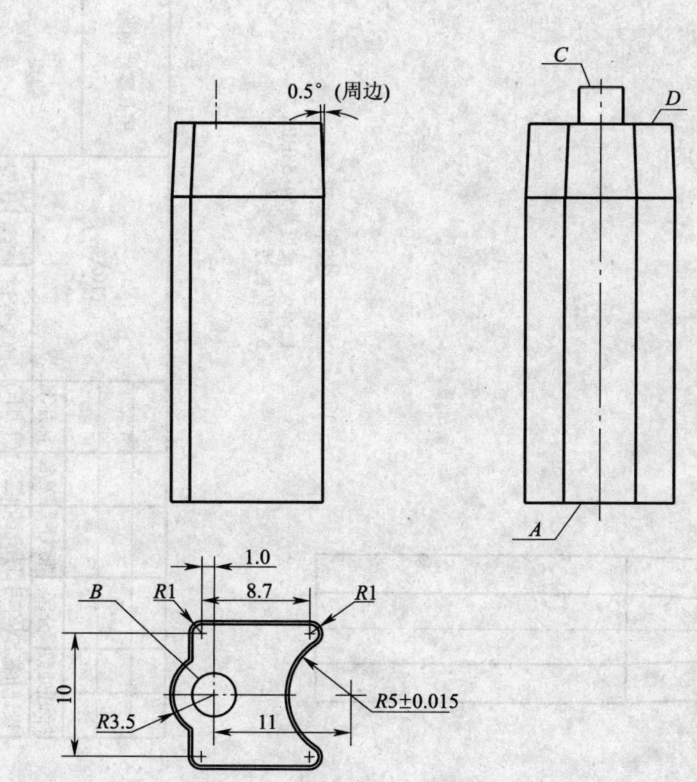


4）在图上标出底平面（$A$ 面）作为 $A$ 基准。

5）用形位公差的框格表示 $\phi3.5$ mm 圆柱（$B$ 面）的轴线对 $A$ 基准的垂直度公差为 0.01 mm。

6）用形位公差的框格表示 $C$ 面对 $A$ 基准的平行度公差为 0.008 mm。

7）用形位公差的框格表示 $D$ 面对 $A$ 基准的平行度公差为 0.01 mm。

8）在 $B$ 面（周边）和 $\phi3.5$ mm 圆柱顶面处标注表面粗糙度 $R_a$ 值为 0.8 μm。

9）在 $A$ 面和 $C$ 面标注表面粗糙度 $R_a$ 值为 1.6 μm。

10）在图上标注成型部分表面粗糙度 $R_a$ 值为 0.4 μm，其余表面粗糙度 $R_a$ 值为 3.2 μm。

2. 答题卷

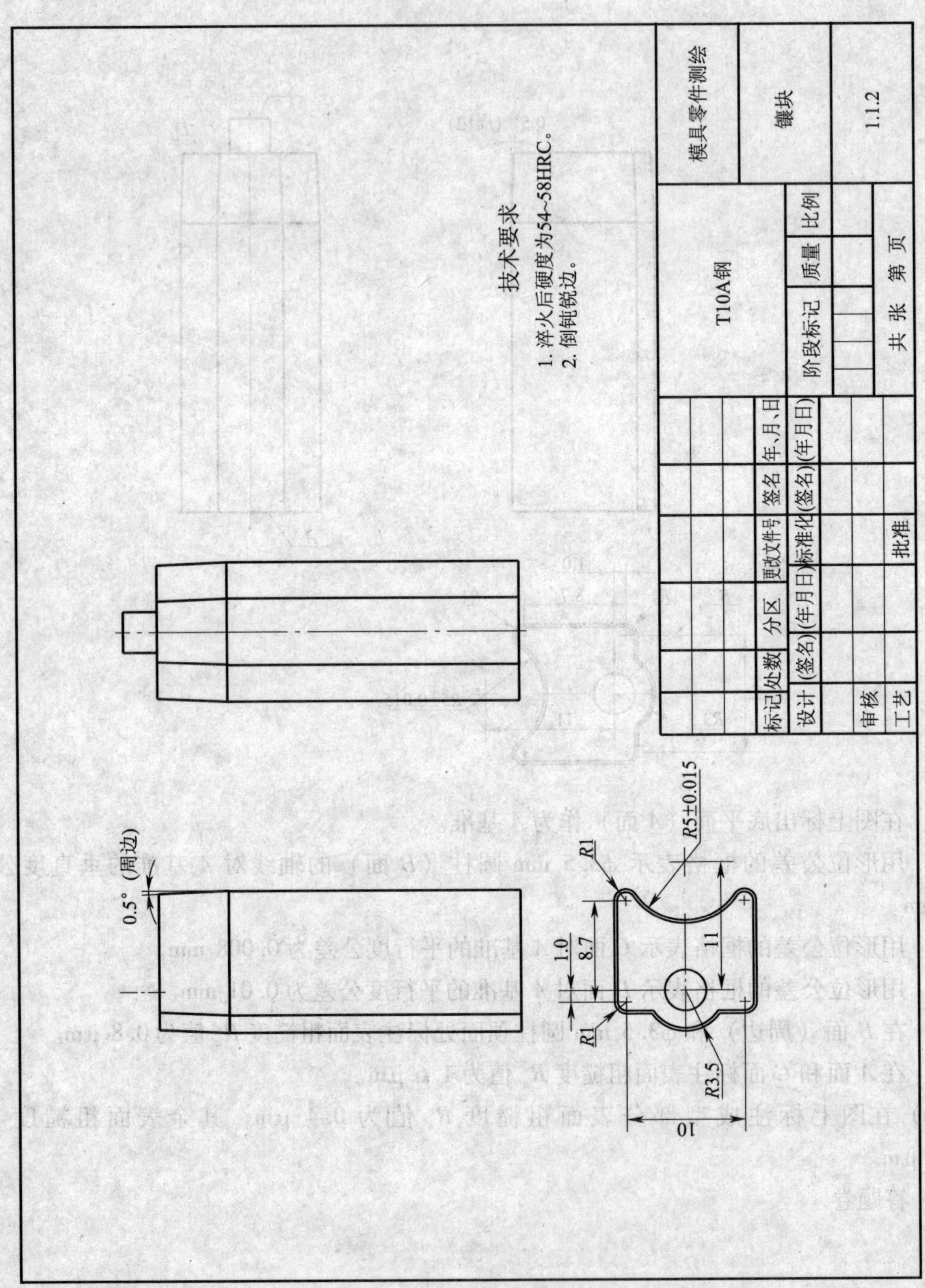
技术要求
1. 淬火后硬度为54~58HRC。
2. 倒钝锐边。
模具零件测绘
镶块
1.1.2
T10A钢
标记 处数 分区 更改文件号 签名 年、月、日
设计 (签名) (年月日) 标准化 (签名) (年月日)
审核
工艺
批准
阶段标记 质量 比例
共 张 第 页
0.5°（周边）
R1
R5±0.015
1.0
8.7
11
R1
R3.5
10

### 3. 评分表

| 试题代码及名称 | | 1.1.2　模具零件测绘（二） | | | 考核时间 | | | | | 60 min |
|---|---|---|---|---|---|---|---|---|---|---|
| 评价要素 | | 配分 | 等级 | 评分细则 | 评定等级 | | | | | 得分 |
| | | | | | A | B | C | D | E | |
| 1 | 绘制并补全视图 | 3 | A | 视图全部补全 | | | | | | |
| | | | B | 图中有两处错误 | | | | | | |
| | | | C | 图中有三处错误 | | | | | | |
| | | | D | 图中有五处错误 | | | | | | |
| | | | E | 差或未答题 | | | | | | |
| 2 | 测量并补全尺寸 | 3 | A | 测量尺寸全部补全 | | | | | | |
| | | | B | 有两处尺寸未补全 | | | | | | |
| | | | C | 有三处尺寸未补全 | | | | | | |
| | | | D | 有五处尺寸未补全 | | | | | | |
| | | | E | 差或未答题 | | | | | | |
| 3 | 按要求正确标注工件的基准和形位公差 | 2 | A | 标注全部正确、合理 | | | | | | |
| | | | B | 标注有一处错误 | | | | | | |
| | | | C | 标注有两处错误 | | | | | | |
| | | | D | 标注有三处错误 | | | | | | |
| | | | E | 差或未答题 | | | | | | |
| 4 | 按要求正确标注工件的表面粗糙度 | 2 | A | 标注全部正确、合理 | | | | | | |
| | | | B | 标注有一处错误 | | | | | | |
| | | | C | 标注有两处错误 | | | | | | |
| | | | D | 标注有三处错误 | | | | | | |
| | | | E | 差或未答题 | | | | | | |
| 合计配分 | | 10 | 合计得分 | | | | | | | |

| 等级 | A（优） | B（良） | C（尚可） | D（较差） | E（差或未答题） |
|---|---|---|---|---|---|
| 比值 | 1.0 | 0.8 | 0.6 | 0.2 | 0 |

“评价要素”得分 = 配分 × 等级比值。

## 二、模具零件测绘（三）（试题代码：1.1.3；考核时间：60 min）

1. 试题单

（1）操作条件

1）模具零件：滑块。

2）测绘工具。

3）A4 幅面空白草稿纸 1 张。

4）考生自备 HB 绘图铅笔、橡皮、削笔刀（器）。

（2）操作内容

测绘模具零件“滑块”，并在答题纸上补全“滑块”的零件图。

（3）操作要求

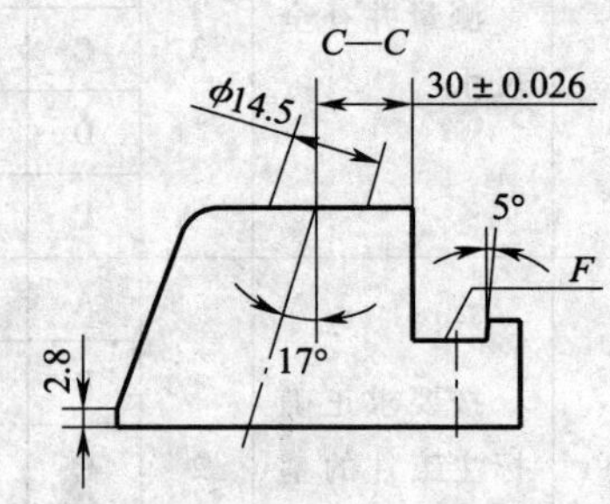


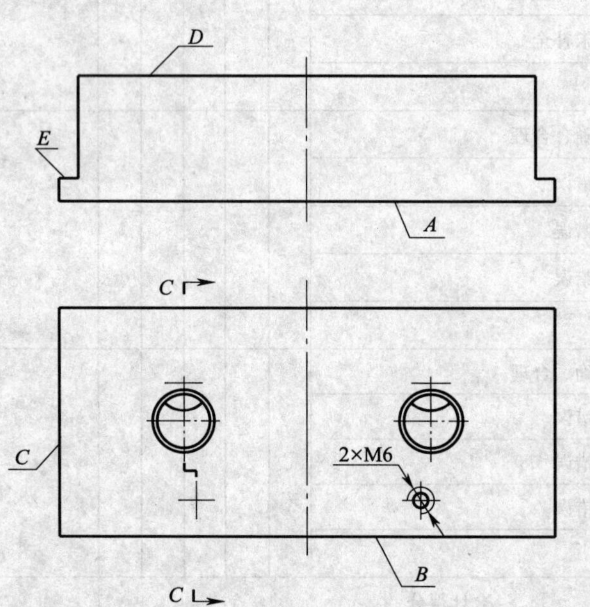


1）按要求，用给定的测绘工具（游标卡尺）进行实物零件的尺寸测量。

2）绘制并补全零件草图。在绘制的过程中，只允许使用铅笔徒手绘制，不允许使用圆规、直尺等绘图工具。

3）左视图采用全剖视图。

4）标出在各个视图中缺少的尺寸。

5）在主视图上标出底平面作为 $A$ 基准。

6）用形位公差的框格表示 $\phi$14. 5 mm 孔的轴线对 $A$ 基准的倾斜度公差为 0. 025 mm。

7）用形位公差的框格表示 $C$ 面对 $B$ 基准的垂直度公差为 0. 02 mm。

8）用形位公差的框格表示 $D$ 面对 $A$ 基准的平行度公差为 0. 04 mm。

9）在 $C$ 面标注表面粗糙度 $R_a$ 值为 0. 8 μm，在 $A$ 面、$B$ 面、$E$ 面和 $F$ 面标注表面粗糙度 $R_a$ 值为 1. 6 μm。

10）在图上标注其余表面粗糙度 $R_a$ 值为 3. 2 μm。

2. 答题卷（图样见下页）

3. 评分表

同试题 1. 1. 2。

**三、模具零件测绘（四）（试题代码：1. 1. 4；考核时间：60 min）**

1. 试题单

（1）操作条件

1）模具零件：压紧块。

2）测绘工具。

3）A4 幅面空白草稿纸 1 张。

4）考生自备 HB 绘图铅笔、橡皮、削笔刀（器）。

（2）操作内容

测绘模具零件“压紧块”，并在答题纸上补全“压紧块”的零件图。

（3）操作要求

1）按要求，用给定的测绘工具（游标卡尺）进行实物零件的尺寸测量。

2）绘制并补全零件草图。在绘制的过程中，只允许使用铅笔徒手绘制，不允许使用圆规、直尺等绘图工具。

3）左视图采用全剖视图。

4）标出在各个视图中缺少的尺寸。

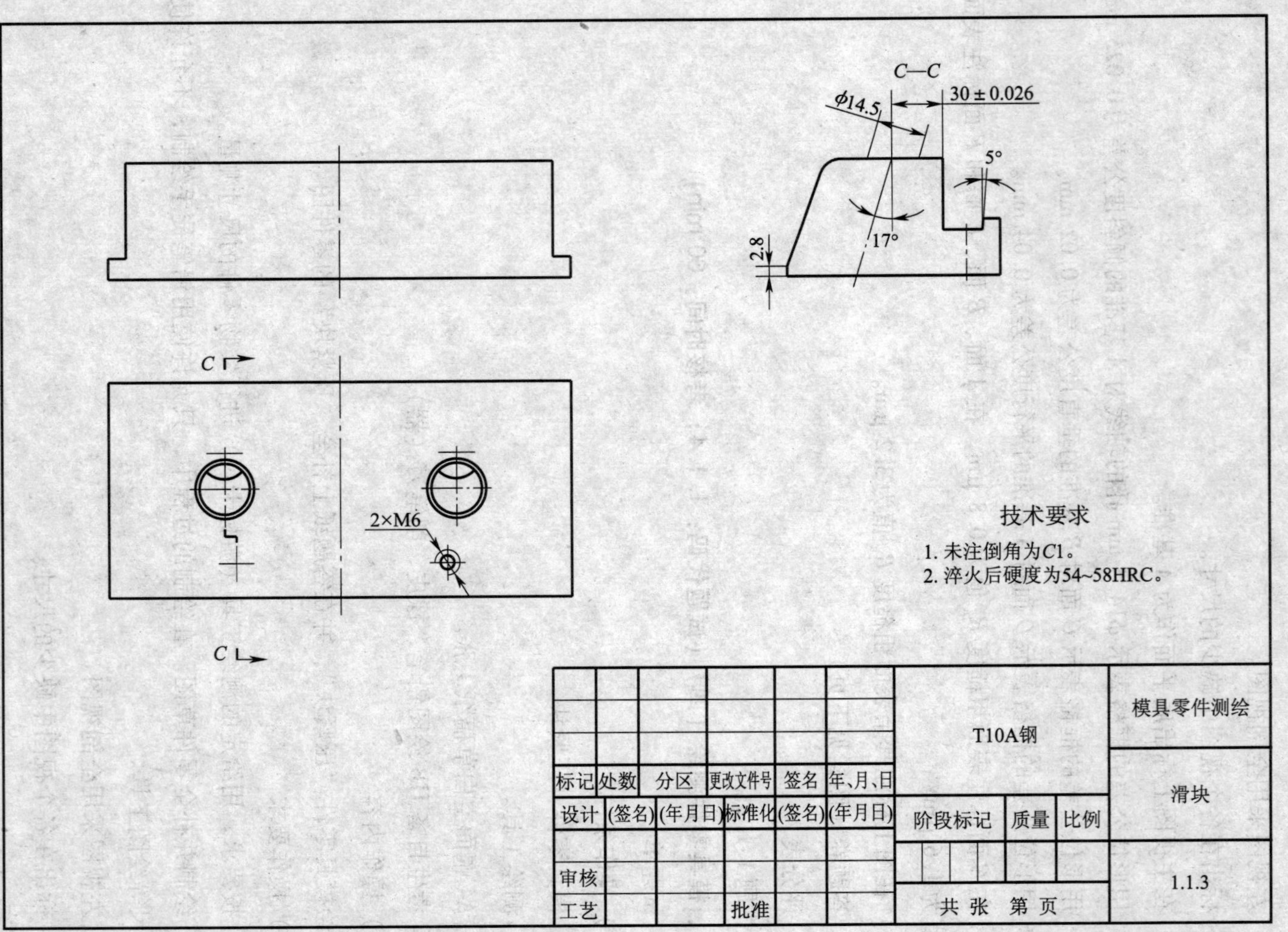

C—C
φ14.5
30±0.026
5°
17°
2.8
C
C
2×M6
技术要求
1. 未注倒角为C1。
2. 淬火后硬度为54~58HRC。
T10A钢
模具零件测绘
滑块
1.1.3
标记 处数 分区 更改文件号 签名 年、月、日
设计 (签名) (年月日) 标准化 (签名) (年月日)
阶段标记 质量 比例
审核
工艺 批准
共 张 第 页

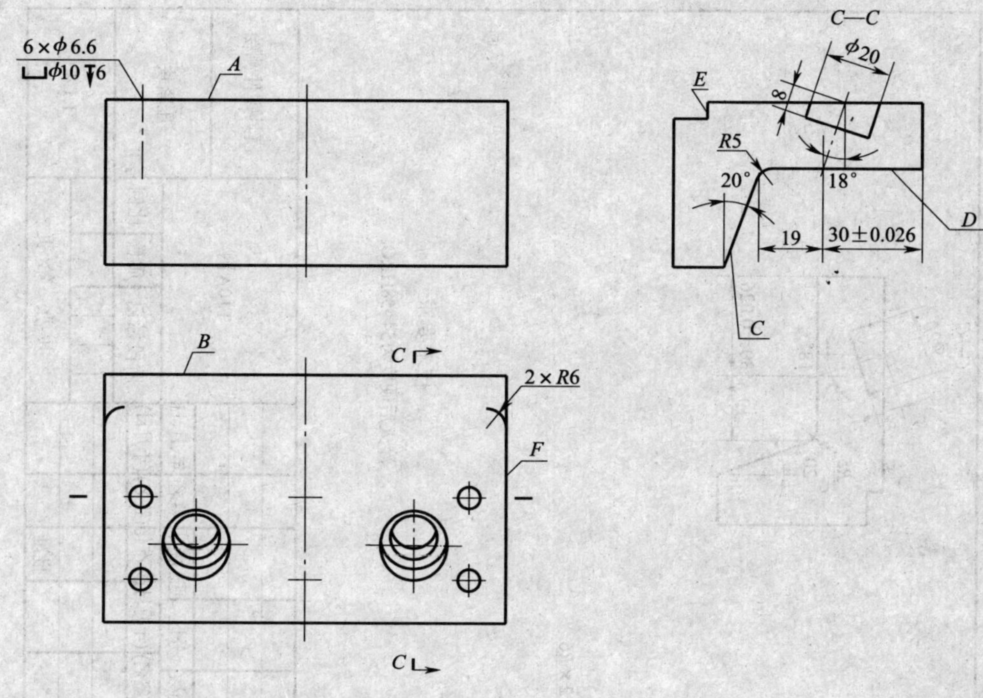


5）在图上标出基准 *A* 和 *B*。

6）用形位公差的框格表示 *A* 面的平面度公差为 0.02 mm。

7）用形位公差的框格表示 *D* 面对 *A* 基准的平行度公差为 0.03 mm。

8）用形位公差的框格表示 *F* 面对 *B* 基准的垂直度公差为 0.02 mm。

9）在 *C* 面和 $\phi$14 mm 孔处标注表面粗糙度 $R_a$ 值为 0.8 μm；在 *A* 面、*D* 面和 *E* 面标注表面粗糙度 $R_a$ 值为 1.6 μm。

10）在图上标注其余表面粗糙度 $R_a$ 值为 3.2 μm。

2. 答题卷（图样见下页）

3. 评分表

同试题 1.1.2。

**四、模具零件测绘（五）（试题代码：1.1.5；考核时间：60 min）**

1. 试题单

（1）操作条件

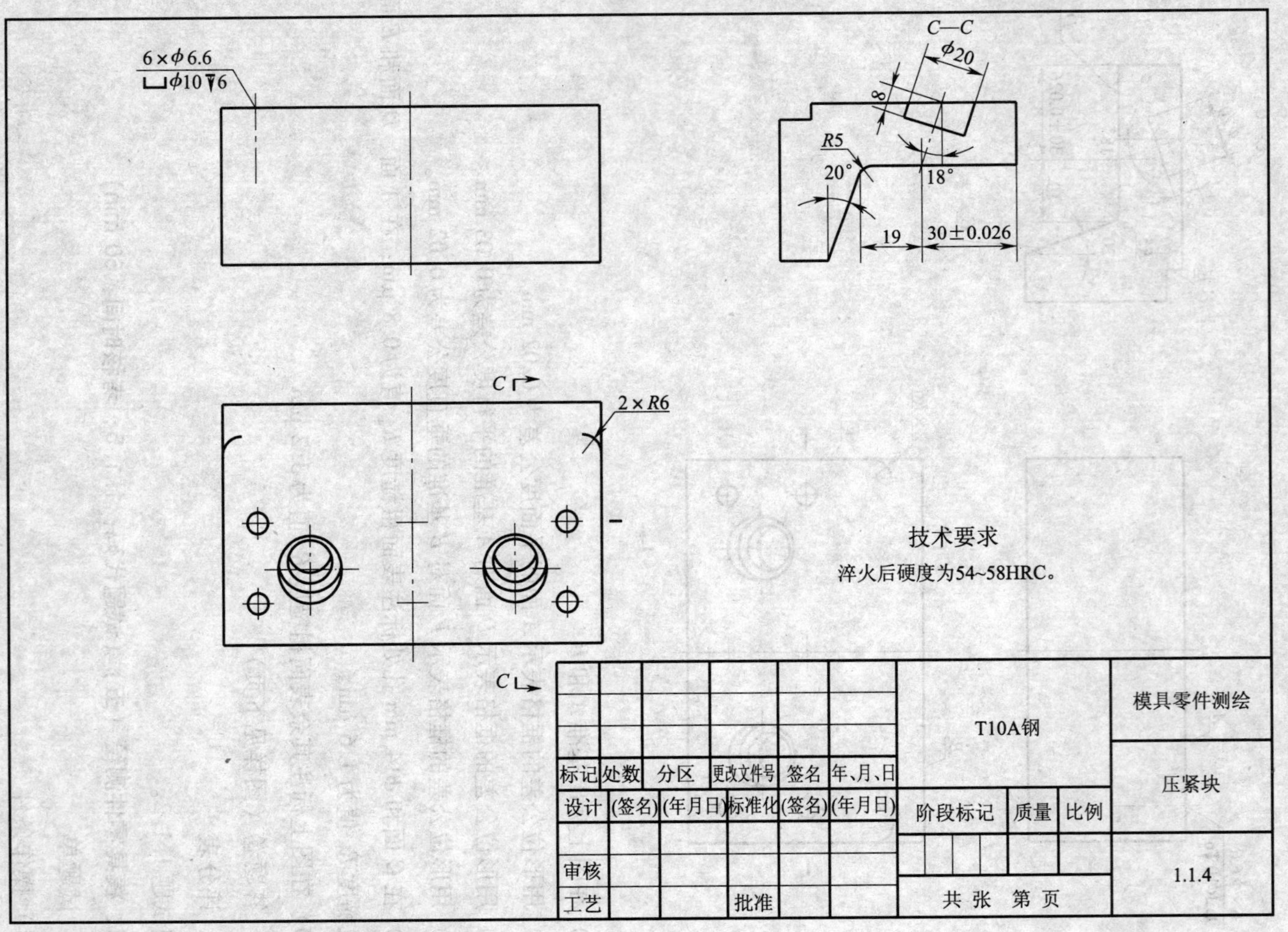

6×φ6.6
⌴φ10↧6
C—C
φ20
8
R5
20°
18°
19
30±0.026
C
2×R6
C
技术要求
淬火后硬度为54~58HRC。
T10A钢
模具零件测绘
压紧块
1.1.4
标记
处数
分区
更改文件号
签名
年、月、日
设计
(签名)
(年月日)
标准化
(签名)
(年月日)
阶段标记
质量
比例
审核
工艺
批准
共 张 第 页

1）模具零件：侧型芯固定块。

2）测绘工具。

3）A4 幅面空白草稿纸 1 张。

4）考生自备 HB 绘图铅笔、橡皮、削笔刀（器）。

（2）操作内容

测绘模具零件“侧型芯固定块”，并在答题纸上补全“侧型芯固定块”的零件图。

（3）操作要求

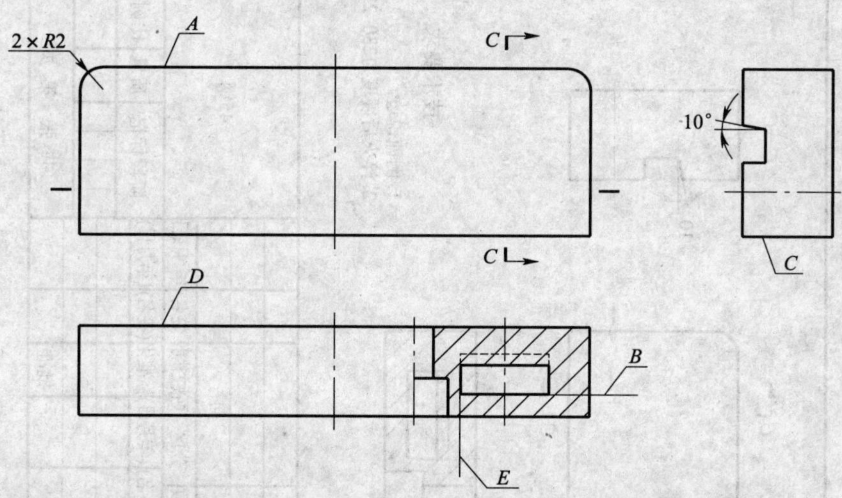


1）按要求，用给定的测绘工具（游标卡尺）进行实物零件的尺寸测量。

2）绘制并补全零件草图。在绘制的过程中，只允许使用铅笔徒手绘制，不允许使用圆规、直尺等绘图工具。

3）俯视图、左视图采用全剖视图。

4）标出在各个视图中缺少的尺寸。

5）在图上标出 *C* 平面作为 *A* 基准、*D* 平面作为 *B* 基准。

6）用形位公差的框格表示 *B* 面对 *A* 基准的垂直度公差为 0.01 mm。

7）用形位公差的框格表示 *E* 面对 *B* 基准的垂直度公差为 0.01 mm。

8）用形位公差的框格表示 *B* 面对 *B* 基准的平行度公差为 0.02 mm。

9）在 $A$ 面、$C$ 面和 $D$ 面标注表面粗糙度 $R_a$ 值为 1.6 μm。

10）在图上标注其余表面粗糙度 $R_a$ 值为 3.2 μm。

2. 答题卷

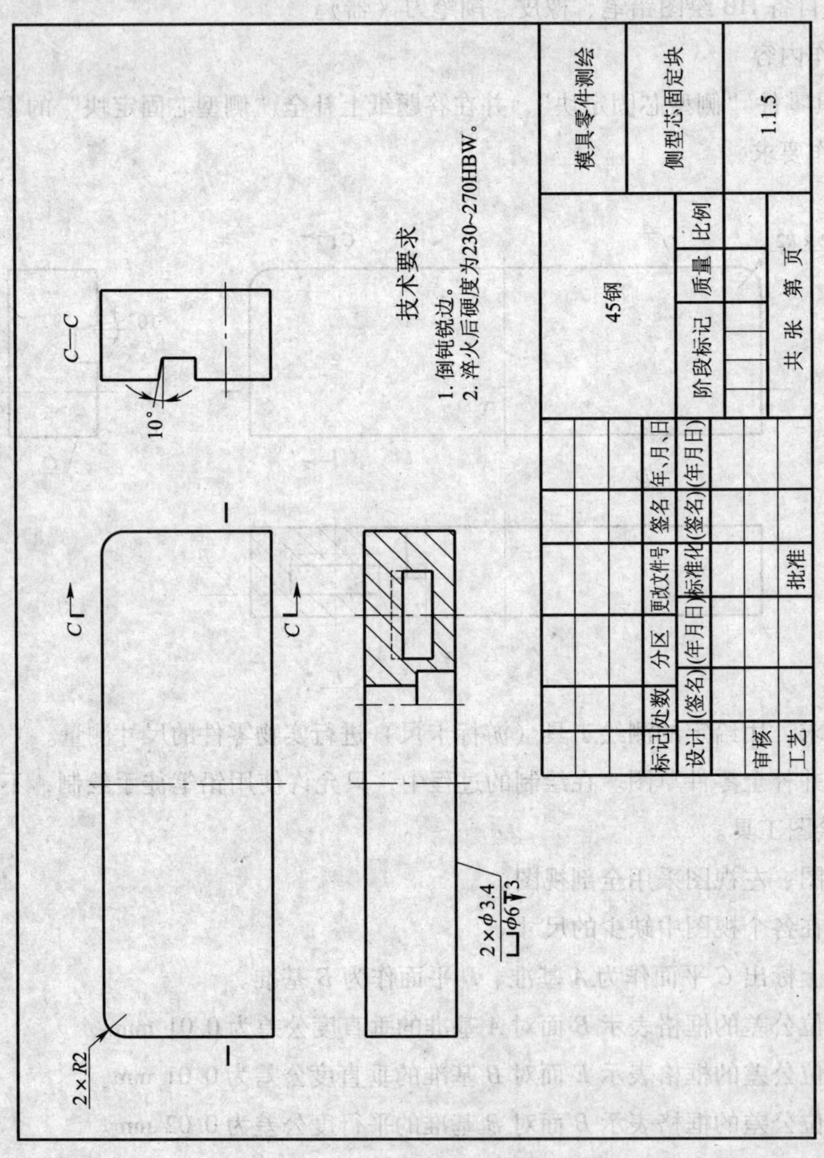

3. 评分表

同试题 1. 1. 2。

**五、模具零件测绘（六）（试题代码：1. 1. 6；考核时间：60 min）**

1. 试题单

（1）操作条件

1）模具零件：滑块。

2）测绘工具。

3）A4 幅面空白草稿纸 1 张。

4）考生自备 HB 绘图铅笔、橡皮、削笔刀（器）。

（2）操作内容

测绘模具零件“滑块”，并在答题纸上补全“滑块”的零件图。

（3）操作要求

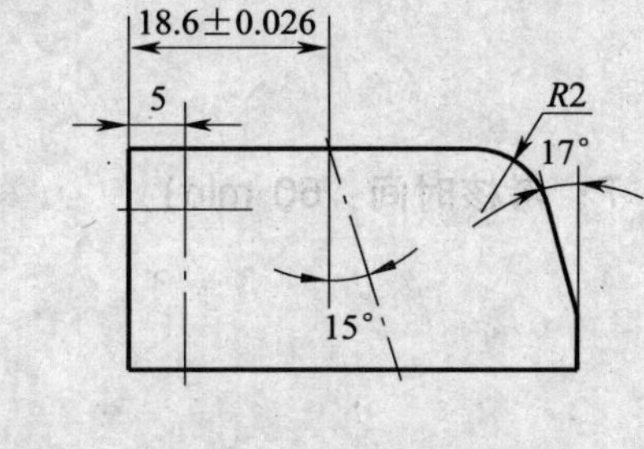


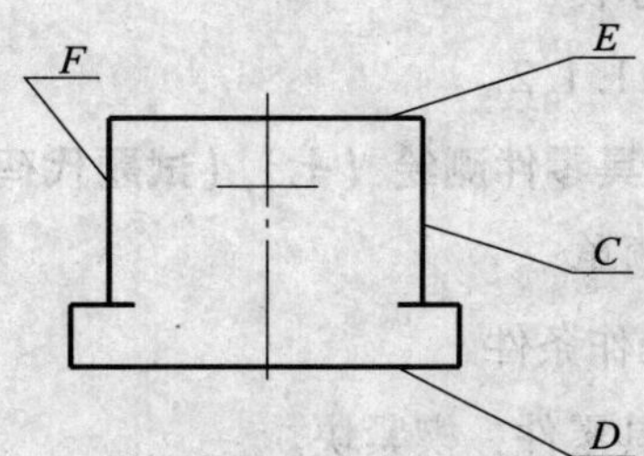


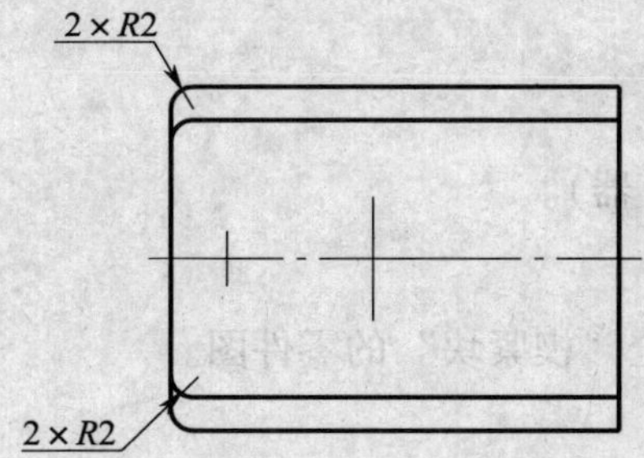

1）按要求，用给定的测绘工具（游标卡尺）进行实物零件的尺寸测量。

2）绘制并补全零件草图。在绘制的过程中，只允许使用铅笔徒手绘制，不允许使用圆规、直尺等绘图工具。

3）主视图采用全剖视图。

4）标出在各个视图中缺少的尺寸。

5）在图上标出 $D$ 平面作为 $A$ 基准、$C$ 平面作为 $B$ 基准。

6）用形位公差的框格表示 $C$ 面对 $A$ 基准的垂直度公差为 0.02 mm。

7）用形位公差的框格表示 $F$ 面对 $B$ 基准的平行度公差为 0.02 mm。

8）用形位公差的框格表示 $\phi6$ mm 孔的轴线对 $A$ 基准的平行度公差为 0.01 mm。

9）在 $C$ 面、$D$ 面、$E$ 面以及 $\phi6$ mm 和 $\phi3$ mm 孔处标注表面粗糙度 $R_a$ 值为 0.8 μm；在 $\phi9$ mm 孔处标注表面粗糙度 $R_a$ 值为 1.6 μm。

10）在图上标注其余表面粗糙度 $R_a$ 值为 3.2 μm。

2. 答题卷（图样见下页）

3. 评分表

同试题 1.1.2。

**六、模具零件测绘（七）（试题代码：1.1.7；考核时间：60 min）**

1. 试题单

（1）操作条件

1）模具零件：楔紧块。

2）测绘工具。

3）A4 幅面空白草稿纸 1 张。

4）考生自备 HB 绘图铅笔、橡皮、削笔刀（器）。

（2）操作内容

测绘模具零件“楔紧块”，并在答题纸上补全“楔紧块”的零件图。

（3）操作要求

1）按要求，用给定的测绘工具（游标卡尺）进行实物零件的尺寸测量。

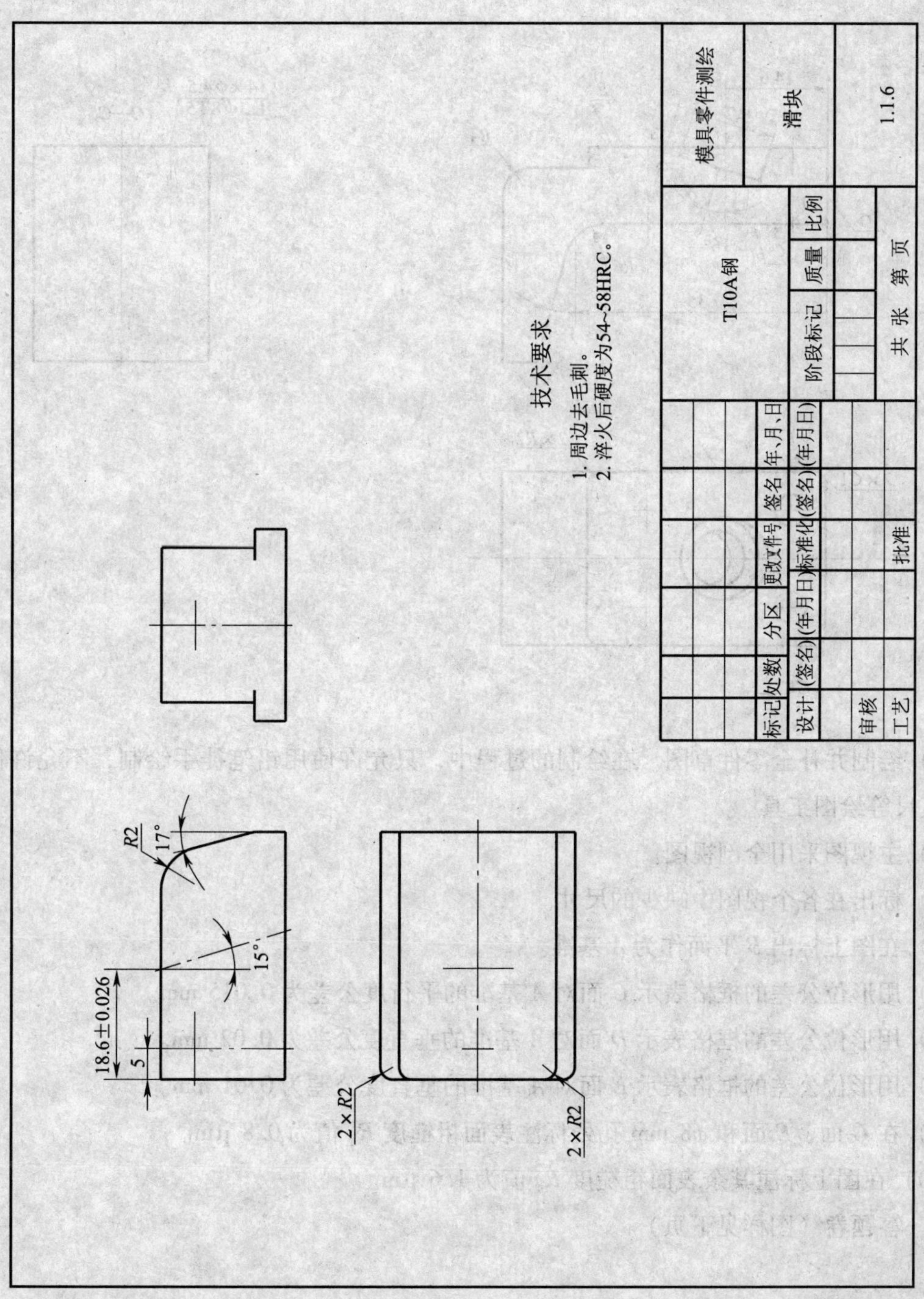

R2
17°
15°
18.6±0.026
5
2×R2
2×R2
技术要求
1. 周边去毛刺。
2. 淬火后硬度为54~58HRC。
模具零件测绘
滑块
1.1.6
T10A钢
标记 处数 分区 更改文件号 签名 年、月、日
设计 (签名) (年月日) 标准化 (签名) (年月日)
阶段标记 质量 比例
审核
工艺
批准
共 张 第 页

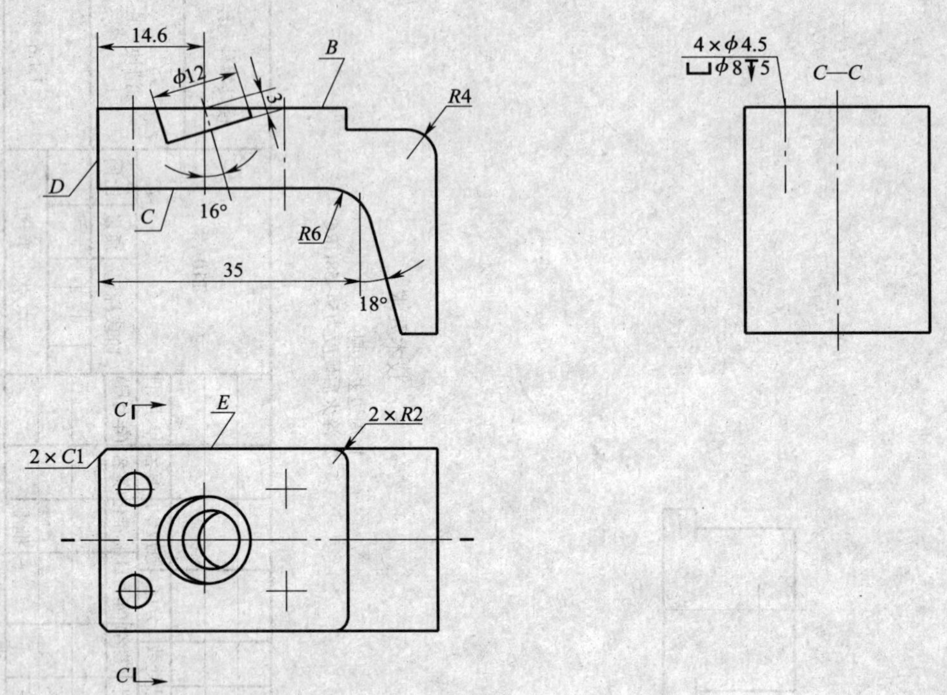


2）绘制并补全零件草图。在绘制的过程中，只允许使用铅笔徒手绘制，不允许使用圆规、直尺等绘图工具。

3）主视图采用全剖视图。

4）标出在各个视图中缺少的尺寸。

5）在图上标出 *B* 平面作为 *A* 基准。

6）用形位公差的框格表示 *C* 面对 *A* 基准的平行度公差为 0.015 mm。

7）用形位公差的框格表示 *D* 面对 *A* 基准的垂直度公差为 0.02 mm。

8）用形位公差的框格表示 *E* 面对 *A* 基准的垂直度公差为 0.01 mm。

9）在 *C* 面、*E* 面和 $\phi$8 mm 孔处标注表面粗糙度 $R_a$ 值为 0.8 μm。

10）在图上标注其余表面粗糙度 $R_a$ 值为 1.6 μm。

2. 答题卷（图样见下页）

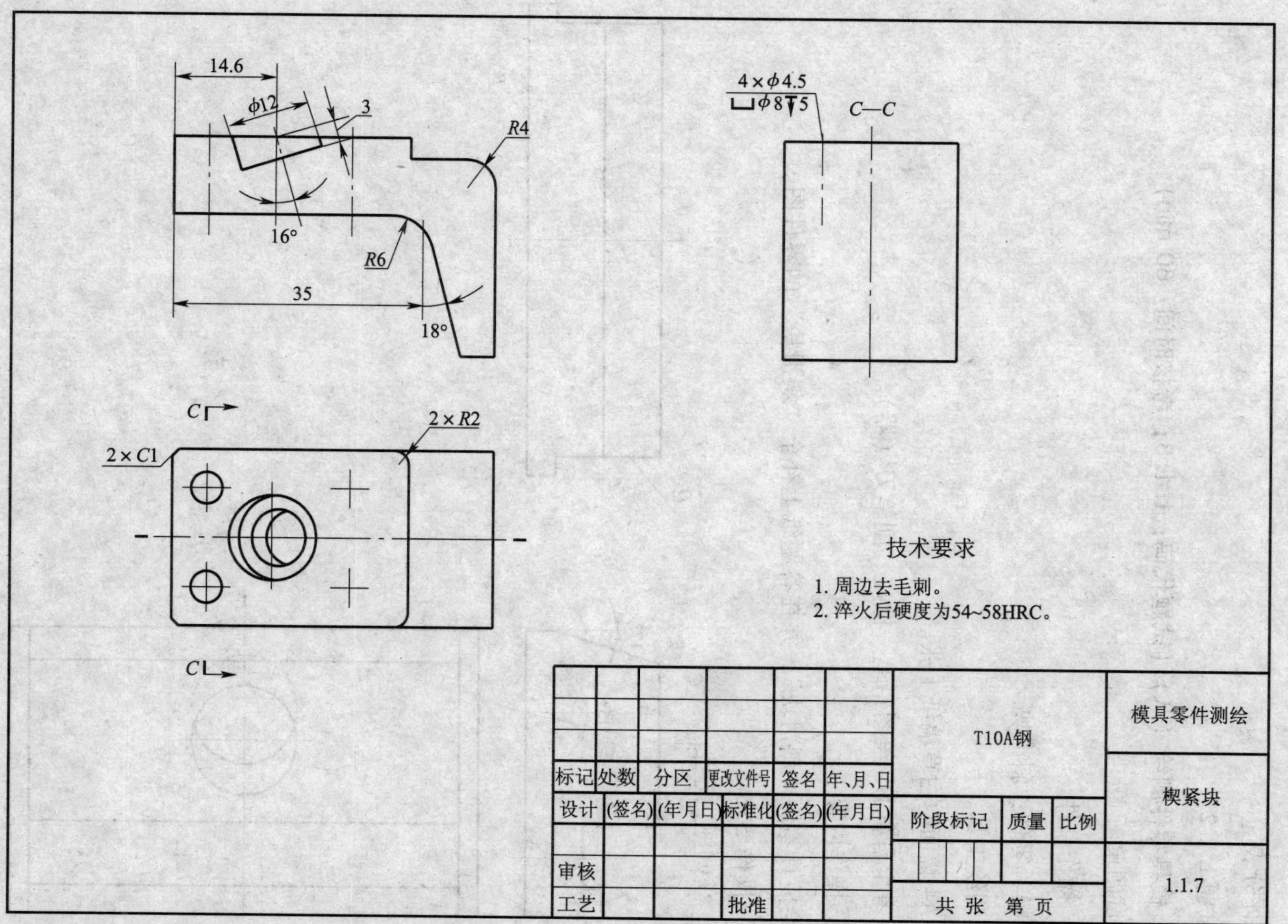

14.6
φ12
3
R4
16°
R6
35
18°
4×φ4.5
⌴φ8↧5
C—C
C
2×R2
2×C1
C
技术要求
1. 周边去毛刺。
2. 淬火后硬度为54~58HRC。
标记
处数
分区
更改文件号
签名
年、月、日
设计
(签名)
(年月日)
标准化
(签名)
(年月日)
审核
工艺
批准
T10A钢
阶段标记
质量
比例
共　张　第　页
模具零件测绘
楔紧块
1.1.7

3．评分表

同试题1.1.2。

## 七、模具零件测绘（八）（试题代码：1.1.8；考核时间：60 min）

1．试题单

（1）操作条件

1）模具零件：斜滑块。

2）测绘工具。

3）A4幅面空白草稿纸1张。

4）考生自备HB绘图铅笔、橡皮、削笔刀（器）。

（2）操作内容

测绘模具零件“斜滑块”，并在答题纸上补全“斜滑块”的零件图。

（3）操作要求

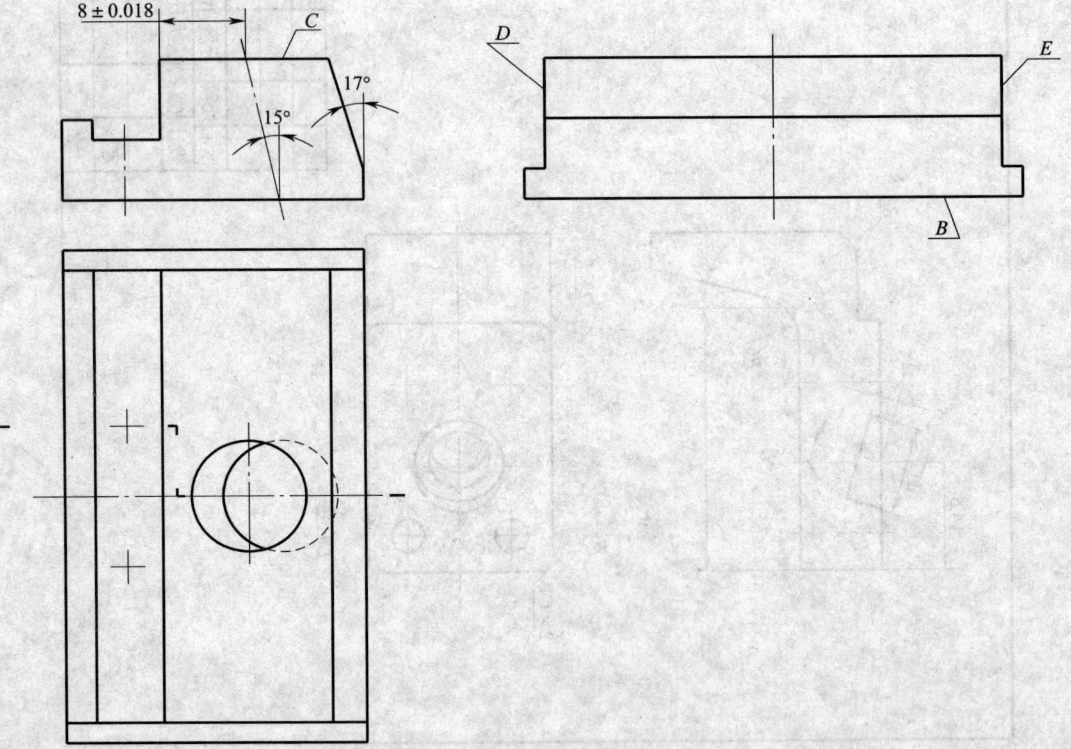

1）按要求，用给定的测绘工具（游标卡尺）进行实物零件的尺寸测量。

2）绘制并补全零件草图。在绘制的过程中，只允许使用铅笔徒手绘制，不允许使用圆规、直尺等绘图工具。

3）主视图采用全剖视图。

4）标出在各个视图中缺少的尺寸。

5）在图上标出 $B$ 平面作为 $A$ 基准。

6）用形位公差的框格表示 M3 螺孔的轴线对 $A$ 基准的垂直度公差为 0.02 mm。

7）用形位公差的框格表示 $C$ 面对 $A$ 基准的平行度公差为 0.02 mm。

8）用形位公差的框格表示 $E$ 面对 $A$ 基准的垂直度公差为 0.015 mm。

9）导柱孔的尺寸公差带代号为 H7，导柱孔处标注表面粗糙度 $R_a$ 值为 1.6 μm。

10）在 $B$ 面、$D$ 面、$E$ 面标注表面粗糙度 $R_a$ 值为 0.8 μm；在 $C$ 面标注表面粗糙度 $R_a$ 值为 1.6 μm。

11）在图上标注其余表面粗糙度 $R_a$ 值为 3.2 μm。

2. 答题卷（图样见下页）

3. 评分表

同试题 1.1.2。

**八、模具零件测绘（九）（试题代码：1.1.9；考核时间：60 min）**

1. 试题单

（1）操作条件

1）模具零件：型芯固定板。

2）测绘工具。

3）A4 幅面空白草稿纸 1 张。

4）考生自备 HB 绘图铅笔、橡皮、削笔刀（器）。

（2）操作内容

测绘模具零件“型芯固定板”，并在答题纸上补全“型芯固定板”的零件图。

（3）操作要求

1）按要求，用给定的测绘工具（游标卡尺）进行实物零件的尺寸测量。

2）绘制并补全零件草图。在绘制的过程中，只允许使用铅笔徒手绘制，不允许使用圆

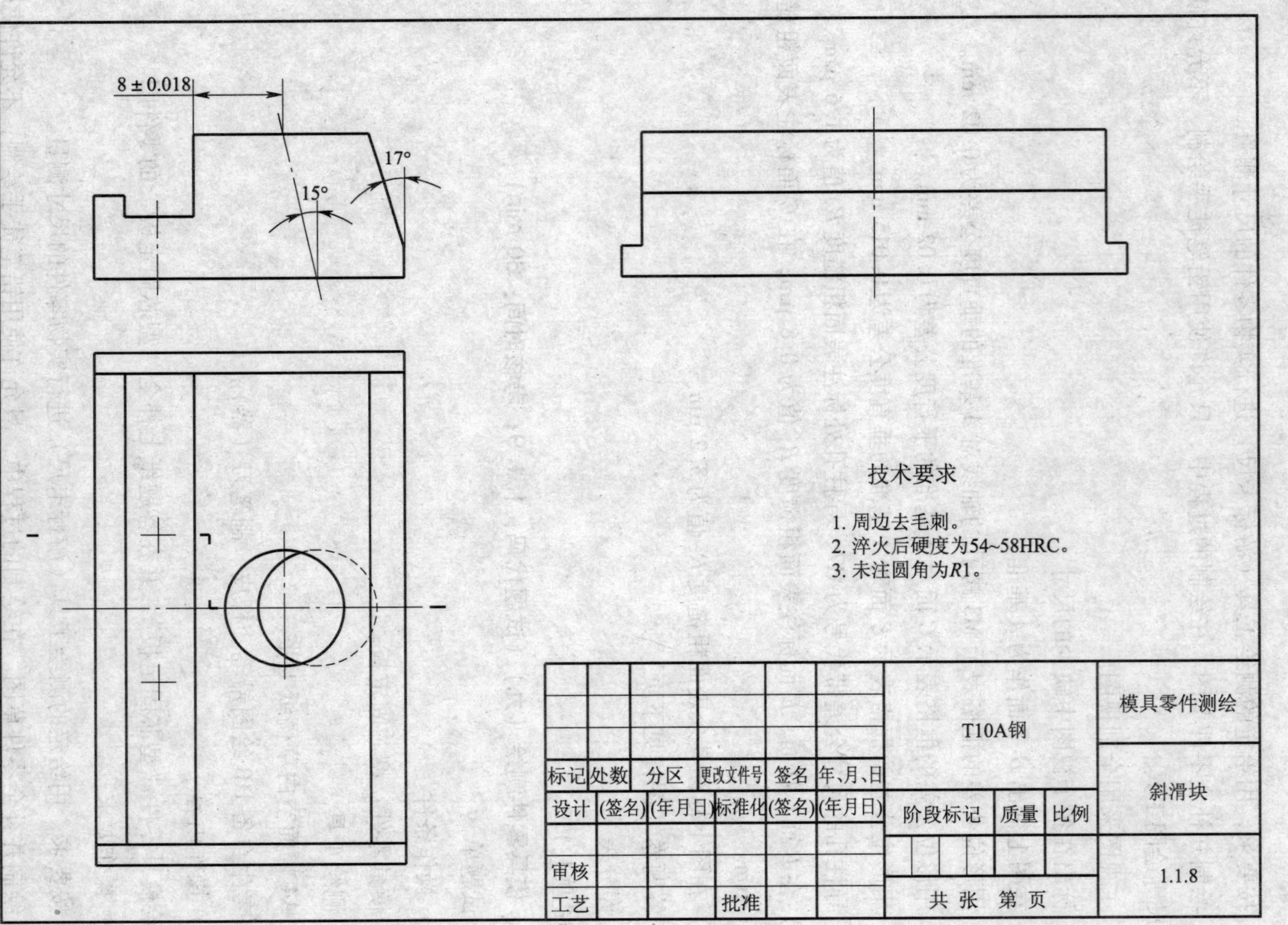
8±0.018
15°
17°
技术要求
1. 周边去毛刺。
2. 淬火后硬度为54~58HRC。
3. 未注圆角为R1。
标记
处数
分区
更改文件号
签名
年、月、日
设计
(签名)
(年月日)
标准化
(签名)
(年月日)
审核
工艺
批准
T10A钢
阶段标记
质量
比例
共 张 第 页
模具零件测绘
斜滑块
1.1.8

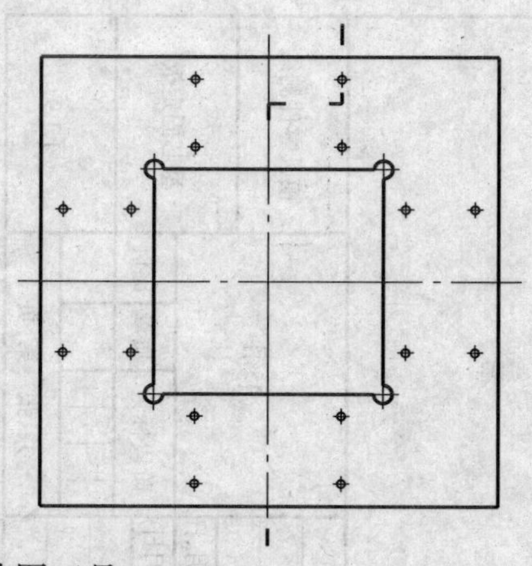

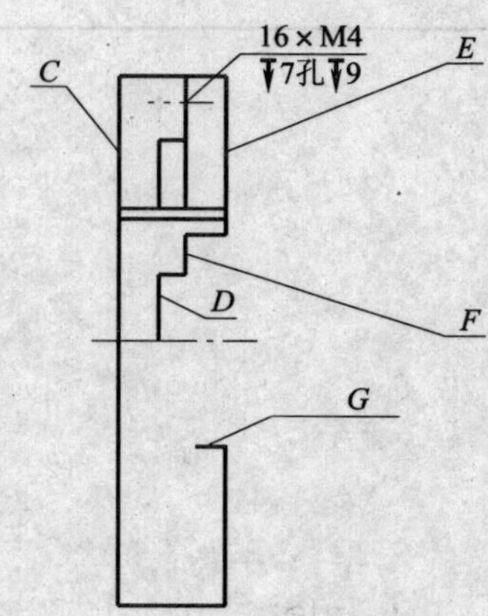


规、直尺等绘图工具。

3）左视图采用全剖视图。

4）标出在各个视图中缺少的尺寸。

5）在图上标出 *C* 平面作为 *A* 基准。

6）用形位公差的框格表示 *C* 面的平面度公差为 0.02 mm。

7）用形位公差的框格表示 *D* 面对 *A* 基准的平行度公差为 0.01 mm。

8）用形位公差的框格表示 *G* 面对 *A* 基准的垂直度公差为 0.01 mm。

9）在 *C* 面、*G* 面、*E* 面、*F* 面标注表面粗糙度 $R_a$ 值为 1.6 μm。

10）在图上标注其余表面粗糙度 $R_a$ 值为 3.2 μm。

2. 答题卷（图样见下页）

3. 评分表

同试题 1.1.2。

**九、模具零件测绘（十）（试题代码：1.1.10；考核时间：60 min）**

1. 试题单

（1）操作条件

1）模具零件：滑块。

2）测绘工具。

3）A4 幅面空白草稿纸 1 张。

4）考生自备 HB 绘图铅笔、橡皮、削笔刀（器）。

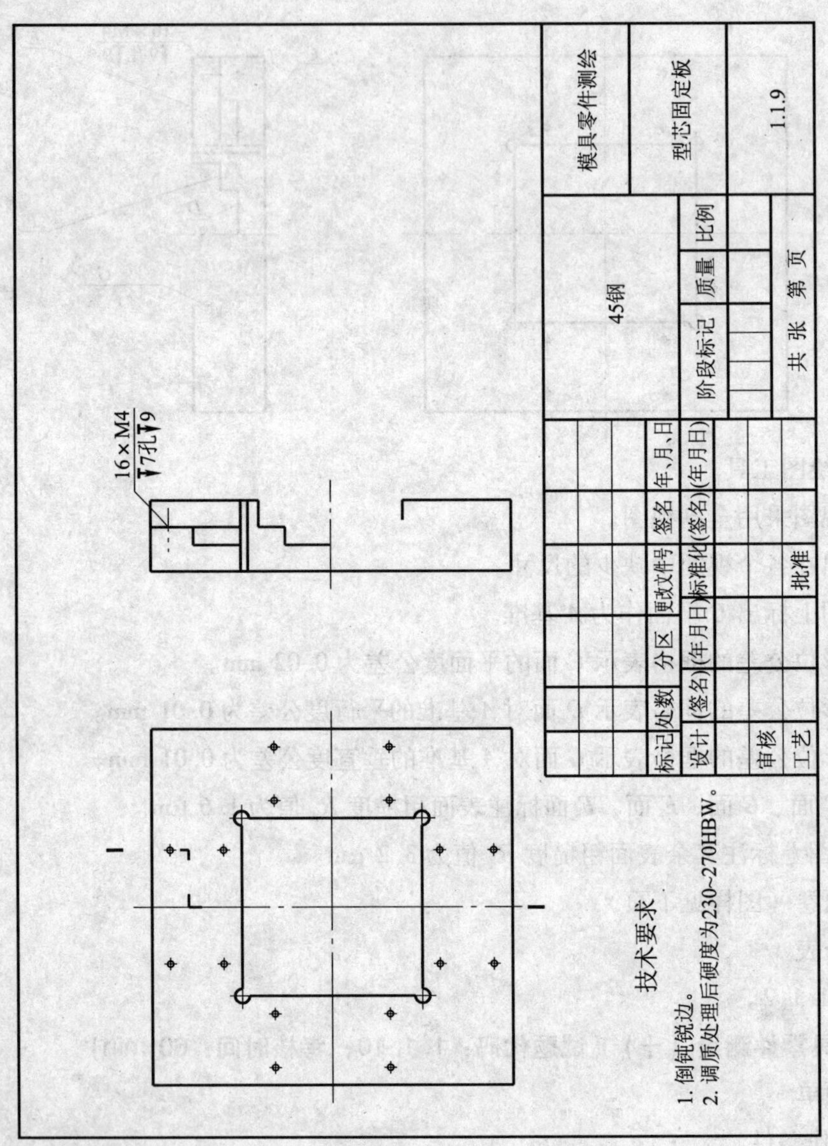


（2）操作内容

测绘模具零件“滑块”，并在答题纸上补全“滑块”的零件图。

（3）操作要求

1）按要求，用给定的测绘工具（游标卡尺）进行实物零件的尺寸测量。

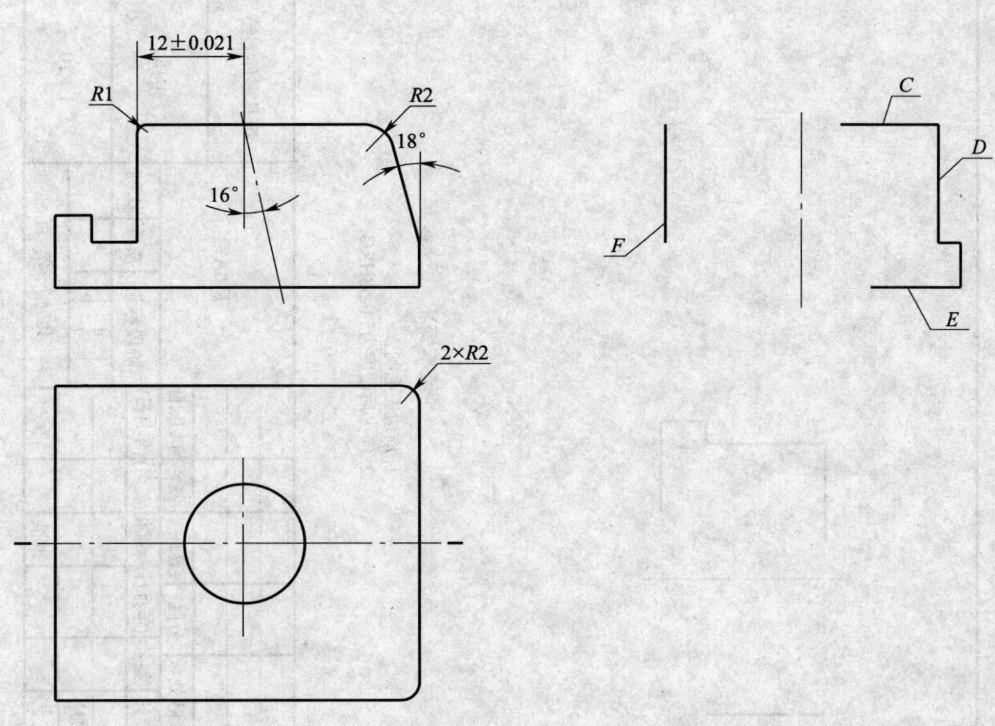


2）绘制并补全零件草图。在绘制的过程中，只允许使用铅笔徒手绘制，不允许使用圆规、直尺等绘图工具。

3）主视图采用全剖视图。

4）标出在各个视图中缺少的尺寸。

5）在图上标出 *E* 平面作为 *A* 基准、*D* 平面作为 *B* 基准。

6）用形位公差的框格表示 *C* 面对 *A* 基准的平行度公差为 0. 025 mm。

7）用形位公差的框格表示 *D* 面对 *A* 基准的垂直度公差为 0. 01 mm。

8）用形位公差的框格表示 *F* 面对 *B* 基准的平行度公差为 0. 02 mm。

9）在 *D* 面、*E* 面、*F* 面标注表面粗糙度 $R_a$ 值为 0. 8 μm；在 *C* 面标注表面粗糙度 $R_a$ 值为 1. 6 μm。

10）在图上标注其余表面粗糙度 $R_a$ 值为 3. 2 μm。

2. 答题卷

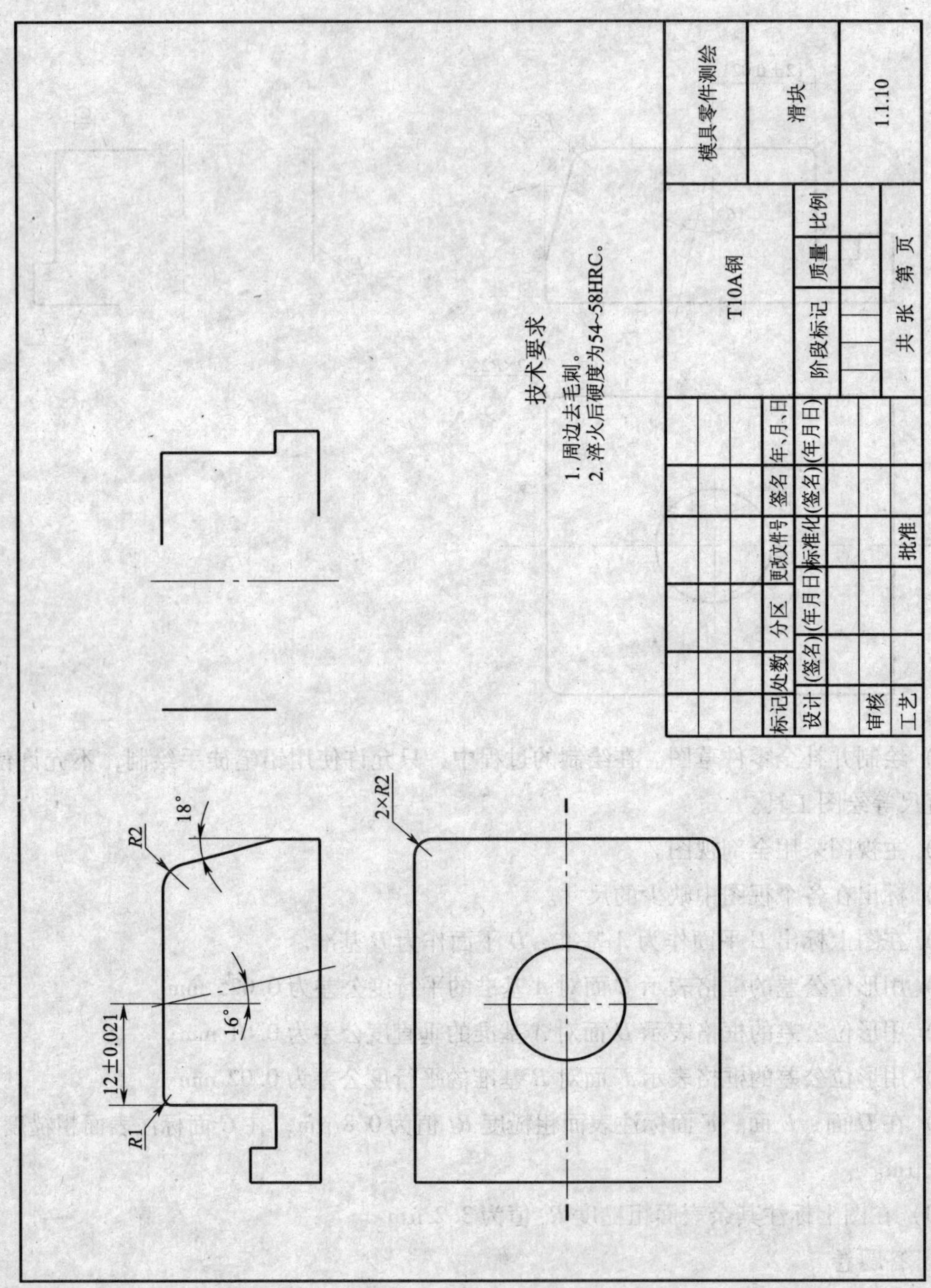
技术要求
1. 周边去毛刺。
2. 淬火后硬度为54~58HRC。
R2
18°
16°
12±0.021
R1
2×R2
模具零件测绘
滑块
1.1.10
T10A钢
标记 处数 分区 更改文件号 签名 年、月、日
设计 (签名) (年月日) 标准化 (签名) (年月日)
阶段标记 质量 比例
审核
工艺 批准
共 张 第 页

3．评分表

同试题 1. 1. 2。

## 十、旁油路节流调速控制回路（试题代码：1. 2. 2；考核时间：60 min）

1．试题单

（1）操作条件

液压传动与控制综合实验台一套。

（2）操作内容

1）如图 1. 2. 2 所示，在液压传动与控制综合实验台上安装旁油路节流调速的液压传动控制回路。

2）该回路能实现旁油路节流调速的液压传动控制功能。

3）按给定的回路图，确定并准确选择所需的液压元件。

4）接入动力源，调试该液压控制回路并能使之正确运行。

5）在答题卷上书写旁油路节流调速控制回路的工作原理。

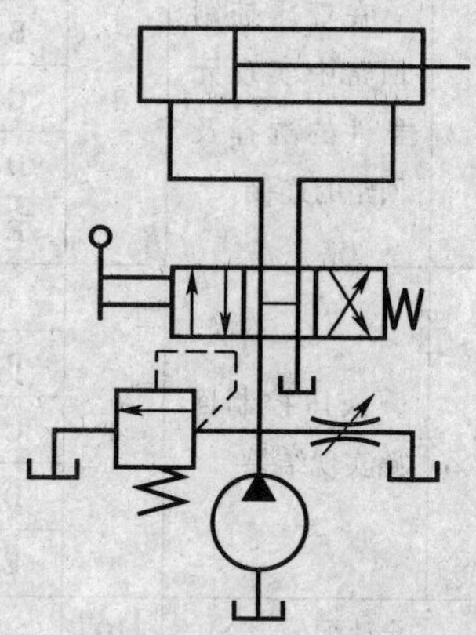

图 1. 2. 2　旁油路节流调速控制回路原理图

（3）操作要求

1）在液压传动与控制综合实验台上，正确连接给定的液压传动控制回路，操作过程正确。

2）接入动力源，调试该液压传动控制回路，检验液压传动控制回路实现结果，并能使之正确运行。

3）在答题卷上正确说明该液压传动控制回路的工作原理。

2．答题卷

用文字简要说明旁油路节流调速控制回路的工作原理。

3．评分表

| 试题代码及名称 | | 1.2.2　旁油路节流调速控制回路 | | | 考核时间 | | | | | 60 min |
|---|---|---|---|---|---|---|---|---|---|---|
| 评价要素 | | 配分 | 等级 | 评分细则 | 评定等级 | | | | | 得分 |
| | | | | | A | B | C | D | E | |
| 1 | 用文字简要说明回路的工作原理 | 3 | A | 文字说明完全正确 | | | | | | |
| | | | B | 文字说明有两处错误 | | | | | | |
| | | | C | 文字说明有三处错误 | | | | | | |
| | | | D | 文字说明有四处错误 | | | | | | |
| | | | E | 差或未答题 | | | | | | |
| 2 | 在液压控制回路中实现元器件的选择及回路的连接 | 3 | A | 元器件选择及回路连接完全正确 | | | | | | |
| | | | B | 元器件选择及回路连接有两处错误 | | | | | | |
| | | | C | 元器件选择及回路连接有三处错误 | | | | | | |
| | | | D | 元器件选择及回路连接有四处错误 | | | | | | |
| | | | E | 差或未答题 | | | | | | |
| 3 | 液压控制回路实现结果 | 4 | A | 实现结果完全正确 | | | | | | |
| | | | B | 实现结果有两处错误 | | | | | | |
| | | | C | 实现结果有三处错误 | | | | | | |
| | | | D | 实现结果有四处错误 | | | | | | |
| | | | E | 差或未答题 | | | | | | |
| 合计配分 | | 10 | | 合计得分 | | | | | | |

| 等级 | A（优） | B（良） | C（尚可） | D（较差） | E（差或未答题） |
|---|---|---|---|---|---|
| 比值 | 1.0 | 0.8 | 0.6 | 0.2 | 0 |

“评价要素”得分＝配分×等级比值。

## 十一、液压缸工进、快退调速控制回路（试题代码：1.2.3；考核时间：60 min）

1．试题单

（1）操作条件

液压传动与控制综合实验台一套。

（2）操作内容

1）如图 1.2.3 所示，在液压传动与控制综合实验台上安装液压缸工进、快退调速的液

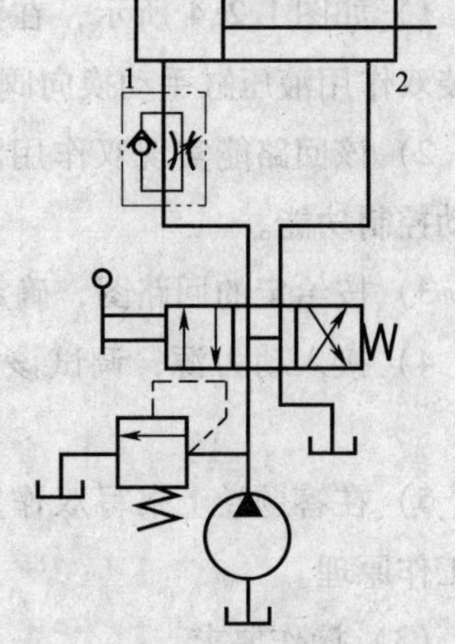

图 1. 2. 3　液压缸工进、快退调速控制回路原理图

压传动控制回路。

2）该回路能实现液压缸工进、快退调速的液压传动控制功能。

3）按给定的回路图，确定并准确选择所需的液压元件。

4）接入动力源，调试该液压控制回路并能使之正确运行。

5）在答题卷上书写液压缸工进、快退调速控制回路的工作原理。

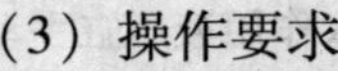

（3）操作要求

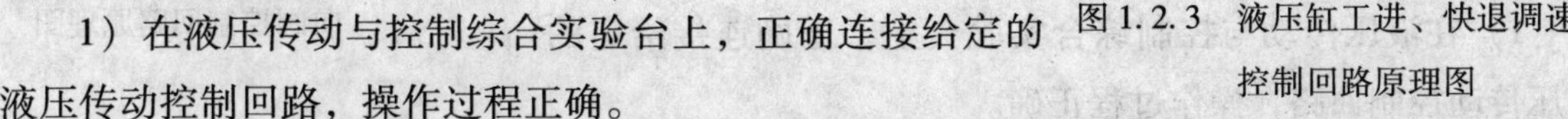

1）在液压传动与控制综合实验台上，正确连接给定的液压传动控制回路，操作过程正确。

2）接入动力源，调试该液压传动控制回路，检验液压传动控制回路实现结果，并能使之正确运行。

3）在答题卷上正确说明该液压传动控制回路的工作原理。

2. 答题卷

用文字简要说明液压缸工进、快退调速控制回路的工作原理。

3. 评分表

同试题 1. 2. 2。

**十二、双作用液压缸手动换向阀控制回路（试题代码：1. 2. 4；考核时间：60 min）**

1. 试题单

（1）操作条件

液压传动与控制综合实验台一套。

（2）操作内容

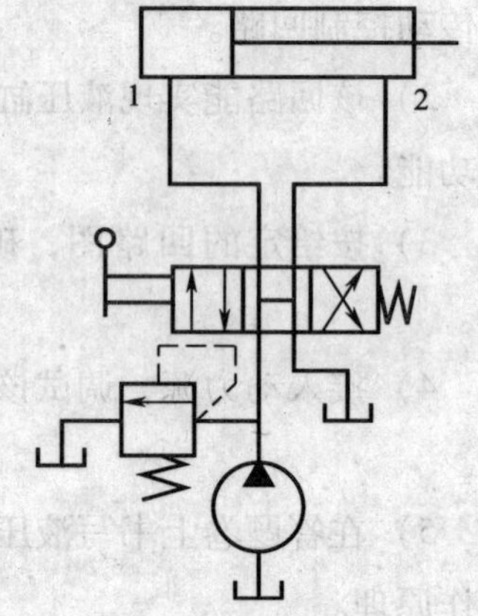

图 1. 2. 4　双作用液压缸手动换向阀控制回路原理图

1）如图 1. 2. 4 所示，在液压传动与控制综合实验台上安装双作用液压缸手动换向阀控制的液压传动控制回路。

2）该回路能实现双作用液压缸手动换向阀控制的液压传动控制功能。

3）按给定的回路图，确定并准确选择所需的液压元件。

4）接入动力源，调试该液压控制回路并能使之正确运行。

5）在答题卷上书写双作用液压缸手动换向阀控制回路的工作原理。

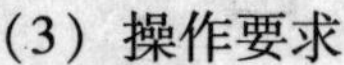

（3）操作要求

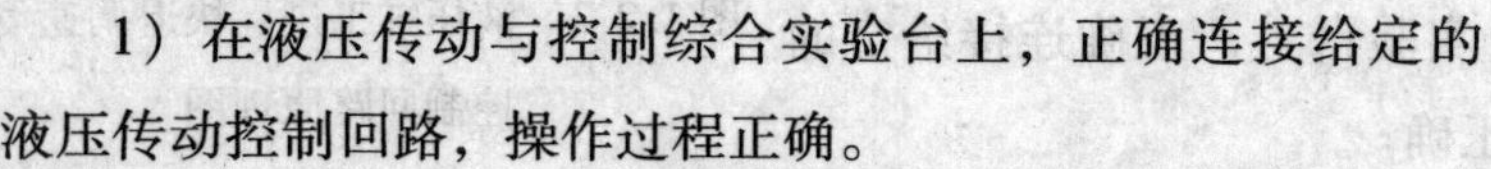

1）在液压传动与控制综合实验台上，正确连接给定的液压传动控制回路，操作过程正确。

2）接入动力源，调试该液压传动控制回路，检验液压传动控制回路实现结果，并能使之正确运行。

3）在答题卷上正确说明该液压传动控制回路的工作原理。

2. 答题卷

用文字简要说明双作用液压缸手动换向阀控制回路的工作原理。

3. 评分表

同试题 1. 2. 2。

**十三、用单向顺序阀控制的平衡回路（试题代码：1. 2. 5；考核时间：60 min）**

1. 试题单

（1）操作条件

液压传动与控制综合实验台一套。

（2）操作内容

1）如图 1.2.5 所示，在液压传动与控制综合实验台上安装用单向顺序阀控制的平衡回路。

2）该回路能用单向顺序阀实现液压传动控制功能。

3）按给定的回路图，确定并准确选择所需的液压元件。

4）接入动力源，调试该液压控制回路并能使之正确运行。

5）在答题卷上书写用单向顺序阀控制的平衡回路的工作原理。

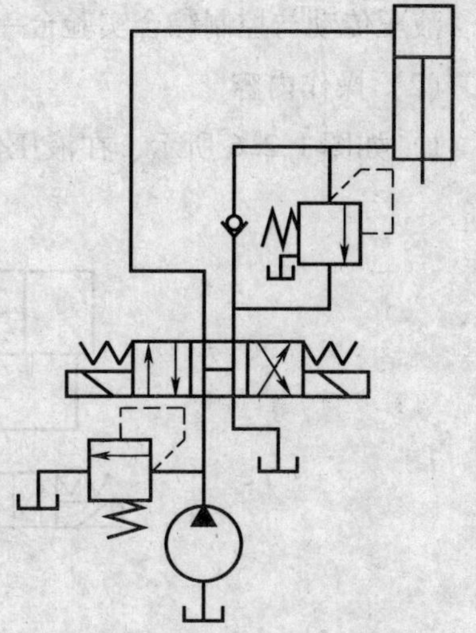

图 1.2.5　用单向顺序阀控制的平衡回路原理图

（3）操作要求

1）在液压传动与控制综合实验台上，正确连接给定的液压传动控制回路，操作过程正确。

2）接入动力源，调试该液压传动控制回路，检验液压传动控制回路实现结果，并能使之正确运行。

3）在答题卷上正确说明该液压传动控制回路的工作原理。

2. 答题卷

用文字简要说明用单向顺序阀控制的平衡回路的工作原理。

3. 评分表

同试题 1.2.2。

**十四、单级减压液压控制回路（试题代码：1.2.6；考核时间：60 min）**

1. 试题单

（1）操作条件

液压传动与控制综合实验台一套。

（2）操作内容

1）如图 1. 2. 6 所示，在液压传动与控制综合实验台上安装单级减压的液压传动控制回路。

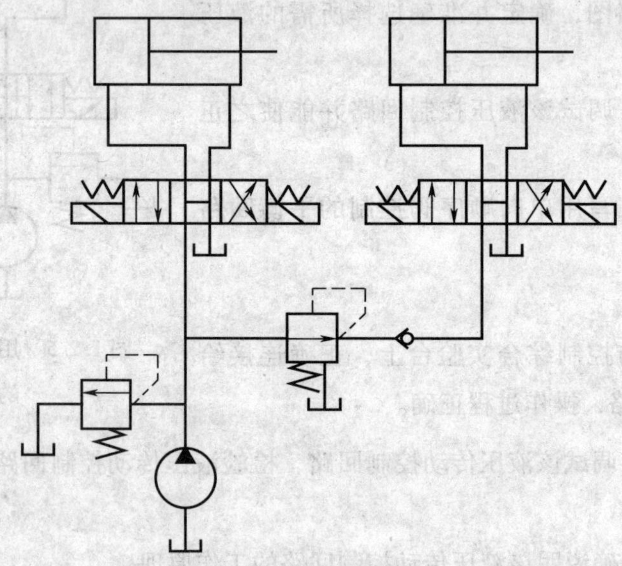

图 1. 2. 6　单级减压液压控制回路原理图

2）该回路能实现单级减压的液压传动控制功能。

3）按给定的回路，确定并准确选择所需的液压元件。

4）接入动力源，调试该液压控制回路并能使之正确运行。

5）在答题卷上书写单级减压液压控制回路的工作原理。

（3）操作要求

1）在液压传动与控制综合实验台上，正确连接给定的液压传动控制回路，操作过程正确。

2）接入动力源，调试该液压传动控制回路，检验液压传动控制回路实现结果，并能使之正确运行。

3）在答题卷上正确说明该液压传动控制回路的工作原理。

2. 答题卷

用文字简要说明单级减压液压控制回路的工作原理。

3. 评分表

同试题 1. 2. 2。

**十五、用顺序阀控制的顺序动作回路（试题代码：1. 2. 7；考核时间：60 min）**

1. 试题单

(1) 操作条件

液压传动与控制综合实验台一套。

(2) 操作内容

1) 如图 1. 2. 7 所示，在液压传动与控制综合实验台上安装由顺序阀控制的顺序动作回路。

2) 该回路能实现由顺序阀控制的顺序动作控制功能。

3) 按给定的回路图，确定并准确选择所需的液压元件。

4) 接入动力源，调试该液压控制回路并能使之正确运行。

5) 在答题卷上书写由顺序阀控制的顺序动作回路的工作原理。

(3) 操作要求

1) 在液压传动与控制综合实验台上，正确连接给定的液压传动控制回路，操作过程正确。

2) 接入动力源，调试该液压传动控制回路，检验液压传动控制回路实现结果，并能使之正确运行。

3) 在答题卷上正确说明该液压传动控制回

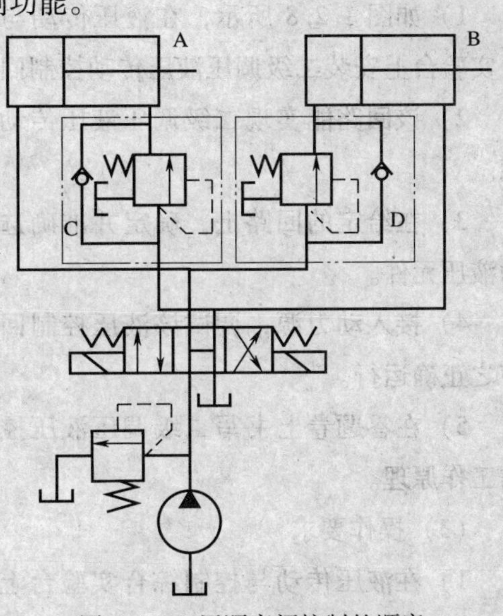

图 1. 2. 7　用顺序阀控制的顺序动作回路原理图

路的工作原理。

2. 答题卷

用文字简要说明用顺序阀控制的顺序动作回路的工作原理。

3. 评分表

同试题 1.2.2。

**十六、二级调压液压控制回路（试题代码：1.2.8；考核时间：60 min）**

1. 试题单

（1）操作条件

液压传动与控制综合实验台一套。

（2）操作内容

1）如图 1.2.8 所示，在液压传动与控制综合实验台上安装二级调压液压传动控制回路。

2）该回路能实现二级调压液压传动控制功能。

3）在给定的回路上，确定并准确选择所需的液压元件。

4）接入动力源，调试该液压控制回路并能使之正确运行。

5）在答题卷上书写二级调压液压控制回路的工作原理。

（3）操作要求

1）在液压传动与控制综合实验台上，正确连接给定的液压传动控制回路，操作过程正确。

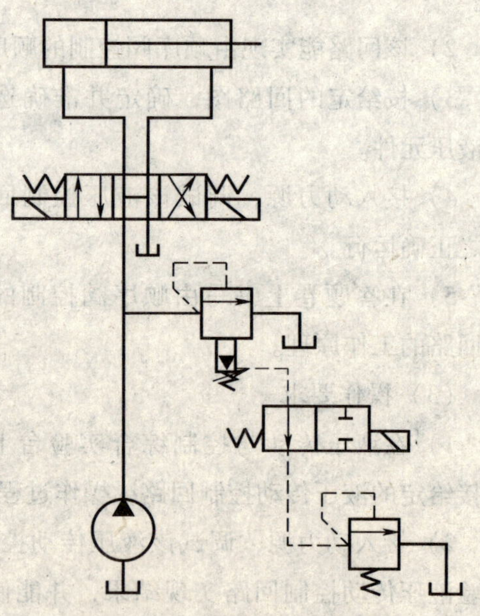

图 1.2.8　二级调压液压控制回路原理图

2）接入动力源，调试该液压传动控制回路，检验液压传动控制回路实现结果，并能使之正确运行。

3）在答题卷上正确说明该液压传动控制回路的工作原理。

2. 答题卷

用文字简要说明二级调压液压控制回路的工作原理。

3. 评分表

同试题 1. 2. 2。

**十七、液压缸差动连接控制回路（试题代码：1. 2. 9；考核时间：60 min）**

1. 试题单

（1）操作条件

液压传动与控制综合实验台一套。

（2）操作内容

1）如图 1. 2. 9 所示，在液压传动与控制综合实验台上安装液压缸差动连接控制回路。

2）该回路能实现用差动连接的液压缸控制功能。

3）按给定的回路图，确定并准确选择所需的液压元件。

4）接入动力源，调试该液压控制回路并能使之正确运行。

5）在答题卷上书写液压缸差动连接控制回路的工作原理。

（3）操作要求

1）在液压传动与控制综合实验台上，正确连接给定的液压传动控制回路，操作过程正确。

2）接入动力源，调试该液压传动控制回路，检验液压传动控制回路实现结果，并能使之正确运行。

3）在答题卷上正确说明该液压传动控制回路的工作原理。

2. 答题卷

用文字简要说明液压缸差动连接控制回路的工作原理。

3. 评分表

同试题 1.2.2。

**十八、用两个调速阀的速度换接回路（试题代码：1.2.10；考核时间：60 min）**

1. 试题单

（1）操作条件

液压传动与控制综合实验台一套。

（2）操作内容

1）如图 1.2.10 所示，安装用两个调速阀的速度换接液压传动控制回路。

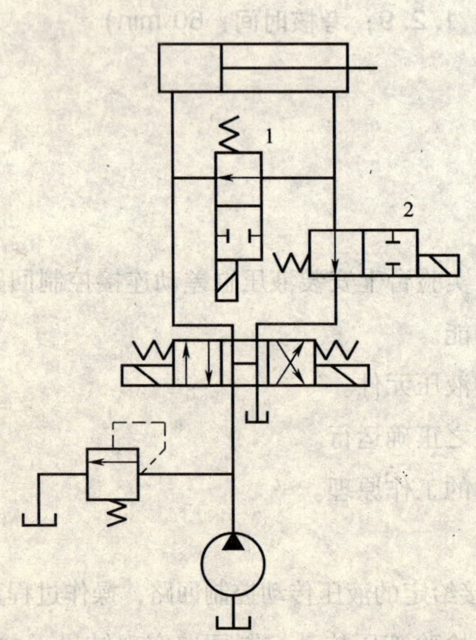


图 1.2.9 液压缸差动连接控制回路原理图

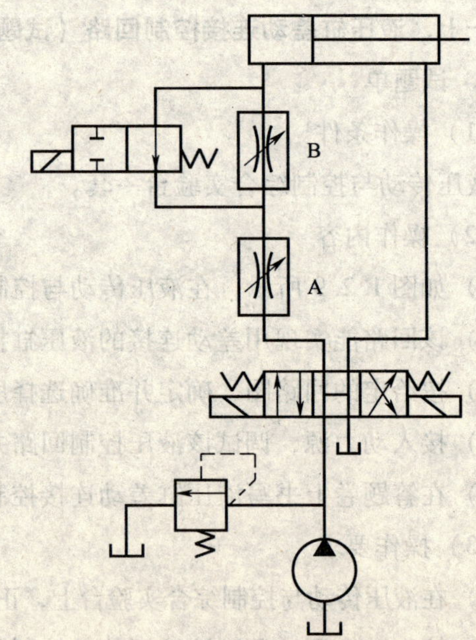


图 1.2.10 用两个调速阀的速度换接回路原理图

2）该回路能实现用两个调速阀的速度换接液压传动控制功能。

3）按给定的回路图，确定并准确选择所需的液压元件。

4）接入动力源，调试该液压控制回路并能使之正确运行。

5）在答题卷上书写用两个调速阀的速度换接回路的工作原理。

（3）操作要求

1）在液压传动与控制综合实验台上，正确连接给定的液压传动控制回路，操作过程正确。

2）接入动力源，调试该液压传动控制回路，检验液压传动控制回路实现结果，并能使之正确运行。

3）在答题卷上正确说明该液压传动控制回路的工作原理。

2. 答题卷

用文字简要说明用两个调速阀的速度换接回路的工作原理。

3. 评分表

同试题 1. 2. 2。

## 注塑模具修配

### 一、复杂注塑模型芯（型腔）修配（二）（试题代码：2. 1. 2；考核时间：180 min）

1. 试题单

（1）操作条件

1）钳工工作台、台虎钳。

2）测量工具、钳工工具。

3）型芯镶件毛坯。

4）型芯固定板、型芯。

5）操作者劳动防护服、工作鞋、防护眼镜穿戴齐全。

6）试题单图样 2.1.2。

（2）操作内容

按照装配图 2.1.2—0 所示的要求完成复杂注塑模型芯（型腔）的修配。

1）将型芯镶件毛坯根据型芯镶件图样 2.1.2—3 的要求进行修配。

2）将修配好的型芯镶件装配到型芯（见图 2.1.2—2）所示的位置上。

3）将型芯装配到型芯固定板（见图 2.1.2—1）所示的位置上，形成图 2.1.2—0 所示的装配关系。

4）按照图 2.1.2—3 所示的要求对修配好的型芯镶件进行尺寸公差、表面粗糙度和垂直度的检测。

5）按照图 2.1.2—2 所示的要求对修配好的型芯镶件进行间隙检测。

（3）操作要求

1）按照图样要求，正确完成上述操作内容。

2）保证型芯镶件 95% 的尺寸在公差范围内。

3）保证型芯镶件达到垂直度要求，各个面之间的夹角均为 90°。

4）保证型芯镶件各面的表面粗糙度全部符合图样要求。

5）保证型芯镶件与型芯的间隙在 0.01 mm 以内。

6）正确掌握钳工操作规范。

7）正确执行安全技术操作规程。

8）加工要求请参阅试题单图样。

注：考生在考试过程中不允许将镶件装配于检具上进行配作，否则该项目得零分。

（4）附录

1）检具图样：图 2.1.2—1、图 2.1.2—2。

2）装配图样：图 2.1.2—0。

3）修配零件图样：图 2.1.2—3。

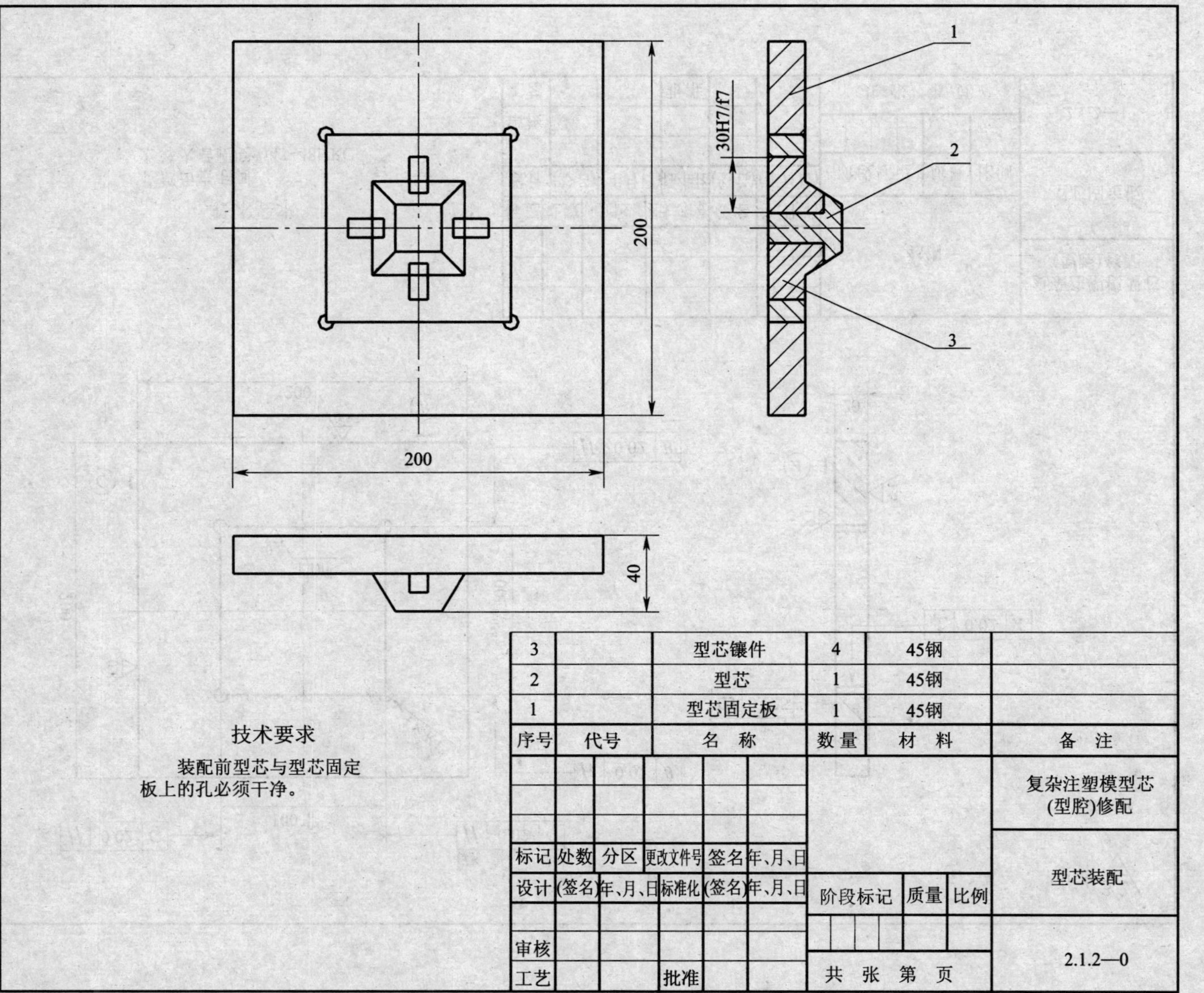
1
2
3
30H7/f7
200
200
40
技术要求
装配前型芯与型芯固定板上的孔必须干净。
3　型芯镶件　4　45钢
2　型芯　1　45钢
1　型芯固定板　1　45钢
序号　代号　名称　数量　材料　备注
复杂注塑模型芯(型腔)修配
型芯装配
2.1.2—0
标记　处数　分区　更改文件号　签名　年、月、日
设计　(签名)　年、月、日　标准化　(签名)　年、月、日
阶段标记　质量　比例
审核
工艺　批准
共　张　第　页

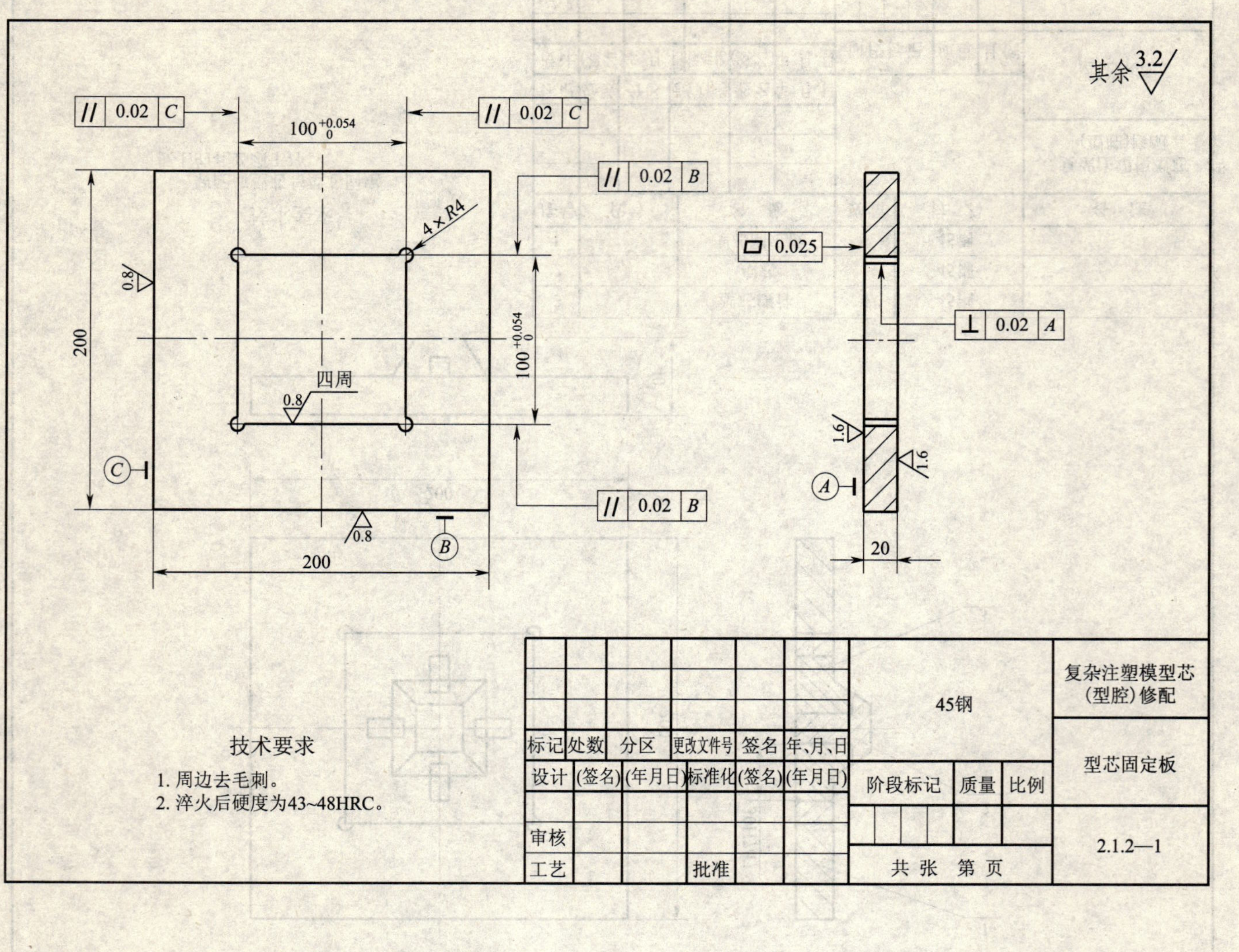
其余 3.2
0.02 C
0.02 C
100 +0.054 0
0.02 B
4×R4
0.025
0.02 A
0.8
200
100 +0.054 0
四周 0.8
1.6
1.6
C
A
0.02 B
0.8
B
200
20
技术要求
1. 周边去毛刺。
2. 淬火后硬度为43~48HRC。
45钢
复杂注塑模型芯（型腔）修配
标记 处数 分区 更改文件号 签名 年、月、日
设计 (签名) (年月日) 标准化 (签名) (年月日)
阶段标记 质量 比例
型芯固定板
审核
工艺 批准
共 张 第 页
2.1.2—1

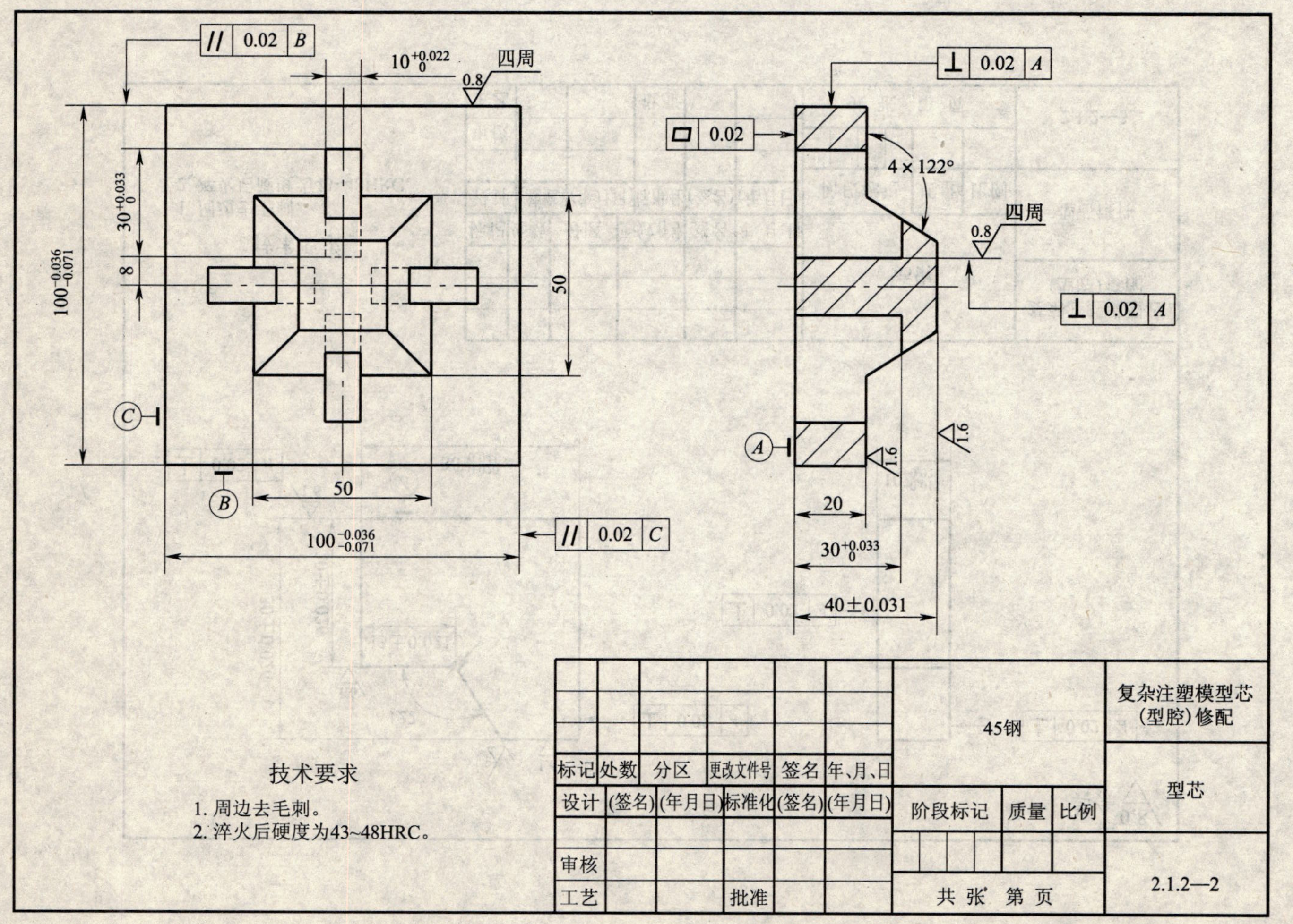
// 0.02 B
$10^{+0.022}_{0}$
四周
0.8
$30^{+0.033}_{0}$
8
50
$100^{-0.036}_{-0.071}$
C
B
50
$100^{-0.036}_{-0.071}$
// 0.02 C
⊥ 0.02 A
▱ 0.02
4×122°
四周
0.8
⊥ 0.02 A
1.6
1.6
A
20
$30^{+0.033}_{0}$
40±0.031
技术要求
1. 周边去毛刺。
2. 淬火后硬度为43~48HRC。
45钢
复杂注塑模型芯
(型腔)修配
标记 处数 分区 更改文件号 签名 年、月、日
设计 (签名) (年月日) 标准化 (签名) (年月日)
阶段标记 质量 比例
型芯
审核
工艺 批准
共 张 第 页
2.1.2—2

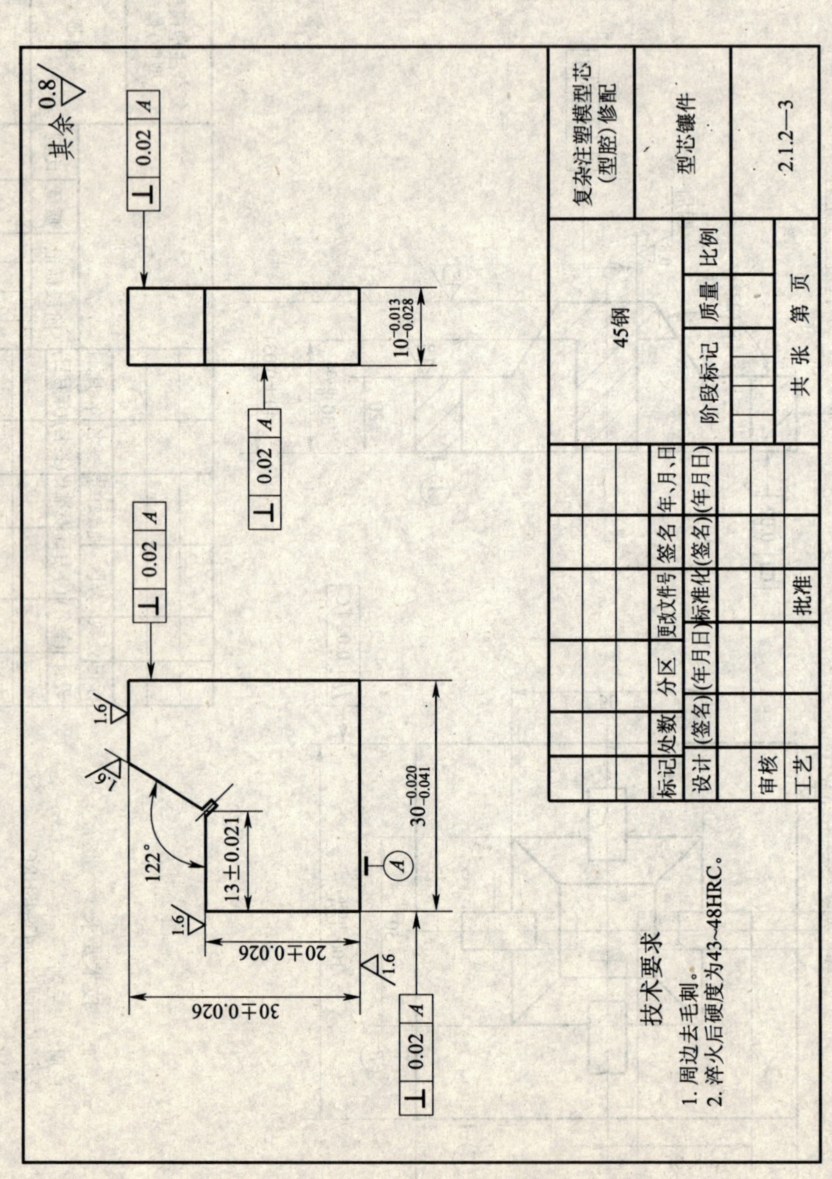
其余 0.8
⊥ 0.02 A
⊥ 0.02 A
⊥ 0.02 A
⊥ 0.02 A
10 -0.013 -0.028
30 -0.020 -0.041
30±0.026
20±0.026
13±0.021
122°
1.6
A
技术要求
1. 周边去毛刺。
2. 淬火后硬度为43~48HRC。
复杂注塑模型芯（型腔）修配
型芯镶件
2.1.2—3
45钢
标记 处数 分区 更改文件号 签名 年、月、日
设计 (签名) (年月日) 标准化 (签名) (年月日)
阶段标记 质量 比例
审核
工艺 批准
共 张 第 页

## 2. 评分表

<table>
<tr><td colspan="2">试题代码及名称</td><td colspan="3">2.1.2　复杂注塑模型芯（型腔）修配（二）</td><td colspan="5">考核时间</td><td>180 min</td></tr>
<tr><td colspan="2" rowspan="2">评价要素</td><td rowspan="2">配分</td><td rowspan="2">等级</td><td rowspan="2">评分细则</td><td colspan="5">评定等级</td><td rowspan="2">得分</td></tr>
<tr><td>A</td><td>B</td><td>C</td><td>D</td><td>E</td></tr>
<tr><td colspan="2">否决项</td><td colspan="3">若考生在考试过程中将镶件装配于检具上进行配作，该项目得零分</td><td></td><td></td><td></td><td></td><td></td><td></td></tr>
<tr><td rowspan="5">1</td><td rowspan="5">型芯镶件尺寸公差检测</td><td rowspan="5">10</td><td>A</td><td>95%的尺寸在公差范围内</td><td rowspan="5"></td><td rowspan="5"></td><td rowspan="5"></td><td rowspan="5"></td><td rowspan="5"></td><td rowspan="5"></td></tr>
<tr><td>B</td><td>85%的尺寸在公差范围内</td></tr>
<tr><td>C</td><td>75%的尺寸在公差范围内</td></tr>
<tr><td>D</td><td>60%的尺寸在公差范围内</td></tr>
<tr><td>E</td><td>差或未答题</td></tr>
<tr><td rowspan="5">2</td><td rowspan="5">型芯镶件垂直度检测</td><td rowspan="5">8</td><td>A</td><td>各个面之间的夹角均为90°</td><td rowspan="5"></td><td rowspan="5"></td><td rowspan="5"></td><td rowspan="5"></td><td rowspan="5"></td><td rowspan="5"></td></tr>
<tr><td>B</td><td>有一个面不合格</td></tr>
<tr><td>C</td><td>有两个面不合格</td></tr>
<tr><td>D</td><td>有三个面不合格</td></tr>
<tr><td>E</td><td>差或未答题</td></tr>
<tr><td rowspan="5">3</td><td rowspan="5">型芯镶件表面粗糙度检测</td><td rowspan="5">4</td><td>A</td><td>表面粗糙度全部符合图样要求</td><td rowspan="5"></td><td rowspan="5"></td><td rowspan="5"></td><td rowspan="5"></td><td rowspan="5"></td><td rowspan="5"></td></tr>
<tr><td>B</td><td>有单一平面不合格</td></tr>
<tr><td>C</td><td>有两个面不合格</td></tr>
<tr><td>D</td><td>有相邻的三个面不合格</td></tr>
<tr><td>E</td><td>差或未答题</td></tr>
<tr><td rowspan="5">4</td><td rowspan="5">间隙检测</td><td rowspan="5">8</td><td>A</td><td>型芯镶件与型芯的间隙在 0.01 mm 以内（含 0.01 mm）</td><td rowspan="5"></td><td rowspan="5"></td><td rowspan="5"></td><td rowspan="5"></td><td rowspan="5"></td><td rowspan="5"></td></tr>
<tr><td>B</td><td>型芯镶件与型芯的间隙在 0.01 ~ 0.02 mm 之间（含 0.02 mm）</td></tr>
<tr><td>C</td><td>型芯镶件与型芯的间隙在 0.02 ~ 0.03 mm 之间（含 0.03 mm）</td></tr>
<tr><td>D</td><td>型芯镶件与型芯的间隙在 0.03 ~ 0.04 mm 之间（含 0.04 mm）</td></tr>
<tr><td>E</td><td>差或未答题</td></tr>
</table>

续表

| 试题代码及名称 | | | 2.1.2　复杂注塑模型芯（型腔）修配（二） | 考核时间 | | | | | 180 min |
|---|---|---|---|---|---|---|---|---|---|
| 评价要素 | | 配分 | 等级 | 评分细则 | 评定等级 | | | | | 得分 |

| | 评价要素 | 配分 | 等级 | 评分细则 | A | B | C | D | E | 得分 |
|---|---|---|---|---|---|---|---|---|---|---|
| 5 | 符合钳工操作规范和安全技术操作规程 | 5 | A | 符合规范、规程 | | | | | | |
| | | | B | — | | | | | | |
| | | | C | 工具、夹具、量具随意摆放 | | | | | | |
| | | | D | 有安全隐患 | | | | | | |
| | | | E | 差或未答题 | | | | | | |
| 合计配分 | | 35 | | 合计得分 | | | | | | |

| 等级 | A（优） | B（良） | C（尚可） | D（较差） | E（差或未答题） |
|---|---|---|---|---|---|
| 比值 | 1.0 | 0.8 | 0.6 | 0.2 | 0 |

"评分要素"得分＝配分×等级比值。

## 二、复杂注塑模型芯（型腔）修配（三）（试题代码：2.1.3；考核时间：180 min）

1. 试题单

（1）操作条件

1）钳工工作台、台虎钳。

2）测量工具、钳工工具。

3）型腔镶件毛坯。

4）型腔固定板、型腔。

5）操作者劳动防护服、工作鞋、防护眼镜穿戴齐全。

6）试题单图样 2.1.3。

（2）操作内容

按照装配图 2.1.3—0 所示的要求，完成复杂注塑模型芯（型腔）的修配。

1）将型腔镶件毛坯根据型腔镶件图样 2.1.3—3 的要求进行修配。

2）将修配好的型腔镶件装配到型腔（见图 2.1.3—2）所示的位置上。

3）将型腔装配到型腔固定板（见图 2.1.3—1）所示的位置上，形成图 2.1.3—0 所示的装配关系。

4）按照图 2. 1. 3—3 所示的要求对修配好的型腔镶件进行尺寸公差、表面粗糙度和垂直度的检测。

5）按照图 2. 1. 3—2 所示的要求对修配好的型腔镶件进行间隙检测。

（3）操作要求

1）按照图样要求，正确完成上述操作内容。

2）保证型腔镶件 95% 的尺寸在公差范围内。

3）保证型腔镶件达到垂直度要求，各个面之间的夹角均为 90°。

4）保证型腔镶件各面的表面粗糙度全部符合图样要求。

5）保证型腔镶件与型腔的间隙在 0. 01 mm 以内。

6）正确掌握钳工操作规范。

7）正确执行安全技术操作规程。

8）加工要求请参阅试题单图样。

注：考生在考试过程中不允许将镶件装配于检具上进行配作，否则该项目得零分。

（4）附录

1）检具图样：图 2. 1. 3—1、图 2. 1. 3—2。

2）装配图样：图 2. 1. 3—0。

3）修配零件图样：图 2. 1. 3—3。

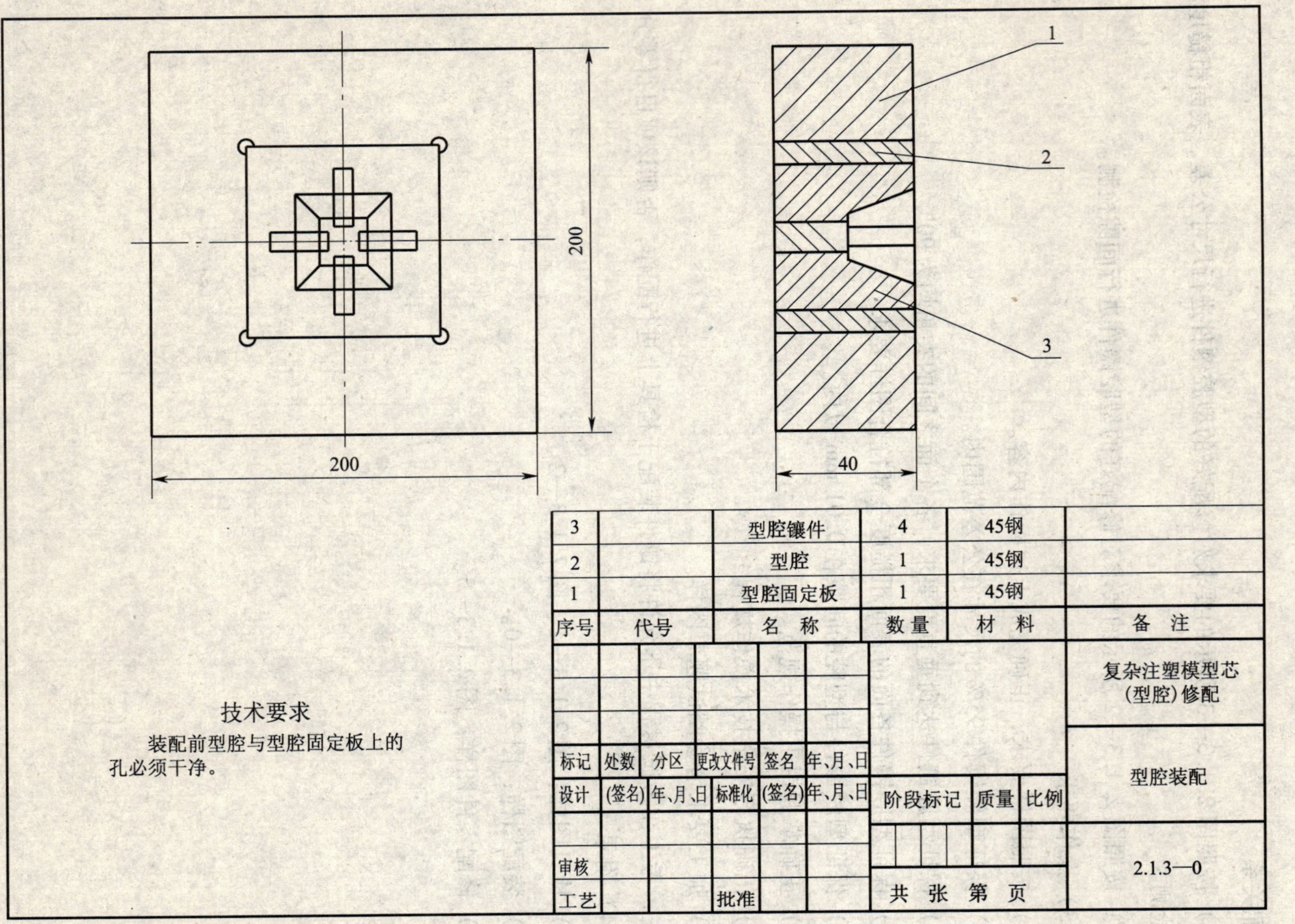
1
2
3
200
200
40
技术要求
装配前型腔与型腔固定板上的孔必须干净。
3 型腔镶件 4 45钢
2 型腔 1 45钢
1 型腔固定板 1 45钢
序号 代号 名称 数量 材料 备注
复杂注塑模型芯（型腔）修配
标记 处数 分区 更改文件号 签名 年、月、日
设计 (签名) 年、月、日 标准化 (签名) 年、月、日
阶段标记 质量 比例
型腔装配
审核
工艺 批准
共 张 第 页
2.1.3—0

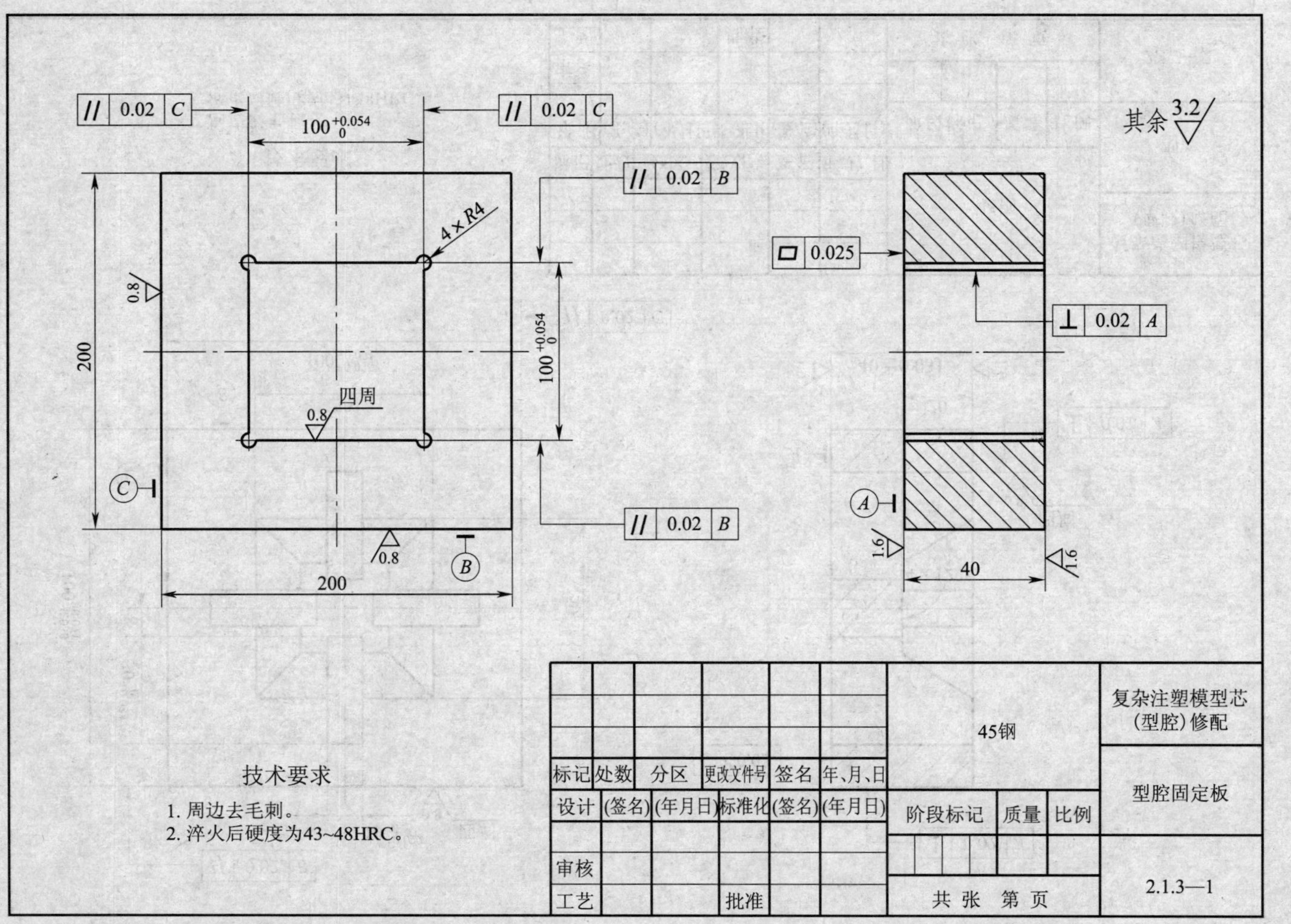

其余 3.2
0.02 A
0.025
0.02 B
0.02 C
40
1.6
A
B
C
4×R4
$100^{+0.054}_{0}$
四周
0.8
200
技术要求
1. 周边去毛刺。
2. 淬火后硬度为43~48HRC。
复杂注塑模型芯(型腔)修配
型腔固定板
2.1.3—1
45钢
阶段标记
质量
比例
共 张 第 页
标记
处数
分区
更改文件号
签名
年、月、日
设计
(签名)
(年月日)
标准化
(签名)
(年月日)
审核
工艺
批准

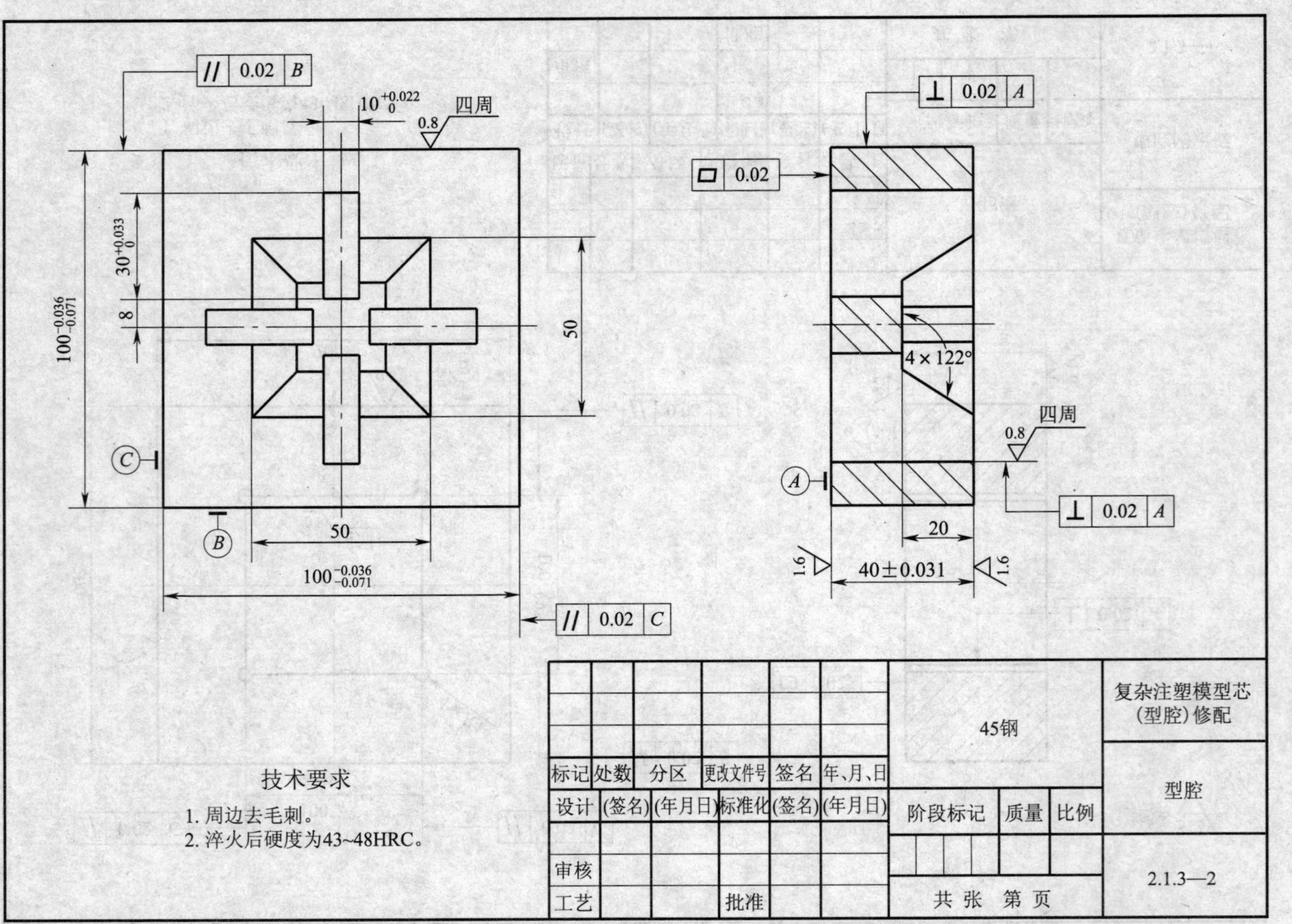

// 0.02 B
10 +0.022 0
0.8 四周
30 +0.033 0
8
100 -0.036 -0.071
50
C
B
50
100 -0.036 -0.071
// 0.02 C
⊥ 0.02 A
□ 0.02
4×122°
0.8 四周
A
⊥ 0.02 A
20
1.6
40±0.031
1.6
技术要求
1. 周边去毛刺。
2. 淬火后硬度为43~48HRC。
标记 处数 分区 更改文件号 签名 年、月、日
设计 (签名) (年月日) 标准化 (签名) (年月日)
审核
工艺 批准
45钢
阶段标记 质量 比例
共 张 第 页
复杂注塑模型芯
(型腔)修配
型腔
2.1.3—2

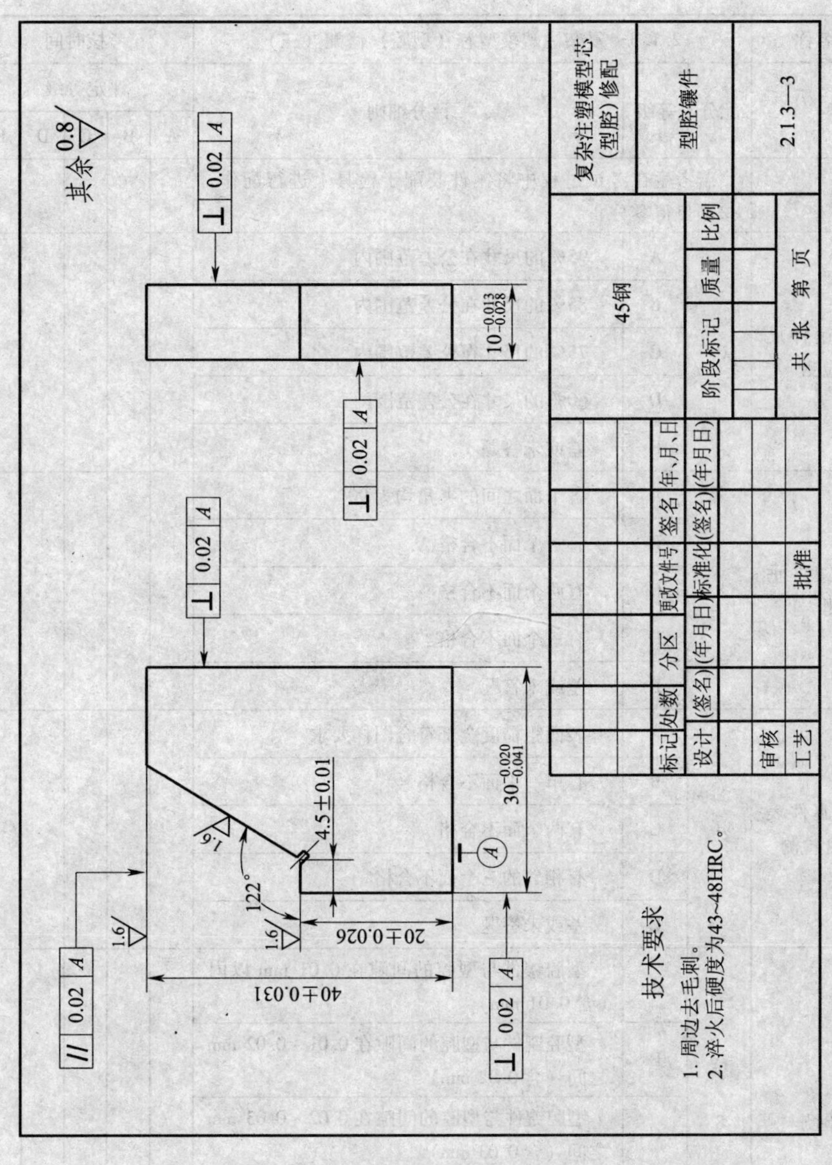

其余 0.8
⊥ 0.02 A
10$^{-0.013}_{-0.028}$
⊥ 0.02 A
⊥ 0.02 A
4.5±0.01
1.6
122°
1.6
1.6
30$^{-0.020}_{-0.041}$
A
20±0.026
40±0.031
// 0.02 A
⊥ 0.02 A
技术要求
1. 周边去毛刺。
2. 淬火后硬度为43~48HRC。
复杂注塑模型芯（型腔）修配
型腔镶件
2.1.3—3
45钢
标记 处数 分区 更改文件号 签名 年、月、日
设计 (签名) (年月日) 标准化 (签名) (年月日)
审核
工艺 批准
阶段标记 质量 比例
共 张 第 页

## 2. 评分表

<table>
<tr><td colspan="2">试题代码及名称</td><td colspan="3">2.1.3　复杂注塑模型芯（型腔）修配（三）</td><td colspan="5">考核时间</td><td>180 min</td></tr>
<tr><td colspan="2" rowspan="2">评价要素</td><td rowspan="2">配分</td><td rowspan="2">等级</td><td rowspan="2">评分细则</td><td colspan="5">评定等级</td><td rowspan="2">得分</td></tr>
<tr><td>A</td><td>B</td><td>C</td><td>D</td><td>E</td></tr>
<tr><td colspan="2">否决项</td><td colspan="3">若考生在考试过程中将镶件装配于检具上进行配作，该项目得零分</td><td></td><td></td><td></td><td></td><td></td><td></td></tr>
<tr><td rowspan="5">1</td><td rowspan="5">型腔镶件尺寸公差检测</td><td rowspan="5">10</td><td>A</td><td>95%的尺寸在公差范围内</td><td rowspan="5"></td><td rowspan="5"></td><td rowspan="5"></td><td rowspan="5"></td><td rowspan="5"></td><td rowspan="5"></td></tr>
<tr><td>B</td><td>85%的尺寸在公差范围内</td></tr>
<tr><td>C</td><td>75%的尺寸在公差范围内</td></tr>
<tr><td>D</td><td>60%的尺寸在公差范围内</td></tr>
<tr><td>E</td><td>差或未答题</td></tr>
<tr><td rowspan="5">2</td><td rowspan="5">型腔镶件垂直度检测</td><td rowspan="5">8</td><td>A</td><td>各个面之间的夹角均为90°</td><td rowspan="5"></td><td rowspan="5"></td><td rowspan="5"></td><td rowspan="5"></td><td rowspan="5"></td><td rowspan="5"></td></tr>
<tr><td>B</td><td>有一个面不合格</td></tr>
<tr><td>C</td><td>有两个面不合格</td></tr>
<tr><td>D</td><td>有三个面不合格</td></tr>
<tr><td>E</td><td>差或未答题</td></tr>
<tr><td rowspan="5">3</td><td rowspan="5">型腔镶件表面粗糙度检测</td><td rowspan="5">4</td><td>A</td><td>表面粗糙度全部符合图样要求</td><td rowspan="5"></td><td rowspan="5"></td><td rowspan="5"></td><td rowspan="5"></td><td rowspan="5"></td><td rowspan="5"></td></tr>
<tr><td>B</td><td>有单一平面不合格</td></tr>
<tr><td>C</td><td>有两个面不合格</td></tr>
<tr><td>D</td><td>有相邻的三个面不合格</td></tr>
<tr><td>E</td><td>差或未答题</td></tr>
<tr><td rowspan="5">4</td><td rowspan="5">间隙检测</td><td rowspan="5">8</td><td>A</td><td>型腔镶件与型腔的间隙在0.01 mm以内（含0.01 mm）</td><td rowspan="5"></td><td rowspan="5"></td><td rowspan="5"></td><td rowspan="5"></td><td rowspan="5"></td><td rowspan="5"></td></tr>
<tr><td>B</td><td>型腔镶件与型腔的间隙在0.01～0.02 mm之间（含0.02 mm）</td></tr>
<tr><td>C</td><td>型腔镶件与型腔的间隙在0.02～0.03 mm之间（含0.03 mm）</td></tr>
<tr><td>D</td><td>型腔镶件与型腔的间隙在0.03～0.04 mm之间（含0.04 mm）</td></tr>
<tr><td>E</td><td>差或未答题</td></tr>
</table>

续表

| 试题代码及名称 | | 2. 1. 3　复杂注塑模型芯（型腔）修配（三） | | | 考核时间 | | | | | 180 min |
|---|---|---|---|---|---|---|---|---|---|---|
| 评价要素 | | 配分 | 等级 | 评分细则 | 评定等级 | | | | | 得分 |
| | | | | | A | B | C | D | E | |
| 5 | 符合钳工操作规范和安全技术操作规程 | 5 | A | 符合规范、规程 | | | | | | |
| | | | B | — | | | | | | |
| | | | C | 工具、夹具、量具随意摆放 | | | | | | |
| | | | D | 有安全隐患 | | | | | | |
| | | | E | 差或未答题 | | | | | | |
| 合计配分 | | 35 | | 合计得分 | | | | | | |

| 等级 | A（优） | B（良） | C（尚可） | D（较差） | E（差或未答题） |
|---|---|---|---|---|---|
| 比值 | 1.0 | 0.8 | 0.6 | 0.2 | 0 |

"评分要素"得分 = 配分 × 等级比值。

## 三、复杂注塑模型芯（型腔）修配（四）（试题代码：2. 1. 4；考核时间：180 min）

1. 试题单

（1）操作条件

1）钳工工作台、台虎钳。

2）测量工具、钳工工具。

3）型腔镶件毛坯。

4）型腔固定板、型腔。

5）操作者劳动防护服、工作鞋、防护眼镜穿戴齐全。

6）试题单图样 2. 1. 4。

（2）操作内容

按照装配图 2. 1. 4—0 所示的要求，完成复杂注塑模型芯（型腔）的修配。

1）将型腔镶件毛坯根据型腔镶件图样 2. 1. 4—3 的要求进行修配。

2）将修配好的型腔镶件装配到型腔（见图 2. 1. 4—2）所示的位置上。

3）将型腔装配到型腔固定板（见图 2. 1. 4—1）所示的位置上，形成图 2. 1. 4—0 所示的装配关系。

4）按照图 2. 1. 4—3 所示的要求对修配好的型腔镶件进行尺寸公差、表面粗糙度和垂直度的检测。

5）按照图 2. 1. 4—2 所示的要求对修配好的型腔镶件进行间隙检测。

（3）操作要求

1）按照图样要求，正确完成上述操作内容。

2）保证型腔镶件 95% 的尺寸在公差范围内。

3）保证型腔镶件达到垂直度要求，各个面之间的夹角均为 90°。

4）保证型腔镶件各面的表面粗糙度全部符合图样要求。

5）保证型腔镶件与型腔的间隙在 0. 01 mm 以内。

6）正确掌握钳工操作规范。

7）正确执行安全技术操作规程。

8）加工要求请参阅试题单图样。

注：考生在考试过程中不允许将镶件装配于检具上进行配作，否则该项目得零分。

（4）附录

1）检具图样：图 2. 1. 4—1、图 2. 1. 4—2。

2）装配图样：图 2. 1. 4—0。

3）修配零件图样：图 2. 1. 4—3。

2. 评分表

同试题 2. 1. 3。

**四、复杂注塑模型芯（型腔）修配（五）（试题代码：2. 1. 5；考核时间：180 min）**

1. 试题单

（1）操作条件

1）钳工工作台、台虎钳。

2）测量工具、钳工工具。

3）型芯镶件毛坯。

4）型芯固定板、型芯。

5）操作者劳动防护服、工作鞋、防护眼镜穿戴齐全。

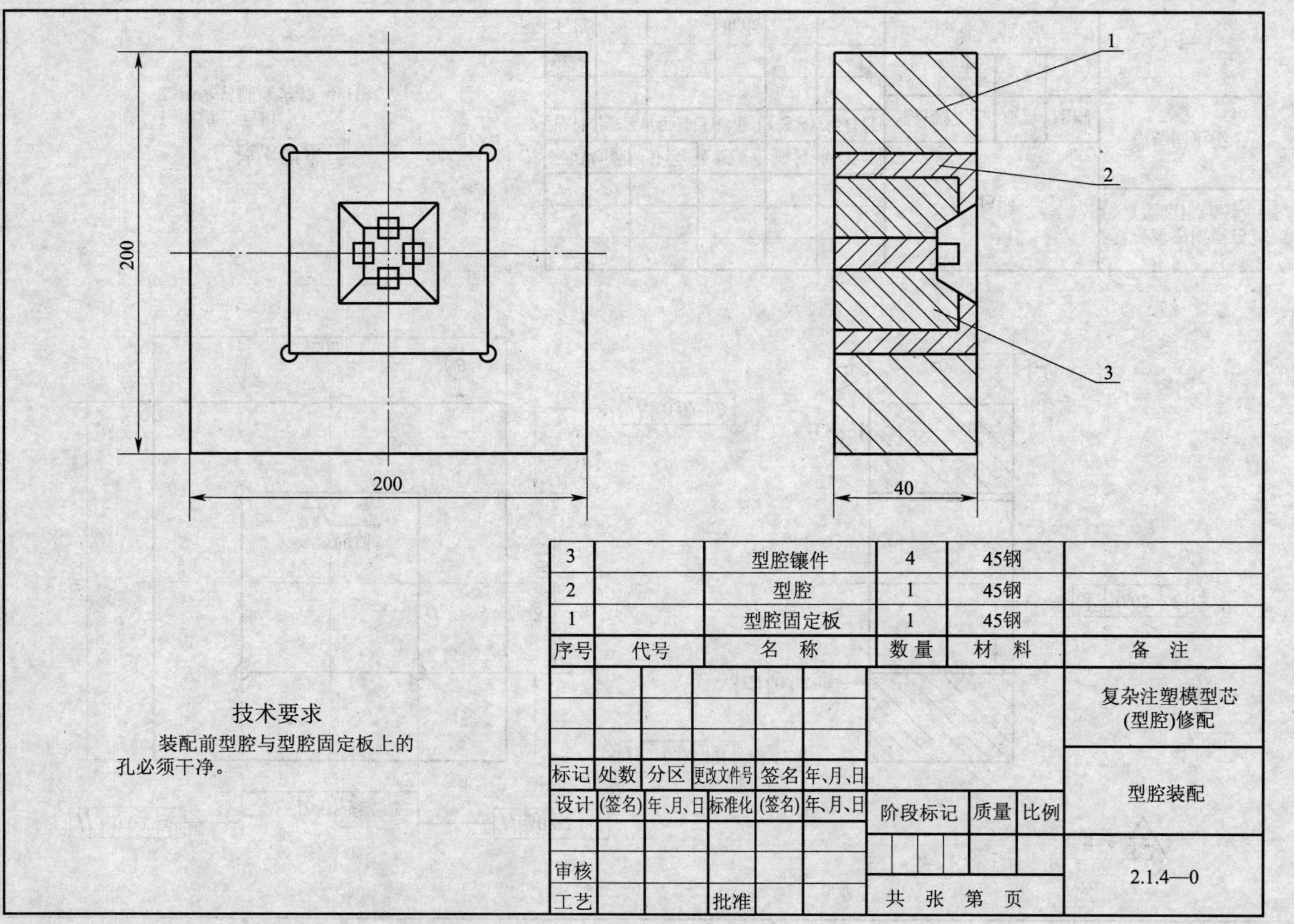

1
2
3
200
200
40
3
型腔镶件
4
45钢
2
型腔
1
45钢
1
型腔固定板
1
45钢
序号
代号
名　称
数量
材　料
备　注
标记
处数
分区
更改文件号
签名
年、月、日
设计
(签名)
年、月、日
标准化
(签名)
年、月、日
阶段标记
质量
比例
审核
工艺
批准
共　张　第　页
复杂注塑模型芯(型腔)修配
型腔装配
2.1.4—0
技术要求
装配前型腔与型腔固定板上的孔必须干净。

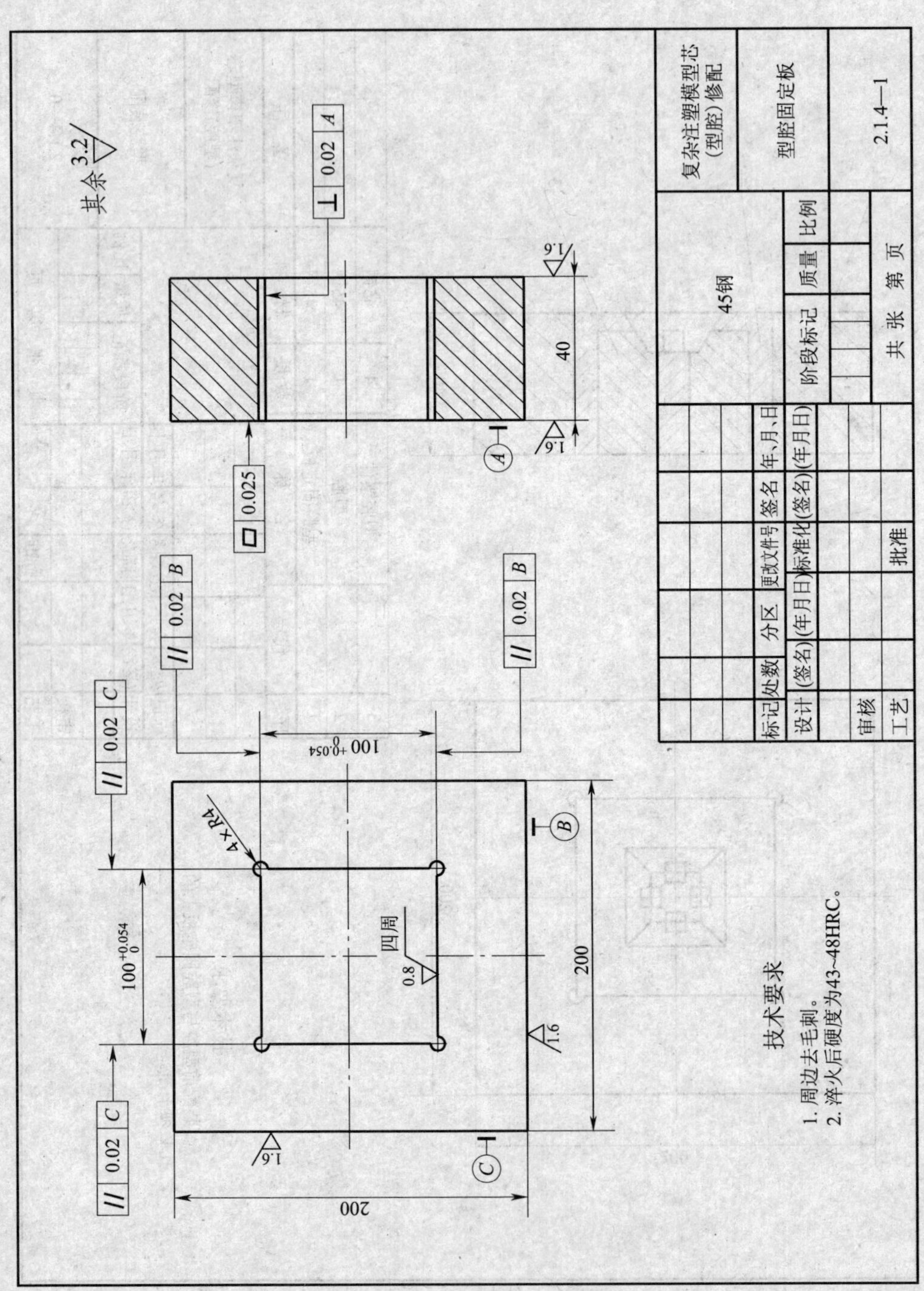

复杂注塑模型芯（型腔）修配
型腔固定板
2.1.4—1
45钢
标记 处数 分区 更改文件号 签名 年、月、日
设计 (签名) (年月日) 标准化 (签名) (年月日)
阶段标记 质量 比例
审核
工艺 批准
共 张 第 页
其余 3.2
技术要求
1. 周边去毛刺。
2. 淬火后硬度为43~48HRC。
4×R4
四周 0.8
200
200
40
1.6
0.025
0.02 A
0.02 B
0.02 C
A
B
C

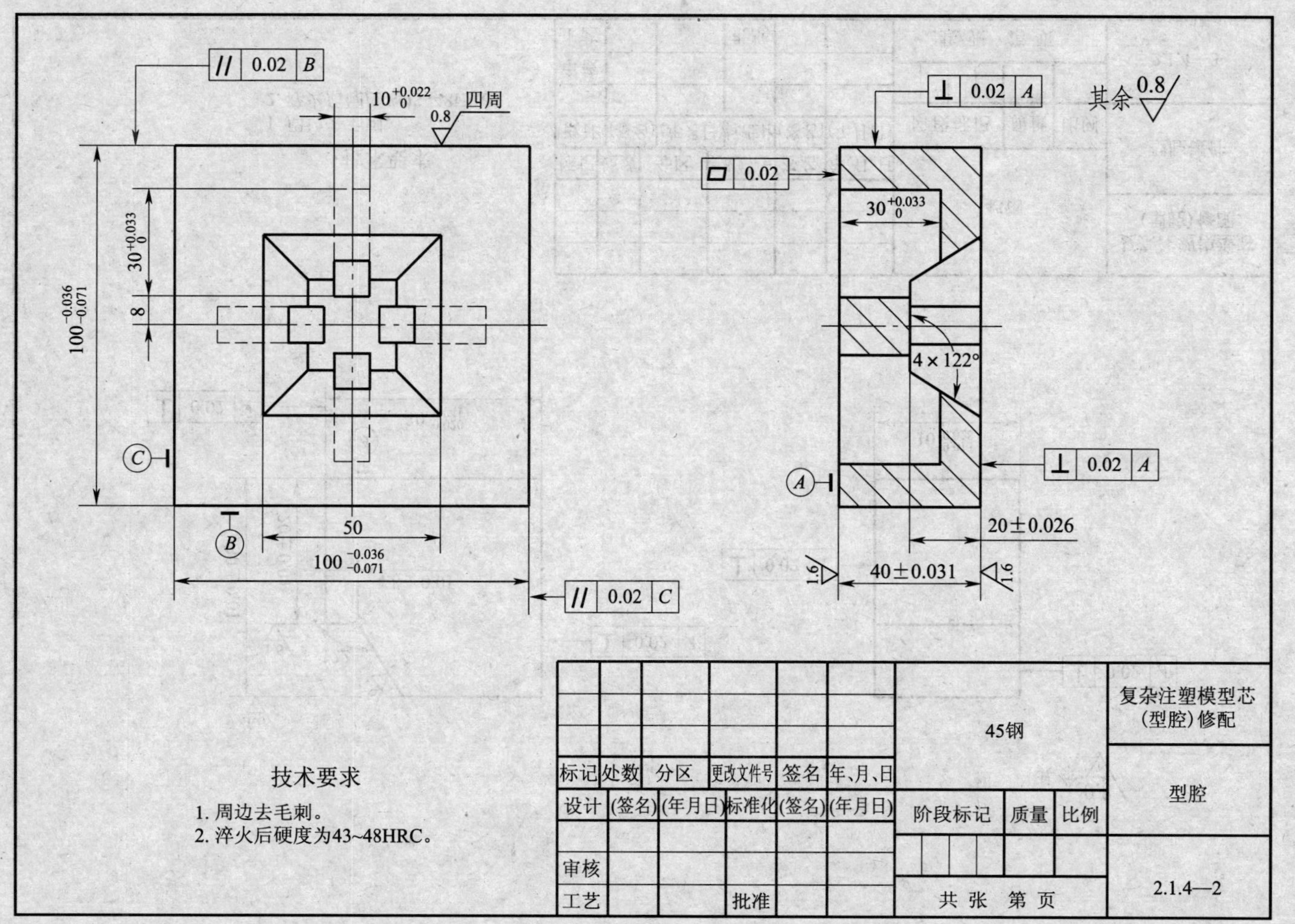
// 0.02 B
$10^{+0.022}_{0}$
0.8 四周
$30^{+0.033}_{0}$
8
$100^{-0.036}_{-0.071}$
C
B
50
$100^{-0.036}_{-0.071}$
// 0.02 C
⊥ 0.02 A
其余 0.8
□ 0.02
$30^{+0.033}_{0}$
4×122°
⊥ 0.02 A
A
20±0.026
1.6
40±0.031
1.6
技术要求
1. 周边去毛刺。
2. 淬火后硬度为43~48HRC。
标记 处数 分区 更改文件号 签名 年、月、日
设计 (签名) (年月日) 标准化 (签名) (年月日)
审核
工艺 批准
45钢
阶段标记 质量 比例
共 张 第 页
复杂注塑模型芯（型腔）修配
型腔
2.1.4—2

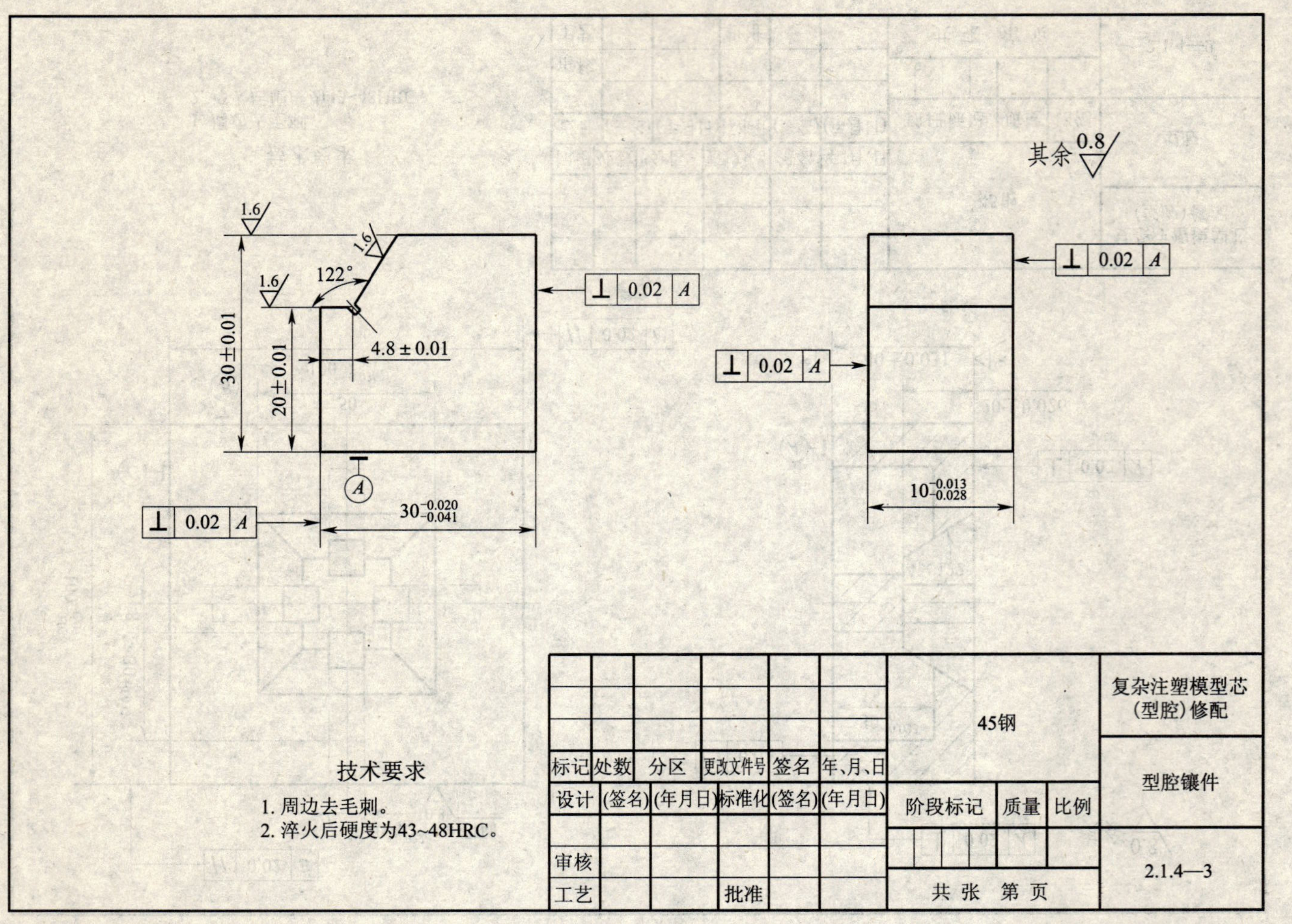
其余 0.8
1.6
1.6
1.6
122°
⊥ 0.02 A
4.8±0.01
30±0.01
20±0.01
A
⊥ 0.02 A
30$^{-0.020}_{-0.041}$
⊥ 0.02 A
⊥ 0.02 A
10$^{-0.013}_{-0.028}$
技术要求
1. 周边去毛刺。
2. 淬火后硬度为43~48HRC。
标记 处数 分区 更改文件号 签名 年、月、日
设计 (签名) (年月日) 标准化 (签名) (年月日)
审核
工艺 批准
45钢
阶段标记 质量 比例
共 张 第 页
复杂注塑模型芯（型腔）修配
型腔镶件
2.1.4—3

6）试题单图样 2. 1. 5。

（2）操作内容

按照装配图 2. 1. 5—0 所示的要求完成复杂注塑模型芯（型腔）的修配。

1）将型芯镶件毛坯根据型芯镶件图样 2. 1. 5—3 的要求进行修配。

2）将修配好的型芯镶件装配到型芯（见图 2. 1. 5—2）所示的位置上。

3）将型芯装配到型芯固定板（见图 2. 1. 5—1）所示的位置上，形成图 2. 1. 5—0 所示的装配关系。

4）按照图 2. 1. 5—3 所示的要求对修配好的型芯镶件进行尺寸公差、表面粗糙度和垂直度的检测。

5）按照图 2. 1. 5—2 所示的要求对修配好的型芯镶件进行间隙检测。

（3）操作要求

1）按照图样要求，正确完成上述操作内容。

2）保证型芯镶件 95% 的尺寸在公差范围内。

3）保证型芯镶件达到垂直度要求，各个面之间的夹角均为 90°。

4）保证型芯镶件各面的表面粗糙度全部符合图样要求。

5）保证型芯镶件与型芯的间隙在 0. 01 mm 以内。

6）正确掌握钳工基本操作规范。

7）正确执行安全技术操作规程。

8）加工要求请参阅试题单图样。

注：考生在考试过程中不允许将镶件装配于检具上进行配作，否则该项目得零分。

（4）附录

1）检具图样：图 2. 1. 5—1、图 2. 1. 5—2。

2）装配图样：图 2. 1. 5—0。

3）修配零件图样：图 2. 1. 5—3。

2. 评分表

同试题 2. 1. 2。

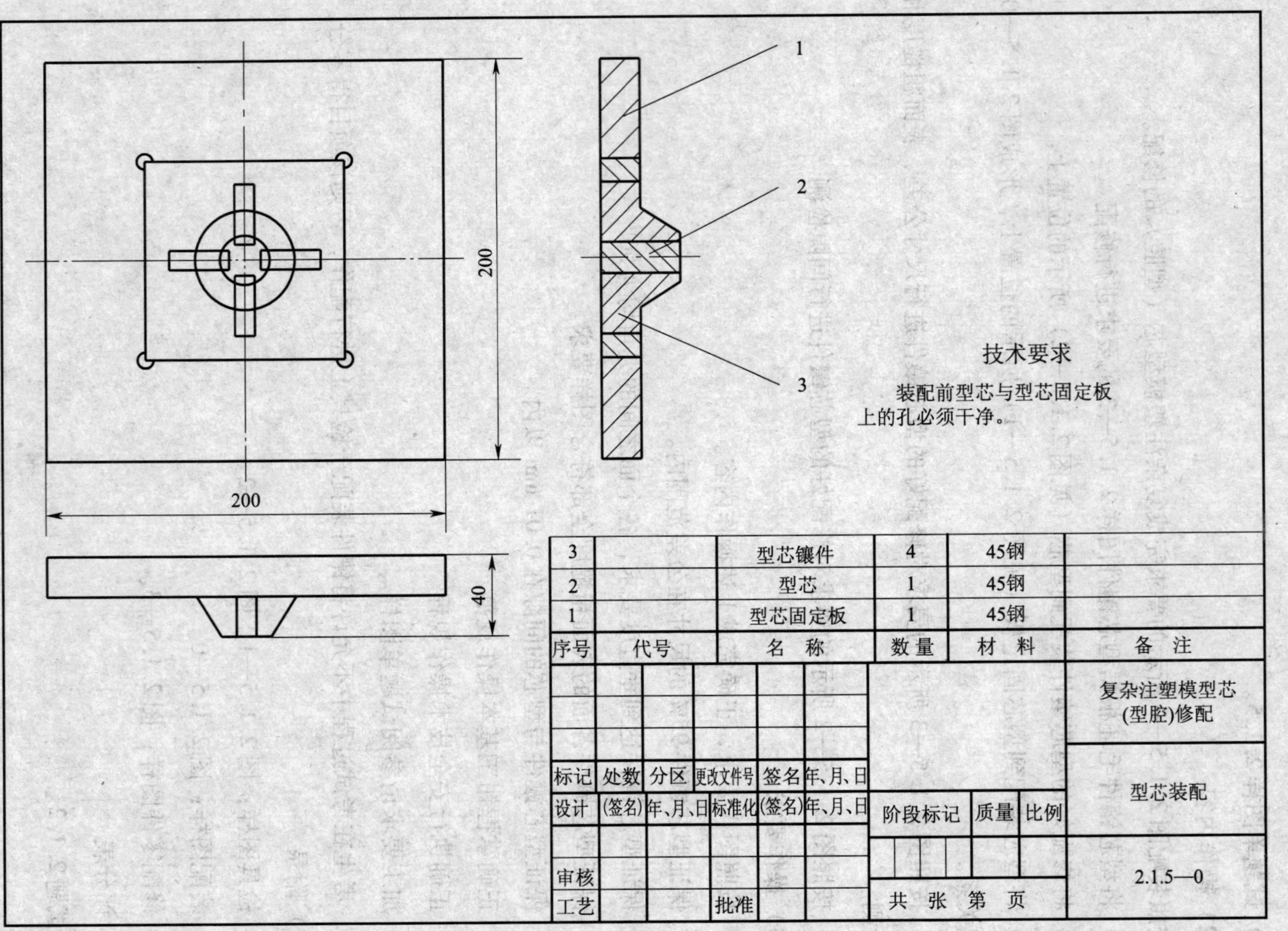
1
2
3
200
200
40
技术要求
装配前型芯与型芯固定板上的孔必须干净。
3 型芯镶件 4 45钢
2 型芯 1 45钢
1 型芯固定板 1 45钢
序号 代号 名称 数量 材料 备注
复杂注塑模型芯(型腔)修配
型芯装配
2.1.5—0
标记 处数 分区 更改文件号 签名 年、月、日
设计 (签名) 年、月、日 标准化 (签名) 年、月、日
阶段标记 质量 比例
审核
工艺 批准
共 张 第 页

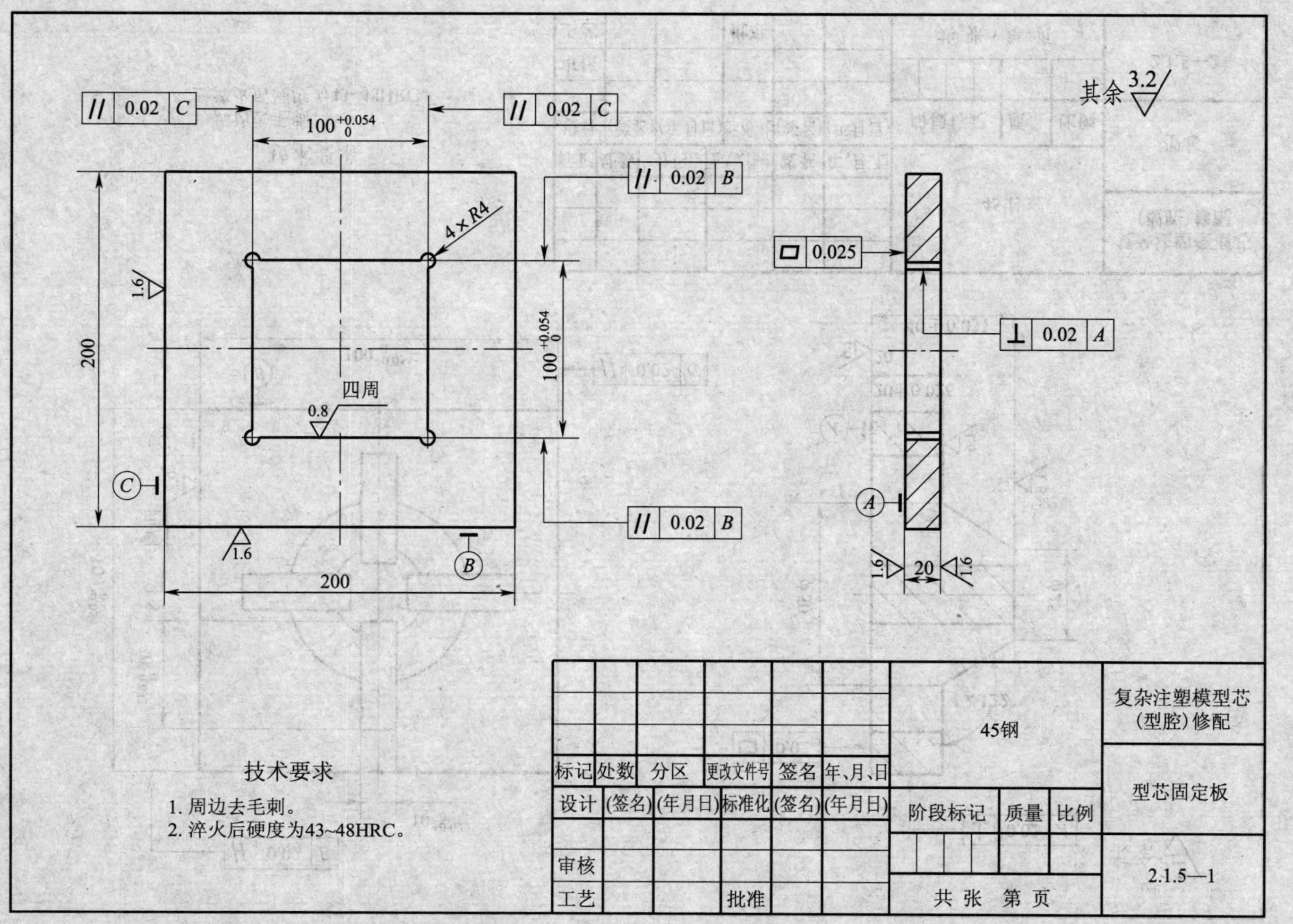
其余 3.2
⊥ 0.02 A
□ 0.025
20
1.6
A
// 0.02 B
// 0.02 B
// 0.02 C
// 0.02 C
$100^{+0.054}_{0}$
$100^{+0.054}_{0}$
4×R4
四周
0.8
200
200
B
C
技术要求
1. 周边去毛刺。
2. 淬火后硬度为43~48HRC。
复杂注塑模型芯（型腔）修配
型芯固定板
2.1.5—1
45钢
阶段标记
质量
比例
共　张　第　页
标记
处数
分区
更改文件号
签名
年、月、日
设计
(签名)
(年月日)
标准化
(签名)
(年月日)
审核
工艺
批准

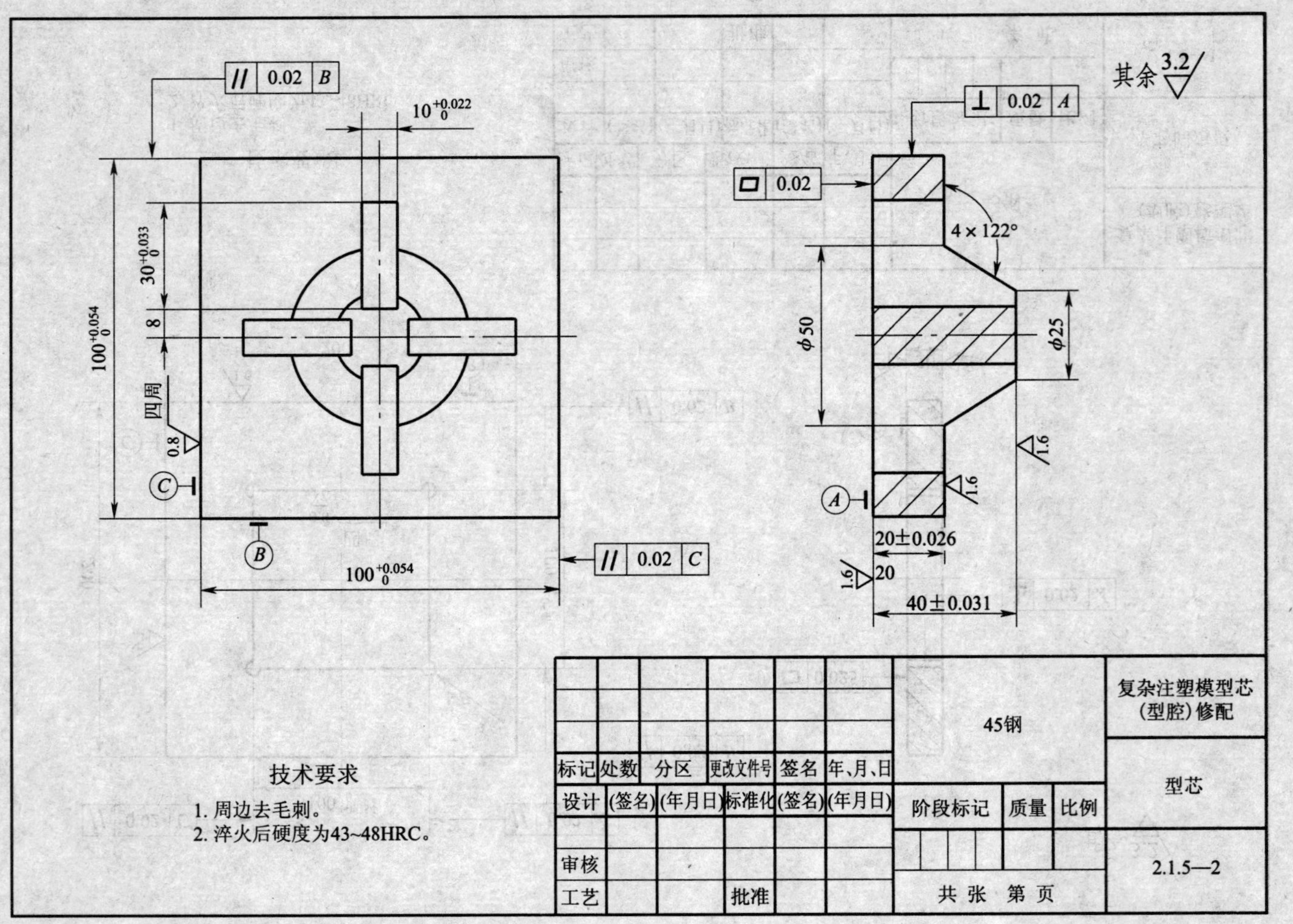

// 0.02 B
$10^{+0.022}_{0}$
$30^{+0.033}_{0}$
8
$100^{+0.054}_{0}$
四周
0.8
C
B
$100^{+0.054}_{0}$
// 0.02 C
其余 3.2
⊥ 0.02 A
0.02
4×122°
ϕ50
ϕ25
1.6
A
1.6
20±0.026
1.6
20
40±0.031
技术要求
1. 周边去毛刺。
2. 淬火后硬度为43~48HRC。
标记 处数 分区 更改文件号 签名 年、月、日
设计 (签名) (年月日) 标准化 (签名) (年月日)
审核
工艺
批准
45钢
阶段标记 质量 比例
共 张 第 页
复杂注塑模型芯(型腔)修配
型芯
2.1.5—2

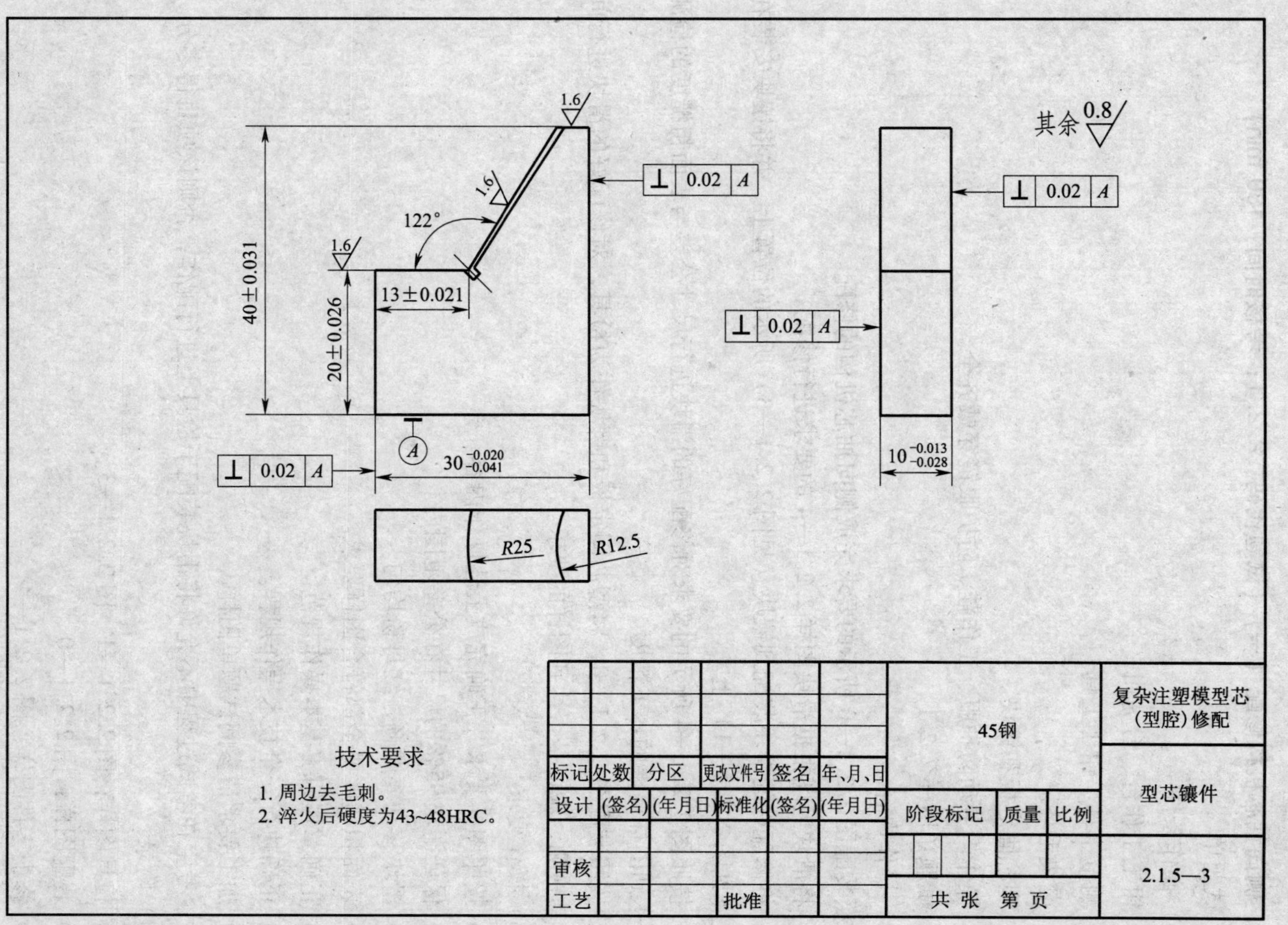
其余 0.8
1.6
122°
40±0.031
20±0.026
13±0.021
⊥ 0.02 A
A
30 -0.020 -0.041
10 -0.013 -0.028
R25
R12.5
技术要求
1. 周边去毛刺。
2. 淬火后硬度为43~48HRC。
标记
处数
分区
更改文件号
签名
年、月、日
设计
(签名)
(年月日)
标准化
(签名)
(年月日)
审核
工艺
批准
45钢
阶段标记
质量
比例
共　张　第　页
复杂注塑模型芯（型腔）修配
型芯镶件
2.1.5—3

**五、侧向抽芯机构修配（一）（试题代码：2.2.1；考核时间：180 min）**

1. 试题单

（1）操作条件

1）钳工工作台、台虎钳。

2）测量工具、钳工工具。

3）滑块毛坯。

4）型芯固定板和镶块。

5）操作者劳动防护服、工作鞋、防护眼镜穿戴齐全。

6）试题单图样 2.2.1。

（2）操作内容

按照装配图 2.2.1—0 所示的要求完成侧向抽芯机构的修配。

1）将滑块毛坯根据滑块图样 2.2.1—4 的要求进行修配。

2）将修配好的滑块装配到镶块（见图 2.2.1—3）所示的位置上，并将镶块安装在型芯固定板（见图 2.2.1—1）上。

3）按照图 2.2.1—4 所示的要求对修配好的滑块进行尺寸公差与表面粗糙度的检测，验证是否达到图样要求的加工精度。

4）按照装配图 2.2.1—0，将型芯固定板和镶块作为检具，对修配好的滑块进行间隙检测和运动检测，验证是否达到图样的要求。

（3）操作要求

1）按照图样要求，正确完成上述操作内容。

2）保证滑块 95% 的尺寸在公差范围内。

3）滑块移动要顺畅，红丹粉均匀。

4）表面粗糙度要全部符合图样要求。

5）正确掌握钳工基本操作规范。

6）正确执行安全技术操作规程。

7）加工要求请参阅试题单图样。

注：考生在考试过程中不允许将滑块装配于检具上进行配作，否则该项目得零分。

（4）附录

1）检具图样：图 2.2.1—1、图 2.2.1—3。

2）装配图样：图 2.2.1—0。

3）修配零件图样：图 2.2.1—4。

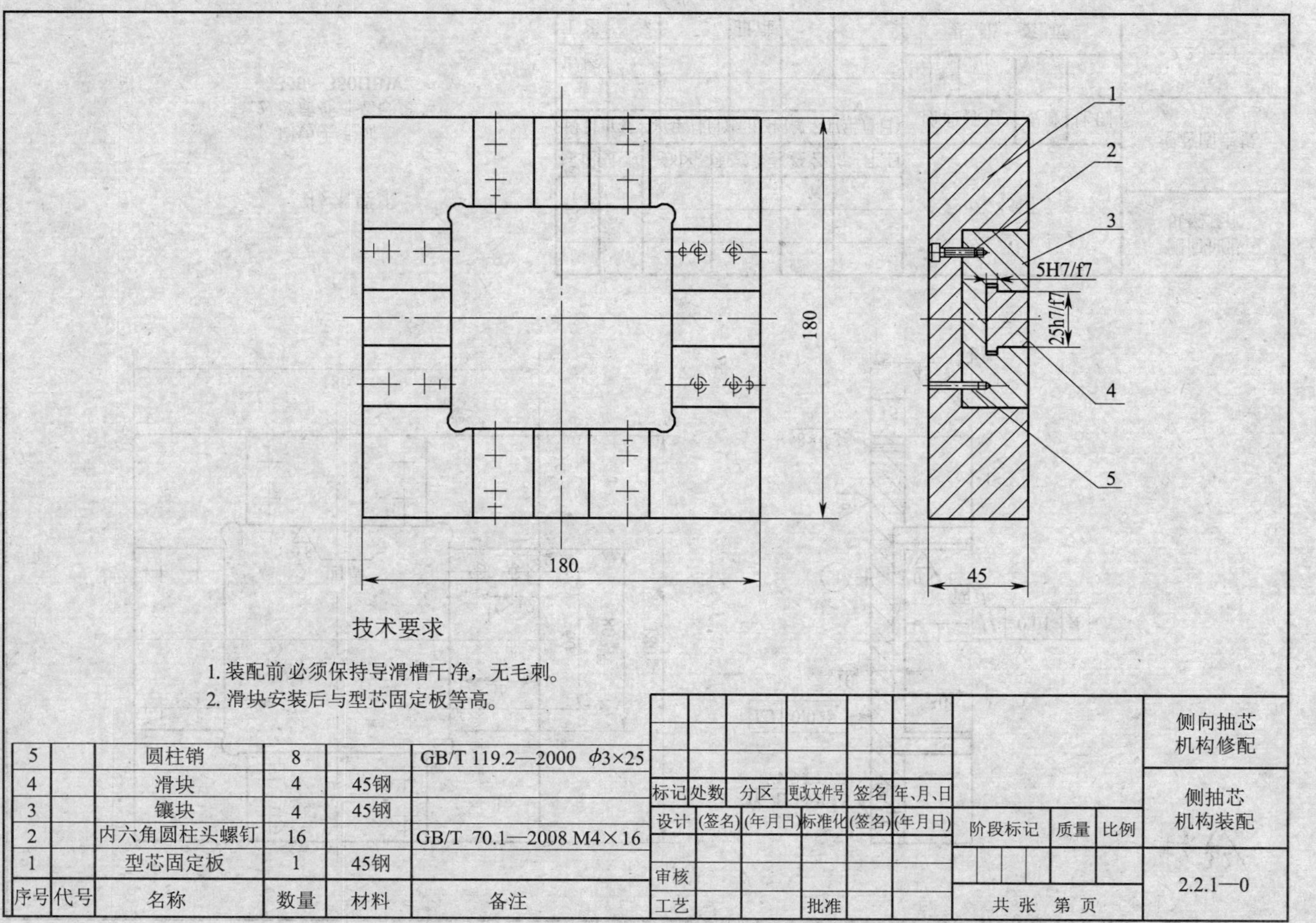

1
2
3
4
5
5H7/f7
25h7/f7
180
180
45
技术要求
1. 装配前必须保持导滑槽干净，无毛刺。
2. 滑块安装后与型芯固定板等高。
5 圆柱销 8 GB/T 119.2—2000 φ3×25
4 滑块 4 45钢
3 镶块 4 45钢
2 内六角圆柱头螺钉 16 GB/T 70.1—2008 M4×16
1 型芯固定板 1 45钢
序号 代号 名称 数量 材料 备注
标记 处数 分区 更改文件号 签名 年、月、日
设计 (签名) (年月日) 标准化 (签名) (年月日)
审核
工艺 批准
阶段标记 质量 比例
共 张 第 页
侧向抽芯机构修配
侧抽芯机构装配
2.2.1—0

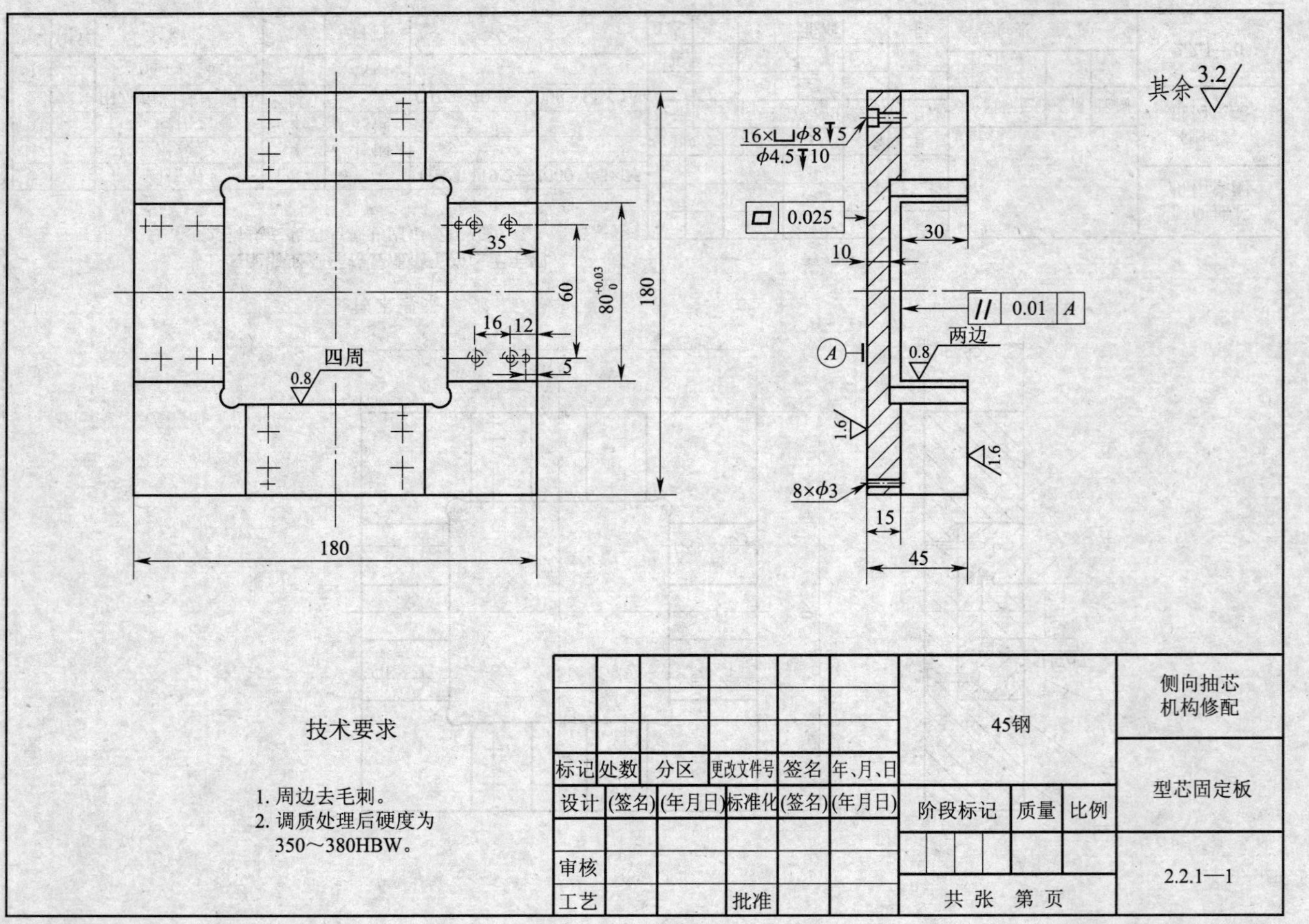
其余 3.2
16×⌴φ8↧5
φ4.5↧10
0.025
30
10
0.01 A
两边
0.8
A
1.6
1.6
8×φ3
15
45
35
60
80 +0.03 0
180
16 12
5
四周
0.8
180
技术要求
1. 周边去毛刺。
2. 调质处理后硬度为
350～380HBW。
45钢
侧向抽芯
机构修配
型芯固定板
标记 处数 分区 更改文件号 签名 年、月、日
设计 (签名) (年月日) 标准化 (签名) (年月日)
阶段标记 质量 比例
审核
工艺 批准
共 张 第 页
2.2.1—1

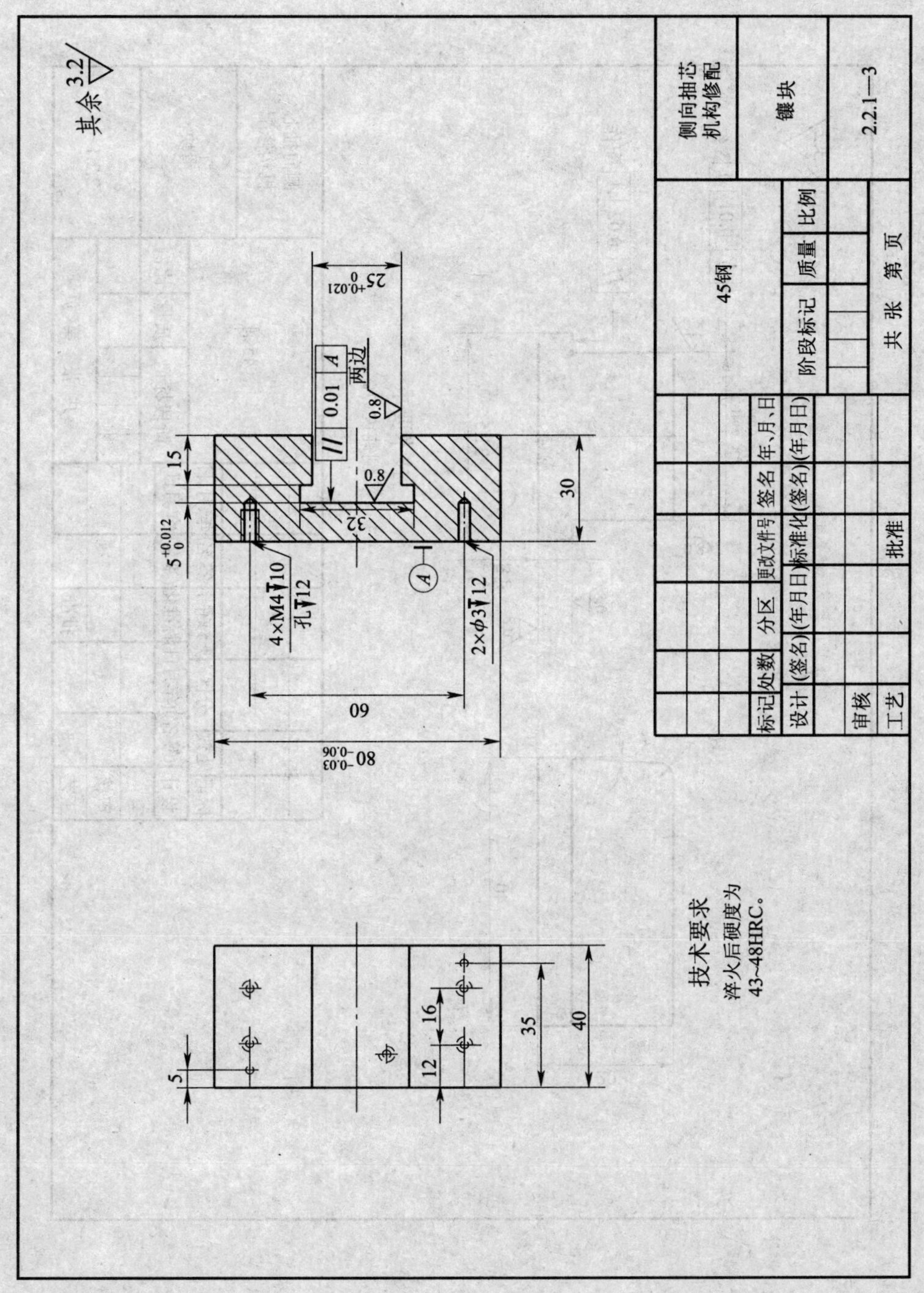
其余 3.2
侧向抽芯机构修配
镶块
2.2.1—3
45钢
技术要求
淬火后硬度为43~48HRC。

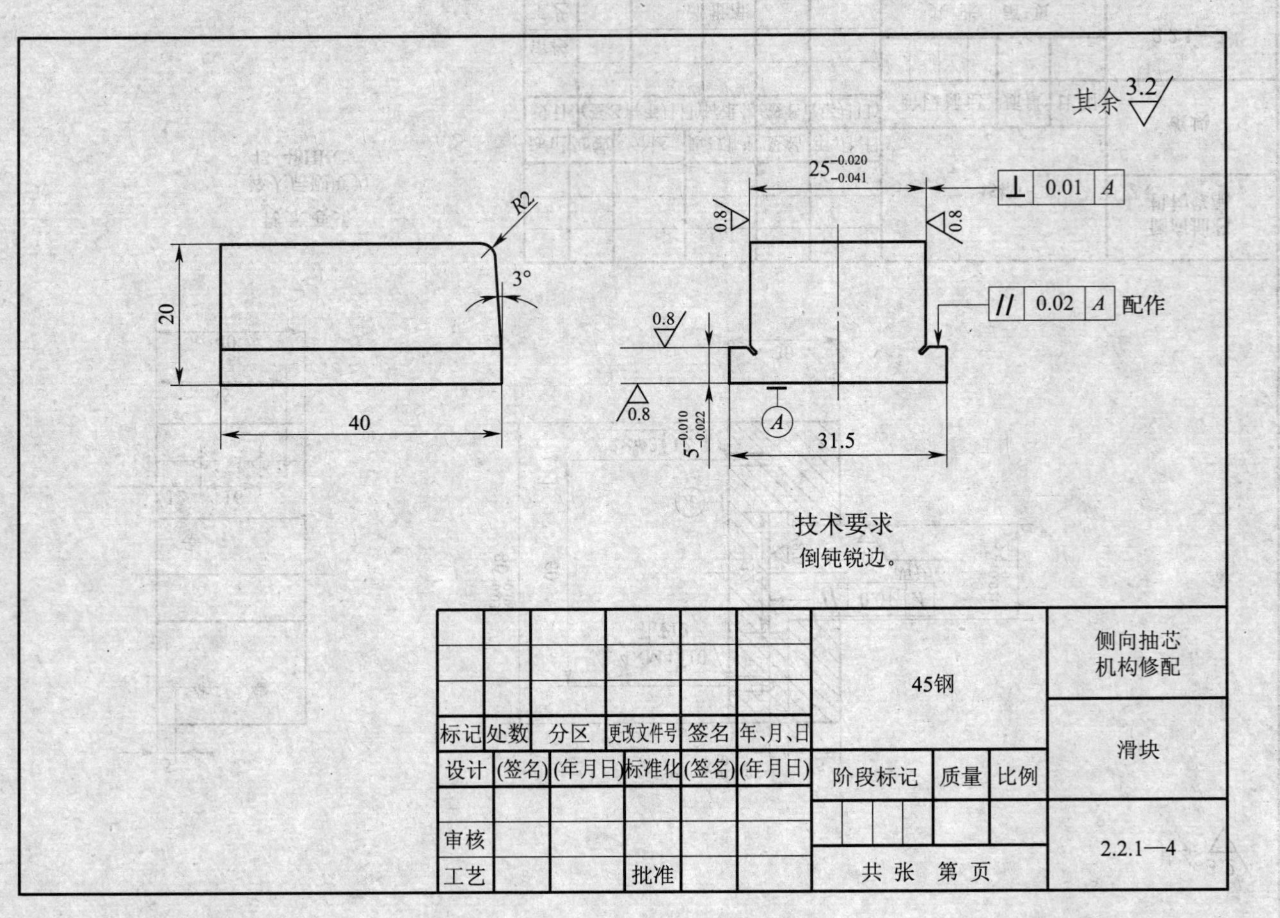
其余 3.2
R2
3°
20
40
25
0.01 A
0.02 A
配作
31.5
技术要求
倒钝锐边。
侧向抽芯
机构修配
45钢
滑块
标记 处数 分区 更改文件号 签名 年、月、日
设计 (签名) (年月日) 标准化 (签名) (年月日)
阶段标记 质量 比例
审核
工艺
批准
共 张 第 页
2.2.1—4

## 2. 评分表

| 试题代码及名称 | | 2.2.1　侧向抽芯机构修配（一） | | | 考核时间 | | | | | 180 min |
|---|---|---|---|---|---|---|---|---|---|---|
| 评价要素 | | 配分 | 等级 | 评分细则 | 评定等级 | | | | | 得分 |
| | | | | | A | B | C | D | E | |
| 否决项 | | 若考生在考试过程中将滑块装配于检具上进行配作，该项目得零分 | | | | | | | | |
| 1 | 滑块尺寸公差检测 | 10 | A | 95%的尺寸在公差范围内 | | | | | | |
| | | | B | 85%的尺寸在公差范围内 | | | | | | |
| | | | C | 75%的尺寸在公差范围内 | | | | | | |
| | | | D | 60%的尺寸在公差范围内 | | | | | | |
| | | | E | 差或未答题 | | | | | | |
| 2 | 滑块运动检测 | 8 | A | 滑块移动顺畅，红丹粉均匀 | | | | | | |
| | | | B | 滑块移动比较顺畅，红丹粉有一处擦除 | | | | | | |
| | | | C | 滑块移动不顺畅，红丹粉有两处擦除 | | | | | | |
| | | | D | 滑块移动不顺畅，红丹粉有三处擦除 | | | | | | |
| | | | E | 差或未答题 | | | | | | |
| 3 | 表面粗糙度检测 | 4 | A | 表面粗糙度全部符合图样要求 | | | | | | |
| | | | B | 有单一平面不合格 | | | | | | |
| | | | C | 有两个面不合格 | | | | | | |
| | | | D | 有相邻的三个面不合格 | | | | | | |
| | | | E | 差或未答题 | | | | | | |
| 4 | 间隙检测 | 8 | A | 滑块侧面的间隙在 0.02 mm 以内（含 0.02 mm） | | | | | | |
| | | | B | 滑块侧面的间隙在 0.02～0.04 mm 之间（含 0.04 mm） | | | | | | |
| | | | C | 滑块侧面的间隙在 0.04～0.06 mm 之间（含 0.06 mm） | | | | | | |
| | | | D | 滑块侧面的间隙在 0.06～0.09 mm 之间（含 0.09 mm） | | | | | | |
| | | | E | 差或未答题 | | | | | | |

续表

<table>
<tr><td colspan="2">试题代码及名称</td><td colspan="3">2.2.1　侧向抽芯机构修配（一）</td><td colspan="5">考核时间</td><td>180 min</td></tr>
<tr><td colspan="2" rowspan="2">评价要素</td><td rowspan="2">配分</td><td rowspan="2">等级</td><td rowspan="2">评分细则</td><td colspan="5">评定等级</td><td rowspan="2">得分</td></tr>
<tr><td>A</td><td>B</td><td>C</td><td>D</td><td>E</td></tr>
<tr><td rowspan="5">5</td><td rowspan="5">符合钳工操作规范和安全技术操作规程</td><td rowspan="5">5</td><td>A</td><td>符合规范、规程</td><td rowspan="5"></td><td rowspan="5"></td><td rowspan="5"></td><td rowspan="5"></td><td rowspan="5"></td><td rowspan="5"></td></tr>
<tr><td>B</td><td>—</td></tr>
<tr><td>C</td><td>工具、夹具、量具随意摆放</td></tr>
<tr><td>D</td><td>有安全隐患</td></tr>
<tr><td>E</td><td>差或未答题</td></tr>
<tr><td colspan="2">合计配分</td><td>35</td><td colspan="7">合计得分</td><td></td></tr>
</table>

| 等级 | A（优） | B（良） | C（尚可） | D（较差） | E（差或未答题） |
|---|---|---|---|---|---|
| 比值 | 1.0 | 0.8 | 0.6 | 0.2 | 0 |

“评价要素”得分 = 配分 × 等级比值。

## 六、侧向抽芯机构修配（二）（试题代码：2.2.2；考核时间：180 min）

1. 试题单

（1）操作条件

1）钳工工作台、台虎钳。

2）测量工具、钳工工具。

3）滑块毛坯。

4）型芯固定板和镶块。

5）操作者劳动防护服、工作鞋、防护眼镜穿戴齐全。

6）试题单图样 2.2.2。

（2）操作内容

按照装配图 2.2.2—0 所示的要求完成侧向抽芯机构的修配。

1）将滑块毛坯根据滑块图样 2.2.2—4 的要求进行修配。

2）将修配好的滑块装配到镶块（见图 2.2.2—3）所示的位置上，并将镶块安装在型芯固定板（见图 2.2.2—1）上。

3）按照图样 2.2.2—4 所示的要求对修配好的滑块进行尺寸公差与表面粗糙度的检测，

验证是否达到图样要求的加工精度。

4）按照装配图 2. 2. 2—0，将型芯固定板和镶块作为检具，对修配好的滑块进行间隙检测和运动检测，验证是否达到图样的要求。

（3）操作要求

1）按照图样要求，正确完成上述操作内容。

2）保证滑块 95% 的尺寸在公差范围内。

3）滑块移动要顺畅，红丹粉均匀。

4）表面粗糙度要全部符合图样要求。

5）正确掌握钳工基本操作规范。

6）正确执行安全技术操作规程。

7）加工要求请参阅试题单图样。

注：考生在考试过程中不允许将滑块装配于检具上进行配作，否则该项目得零分。

（4）附录

1）检具图样：图 2. 2. 2—1 和图 2. 2. 2—3。

2）装配图样：图 2. 2. 2—0。

3）修配零件图样：图 2. 2. 2—4。

2. 评分表

同试题 2. 2. 1。

**七、侧向抽芯机构修配（三）（试题代码：2. 2. 3；考核时间：180 min）**

1. 试题单

（1）操作条件

1）钳工工作台、台虎钳。

2）测量工具、钳工工具。

3）滑块毛坯。

4）型芯固定板和镶块。

5）操作者劳动防护服、工作鞋、防护眼镜穿戴齐全。

6）试题单图样 2. 2. 3。

（2）操作内容

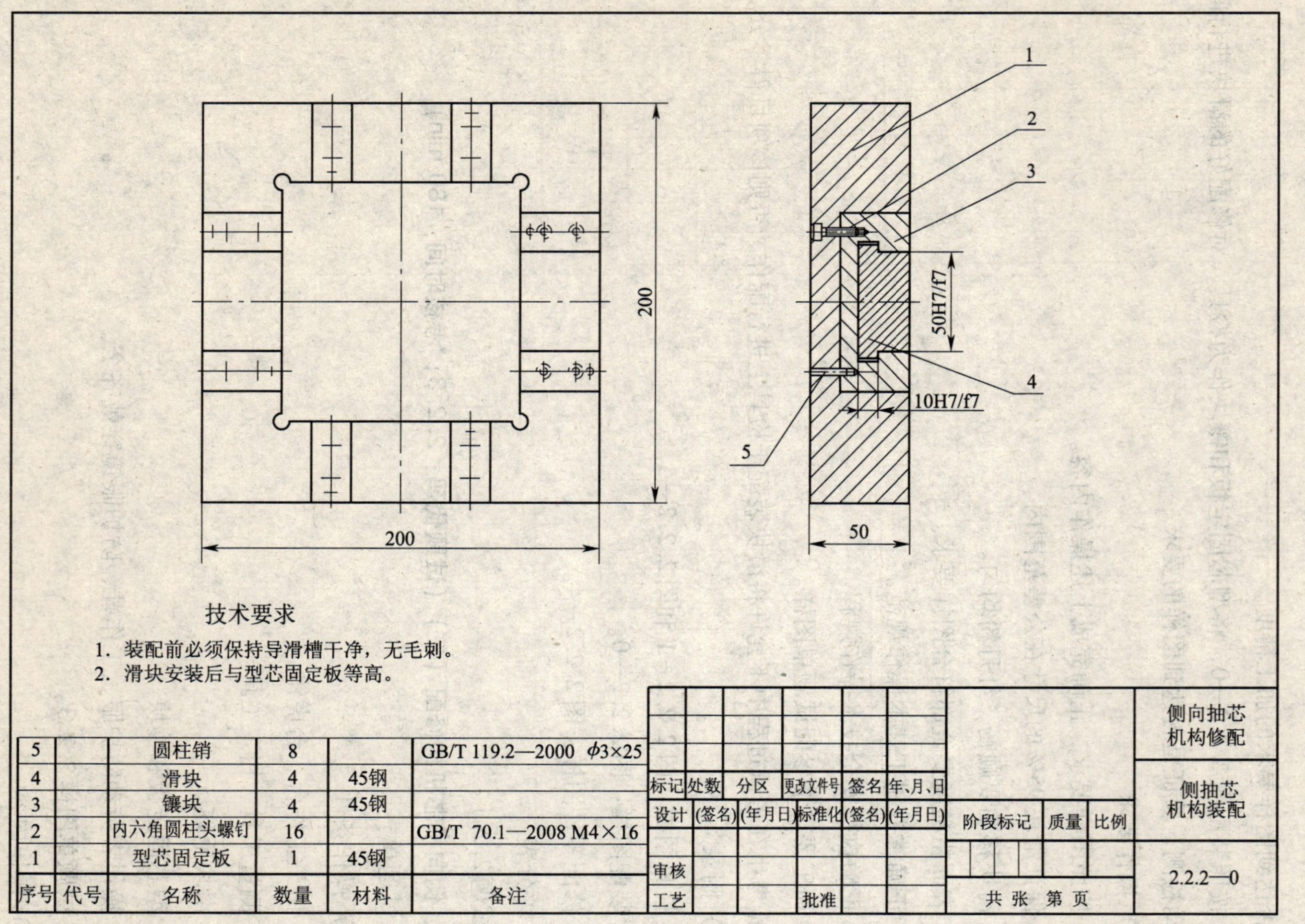
1
2
3
4
5
50H7/f7
10H7/f7
200
200
50
技术要求
1. 装配前必须保持导滑槽干净，无毛刺。
2. 滑块安装后与型芯固定板等高。
5 圆柱销 8 GB/T 119.2—2000 φ3×25
4 滑块 4 45钢
3 镶块 4 45钢
2 内六角圆柱头螺钉 16 GB/T 70.1—2008 M4×16
1 型芯固定板 1 45钢
序号 代号 名称 数量 材料 备注
标记 处数 分区 更改文件号 签名 年、月、日
设计 (签名) (年月日) 标准化 (签名) (年月日)
审核
工艺
批准
阶段标记 质量 比例
共 张 第 页
侧向抽芯机构修配
侧抽芯机构装配
2.2.2—0

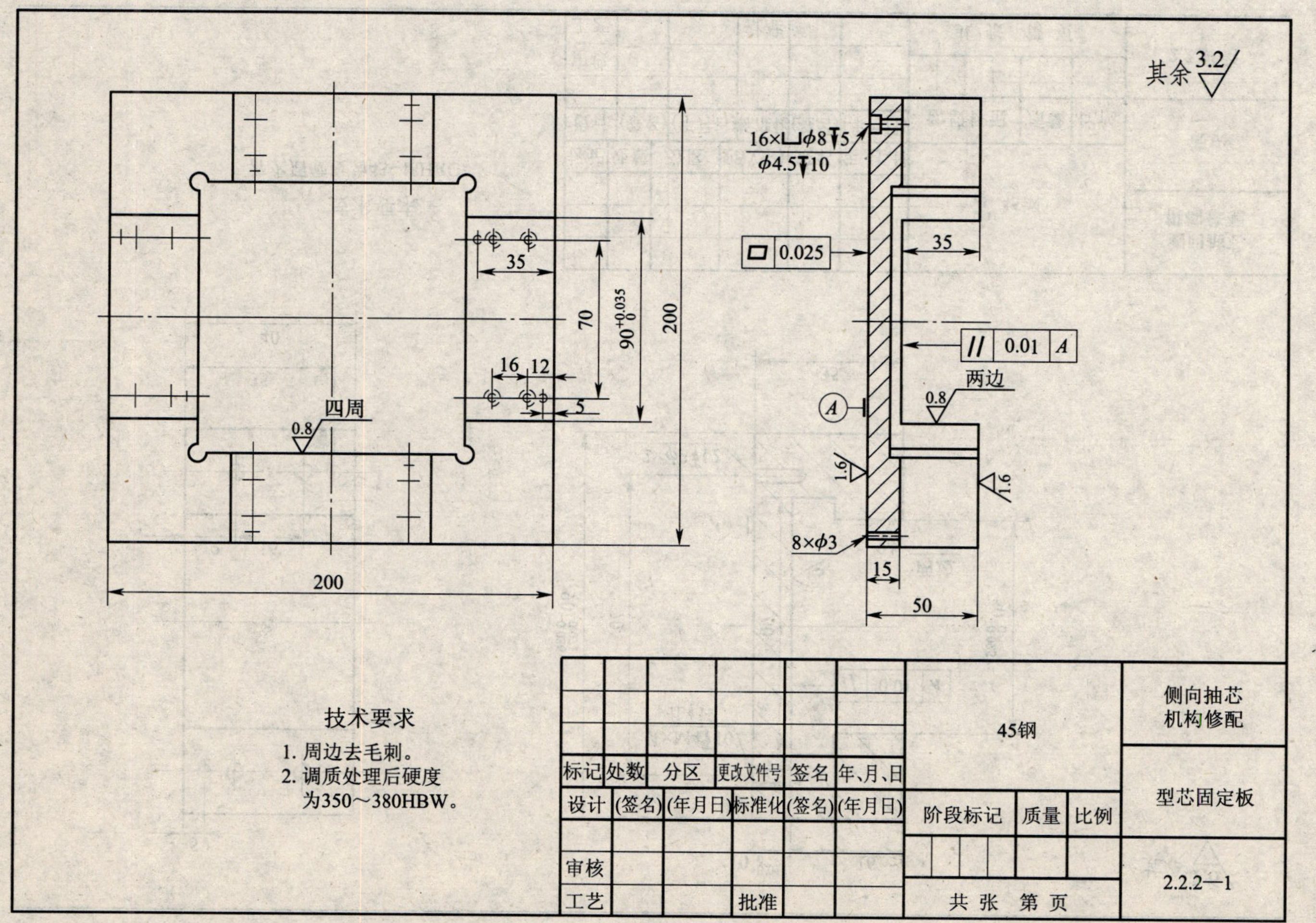

其余 3.2
16×⌴φ8↧5
φ4.5↧10
0.025
35
0.01 A
两边
0.8
A
1.6
1.6
8×φ3
15
50
35
70
$90^{+0.035}_{0}$
200
16
12
5
四周
0.8
200
技术要求
1. 周边去毛刺。
2. 调质处理后硬度为350～380HBW。
45钢
侧向抽芯机构修配
标记 处数 分区 更改文件号 签名 年、月、日
设计 (签名) (年月日) 标准化 (签名) (年月日)
阶段标记 质量 比例
型芯固定板
审核
2.2.2—1
工艺 批准
共 张 第 页

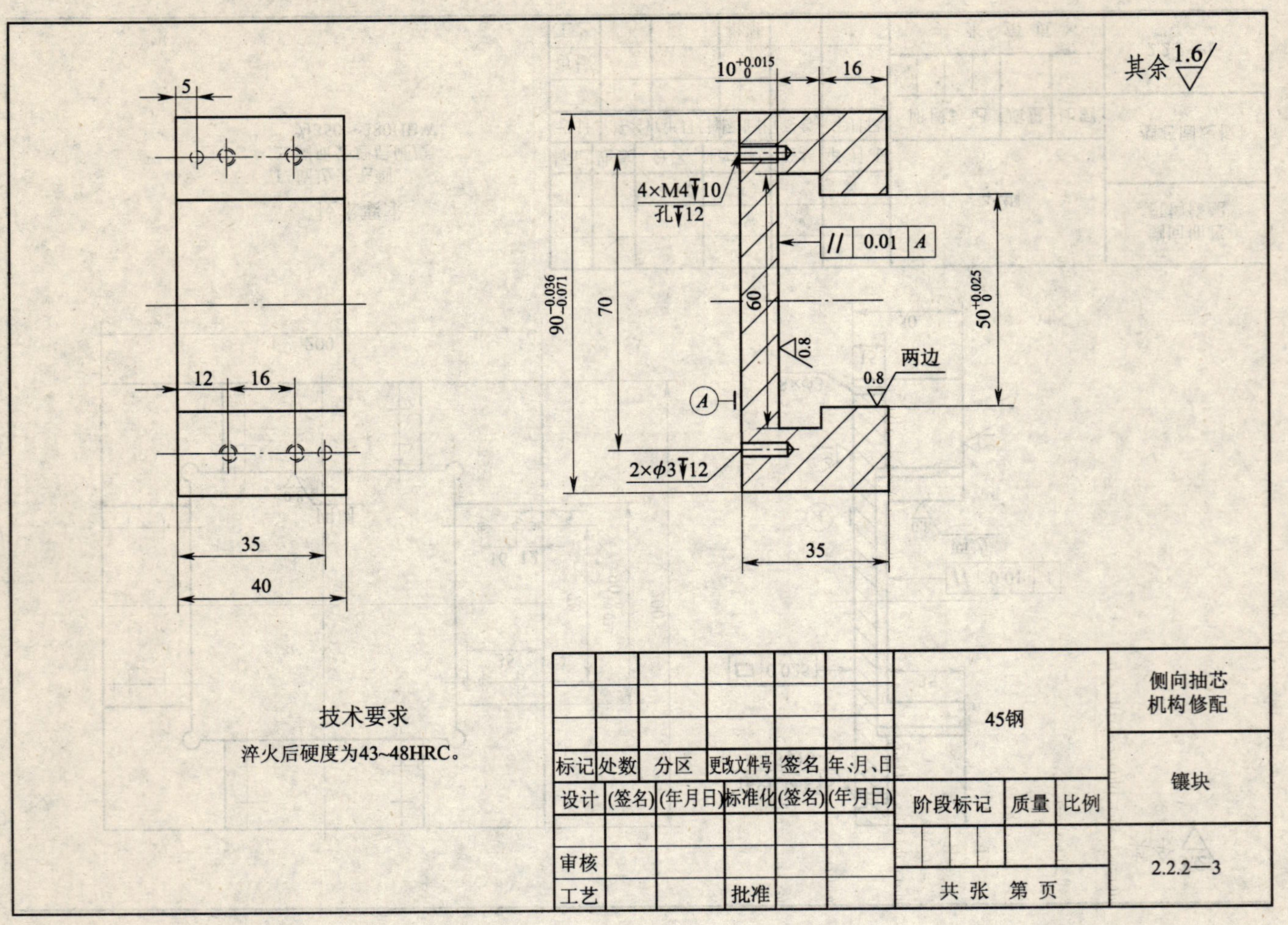
其余 1.6
5
12
16
35
40
$10^{+0.015}_{0}$
16
4×M4▼10
孔▼12
0.01 A
$90^{-0.036}_{-0.071}$
70
60
0.8
$50^{+0.025}_{0}$
两边
0.8
A
2×ϕ3▼12
35
技术要求
淬火后硬度为43~48HRC。
45钢
侧向抽芯
机构修配
标记 处数 分区 更改文件号 签名 年、月、日
设计 (签名) (年月日) 标准化 (签名) (年月日)
阶段标记 质量 比例
镶块
审核
工艺 批准
共 张 第 页
2.2.2—3

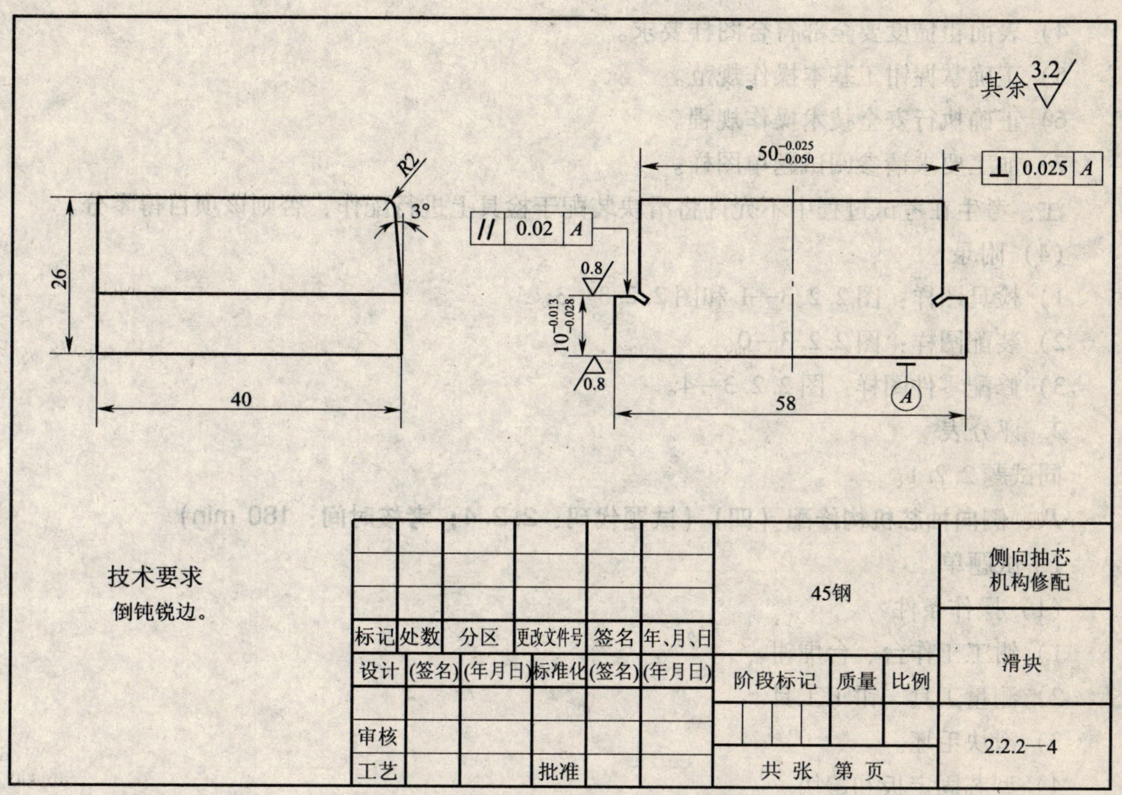


按照装配图 2. 2. 3—0 所示的要求完成侧向抽芯机构的修配。

1）将滑块毛坯根据滑块图样 2. 2. 3—4 的要求进行修配。

2）将修配好的滑块装配到镶块（见图 2. 2. 3—3）所示的位置上，并将镶块安装在型芯固定板（见图 2. 2. 3—1）上。

3）按照图样 2. 2. 3—4 所示的要求对修配好的滑块进行尺寸公差与表面粗糙度的检测，验证是否达到图样要求的加工精度。

4）按照装配图 2. 2. 3—0，将型芯固定板和镶块作为检具，对修配好的滑块进行间隙检测和运动检测，验证是否达到图样的要求。

（3）操作要求

1）按照图样要求，正确完成上述操作内容。

2）保证滑块 95% 的尺寸在公差范围内。

3）滑块移动要顺畅，红丹粉均匀。

4）表面粗糙度要全部符合图样要求。

5）正确掌握钳工基本操作规范。

6）正确执行安全技术操作规程。

7）加工要求请参阅试题单图样。

注：考生在考试过程中不允许将滑块装配于检具上进行配作，否则该项目得零分。

（4）附录

1）检具图样：图 2.2.3—1 和图 2.2.3—3。

2）装配图样：图 2.2.3—0。

3）修配零件图样：图 2.2.3—4。

2. 评分表

同试题 2.2.1。

**八、侧向抽芯机构修配（四）（试题代码：2.2.4；考核时间：180 min）**

1. 试题单

（1）操作条件

1）钳工工作台、台虎钳。

2）测量工具、钳工工具。

3）滑块毛坯。

4）型芯固定板和镶块。

5）操作者劳动防护服、工作鞋、防护眼镜穿戴齐全。

6）试题单图样 2.2.4。

（2）操作内容

按照装配图 2.2.4—0 所示的要求完成侧向抽芯机构的修配。

1）将滑块毛坯根据滑块图样 2.2.4—4 的要求进行修配。

2）将修配好的滑块装配到镶块（见图 2.2.4—3）所示的位置上，并将镶块安装在型芯固定板（见图 2.2.4—1）上。

3）按照图 2.2.4—4 所示的要求对修配好的滑块进行尺寸公差与表面粗糙度的检测，验证是否达到图样要求的加工精度。

4）按照装配图 2.2.4—0，将型芯固定板和镶块作为检具，对修配好的滑块进行间隙检测和运动检测，验证是否达到图样的要求。

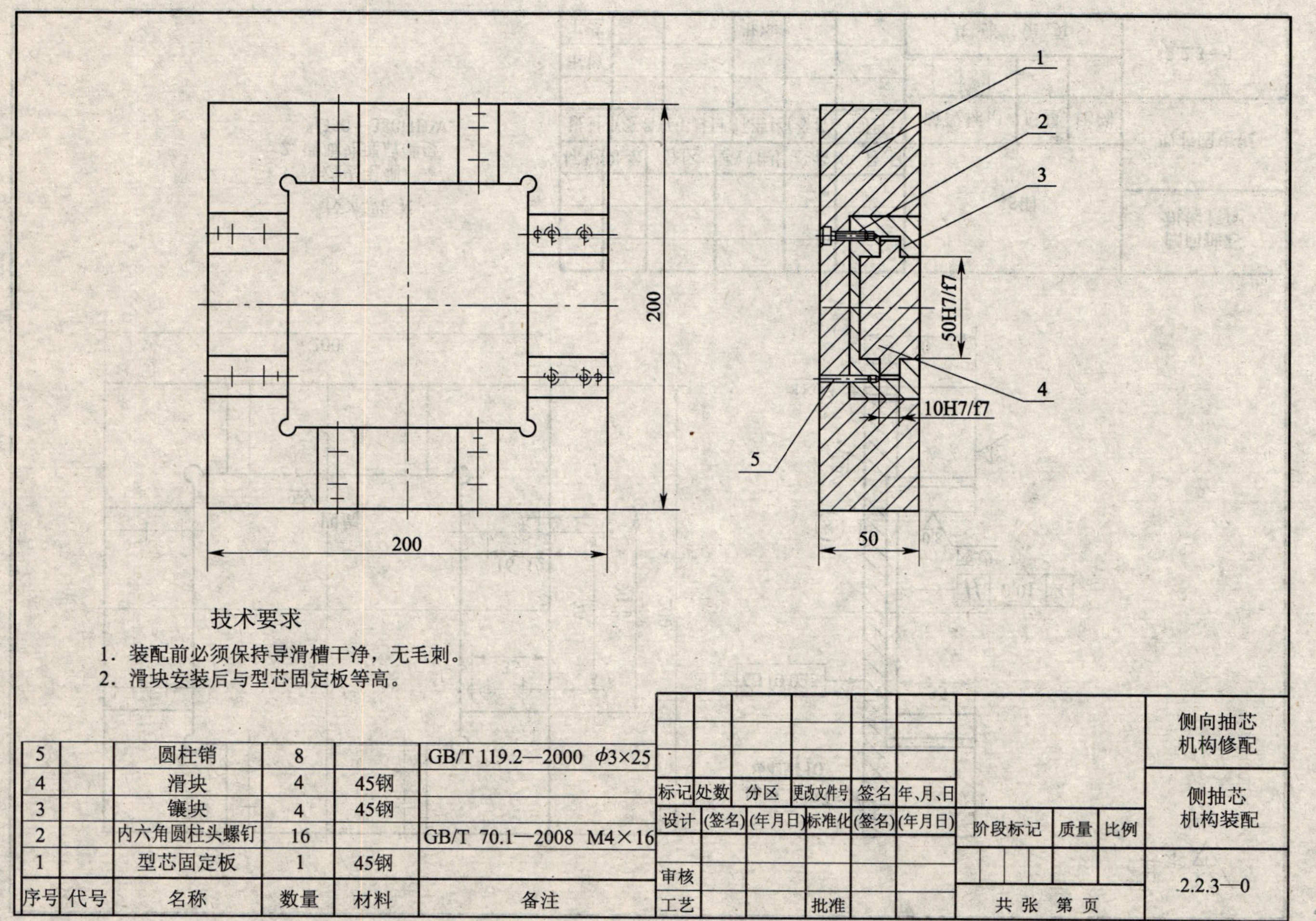
1
2
3
4
5
50H7/f7
10H7/f7
200
200
50
技术要求
1. 装配前必须保持导滑槽干净，无毛刺。
2. 滑块安装后与型芯固定板等高。
5 圆柱销 8 GB/T 119.2—2000 φ3×25
4 滑块 4 45钢
3 镶块 4 45钢
2 内六角圆柱头螺钉 16 GB/T 70.1—2008 M4×16
1 型芯固定板 1 45钢
序号 代号 名称 数量 材料 备注
标记 处数 分区 更改文件号 签名 年、月、日
设计 (签名) (年月日) 标准化 (签名) (年月日)
审核
工艺
批准
阶段标记 质量 比例
共 张 第 页
侧向抽芯机构修配
侧抽芯机构装配
2.2.3—0

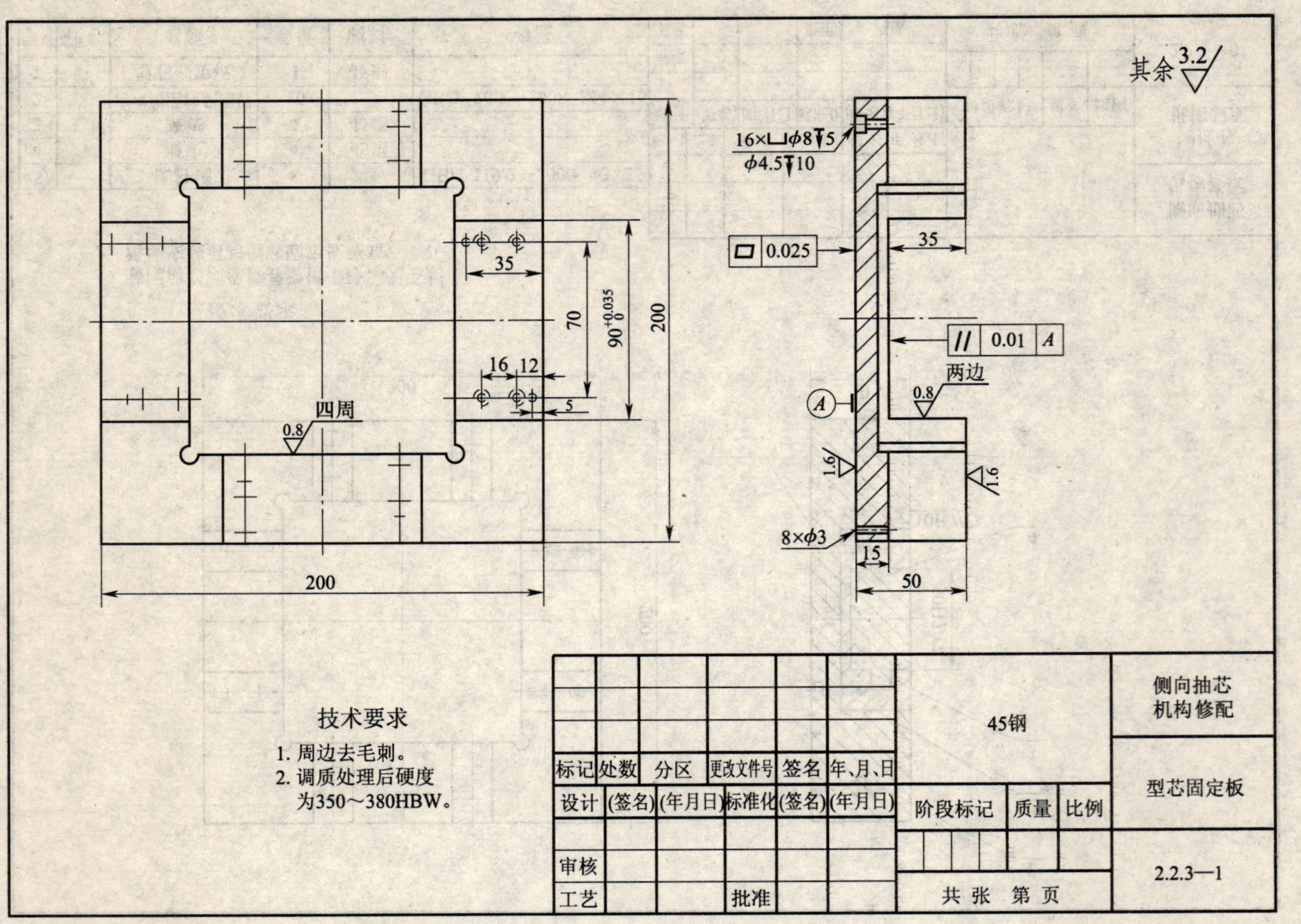
其余 3.2
16×⌴φ8↧5
φ4.5↧10
0.025
35
35
70
$90^{+0.035}_{0}$
200
// 0.01 A
两边
0.8
A
16 12
5
四周
0.8
1.6
1.6
8×φ3
15
200
50
技术要求
1. 周边去毛刺。
2. 调质处理后硬度
为350～380HBW。
45钢
侧向抽芯
机构修配
标记 处数 分区 更改文件号 签名 年、月、日
设计 (签名) (年月日) 标准化 (签名) (年月日)
阶段标记 质量 比例
型芯固定板
审核
工艺 批准
共 张 第 页
2.2.3—1

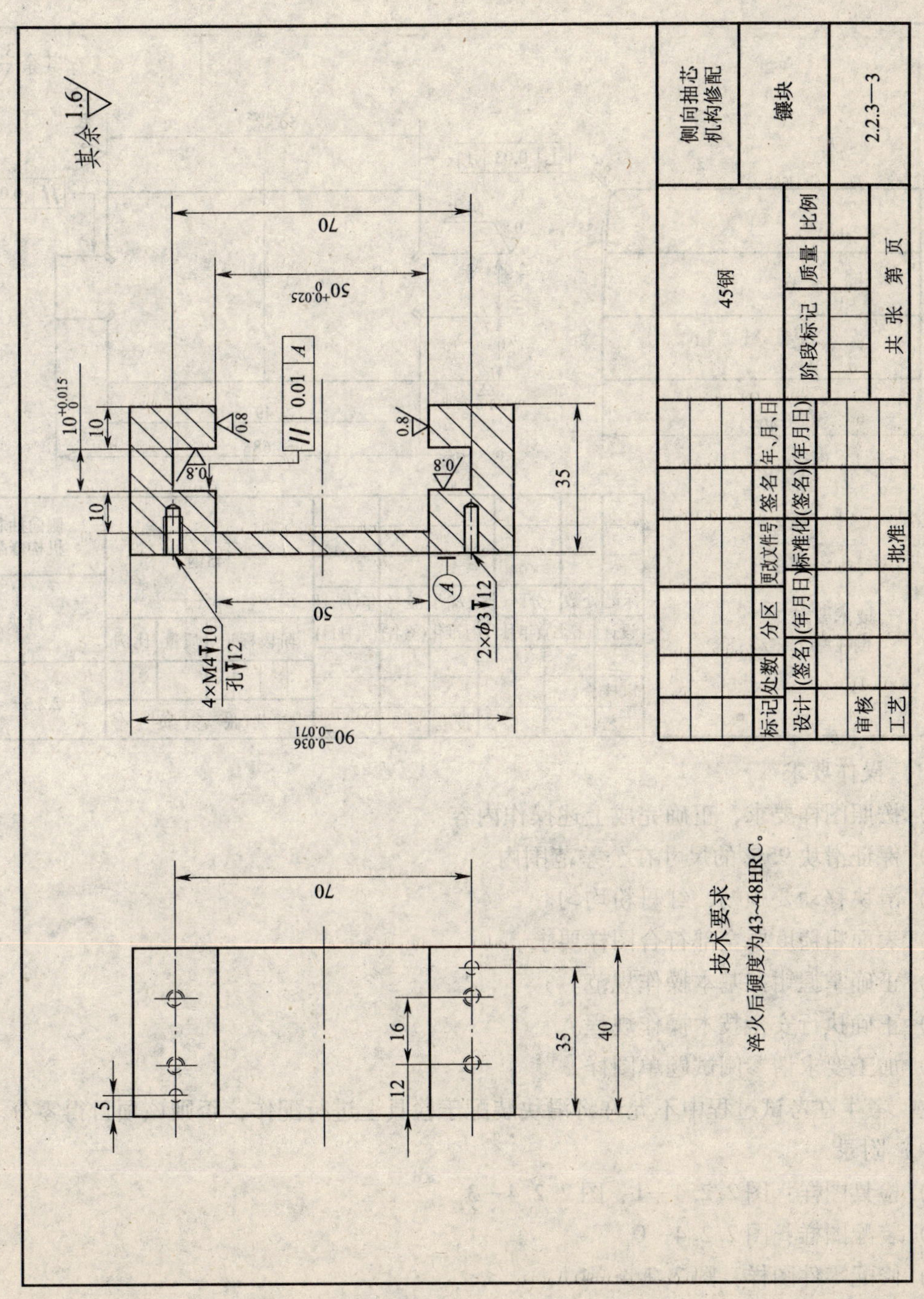
其余 1.6
70
$50^{+0.025}_{0}$
$10^{+0.015}_{0}$
10
10
0.01 A
0.8
35
50
A
4×M4▼10
孔▼12
2×ϕ3▼12
$90^{-0.036}_{-0.071}$
70
5
12
16
35
40
技术要求
淬火后硬度为43~48HRC。
侧向抽芯机构修配
镶块
2.2.3—3
45钢
阶段标记
质量
比例
共 张 第 页
标记 处数 分区 更改文件号 签名 年、月、日
设计 (签名) (年月日) 标准化 (签名) (年月日)
审核
工艺
批准

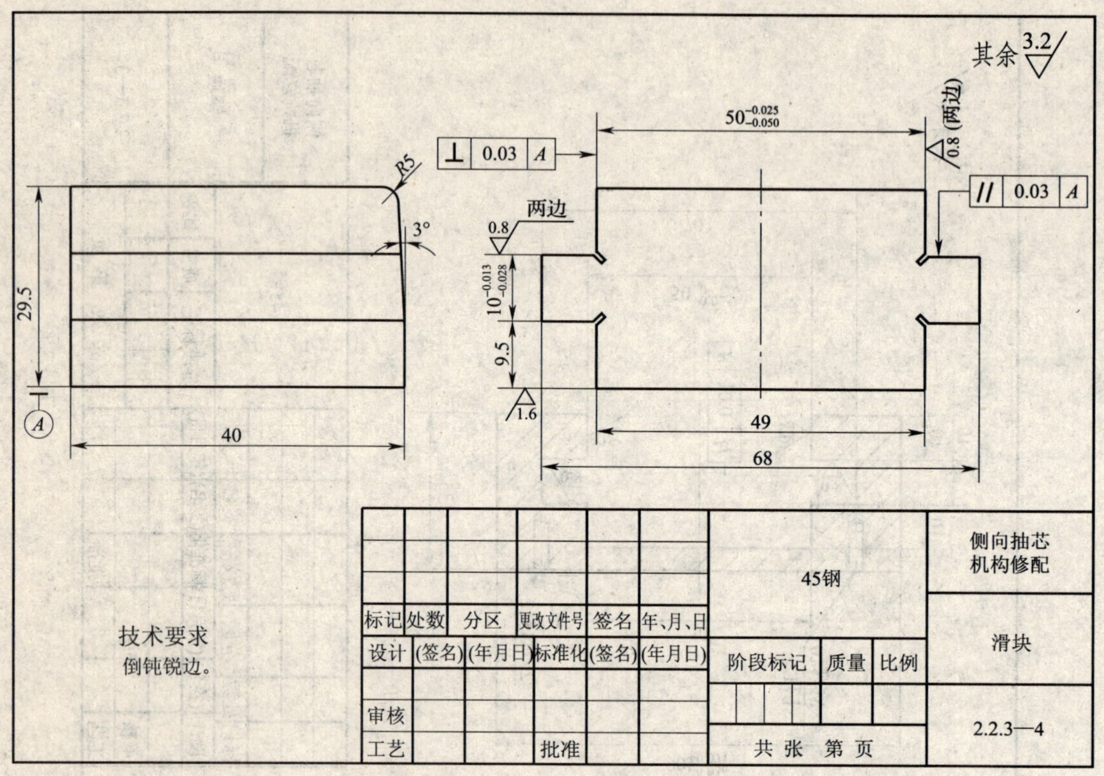


（3）操作要求

1）按照图样要求，正确完成上述操作内容。

2）保证滑块95%的尺寸在公差范围内。

3）滑块移动要顺畅，红丹粉均匀。

4）表面粗糙度要全部符合图样要求。

5）正确掌握钳工基本操作规范。

6）正确执行安全技术操作规程。

7）加工要求请参阅试题单图样。

注：考生在考试过程中不允许将滑块装配于检具上进行配作，否则该项目得零分。

（4）附录

1）检具图样：图 2. 2. 4—1、图 2. 2. 4—3。

2）装配图样：图 2. 2. 4—0。

3）修配零件图样：图 2. 2. 4—4。

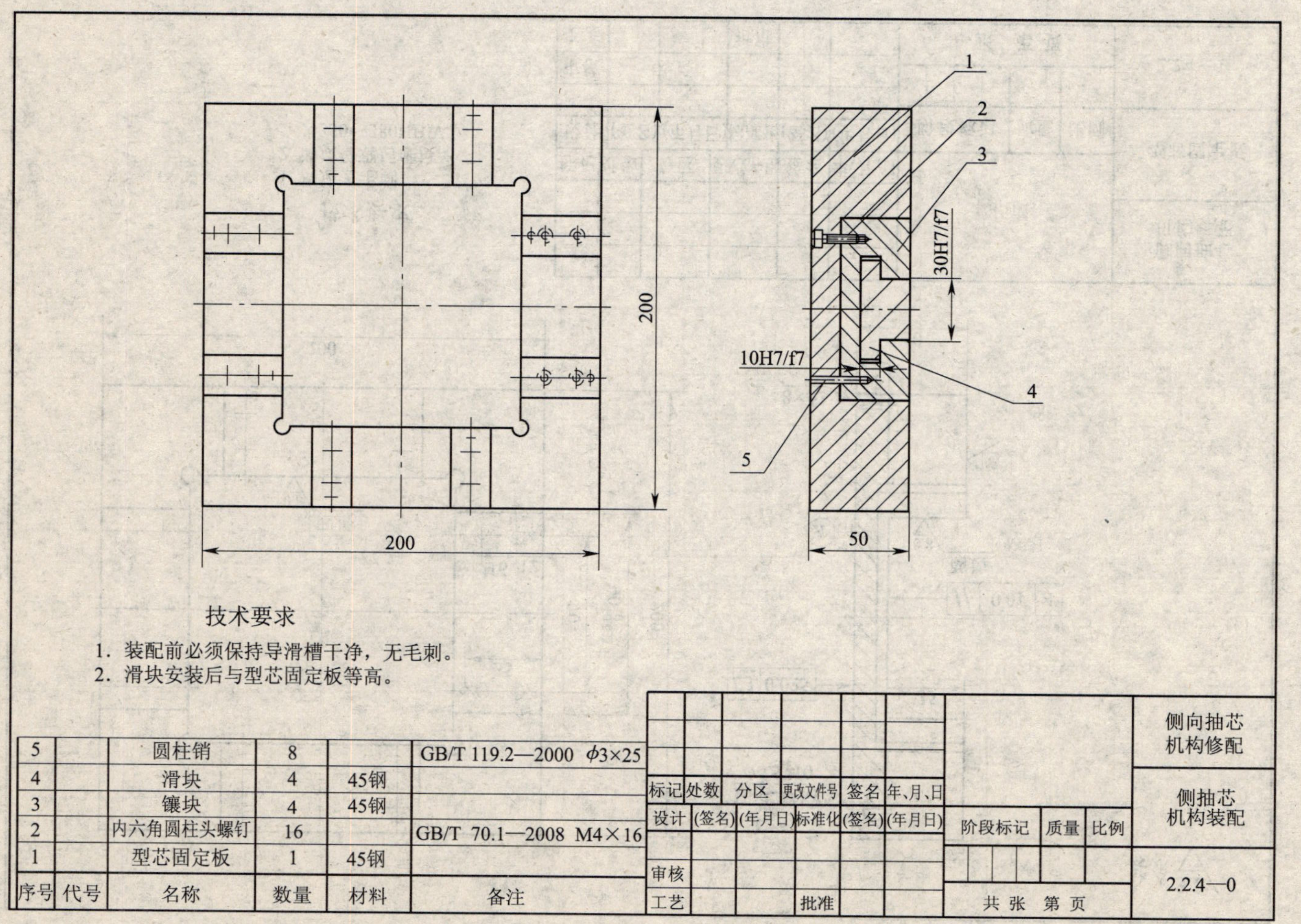
1
2
3
4
5
30H7/f7
10H7/f7
200
200
50
技术要求
1. 装配前必须保持导滑槽干净，无毛刺。
2. 滑块安装后与型芯固定板等高。
5 圆柱销 8 GB/T 119.2—2000 φ3×25
4 滑块 4 45钢
3 镶块 4 45钢
2 内六角圆柱头螺钉 16 GB/T 70.1—2008 M4×16
1 型芯固定板 1 45钢
序号 代号 名称 数量 材料 备注
标记 处数 分区 更改文件号 签名 年、月、日
设计 (签名) (年月日) 标准化 (签名) (年月日)
审核
工艺
批准
阶段标记 质量 比例
共 张 第 页
侧向抽芯机构修配
侧抽芯机构装配
2.2.4—0

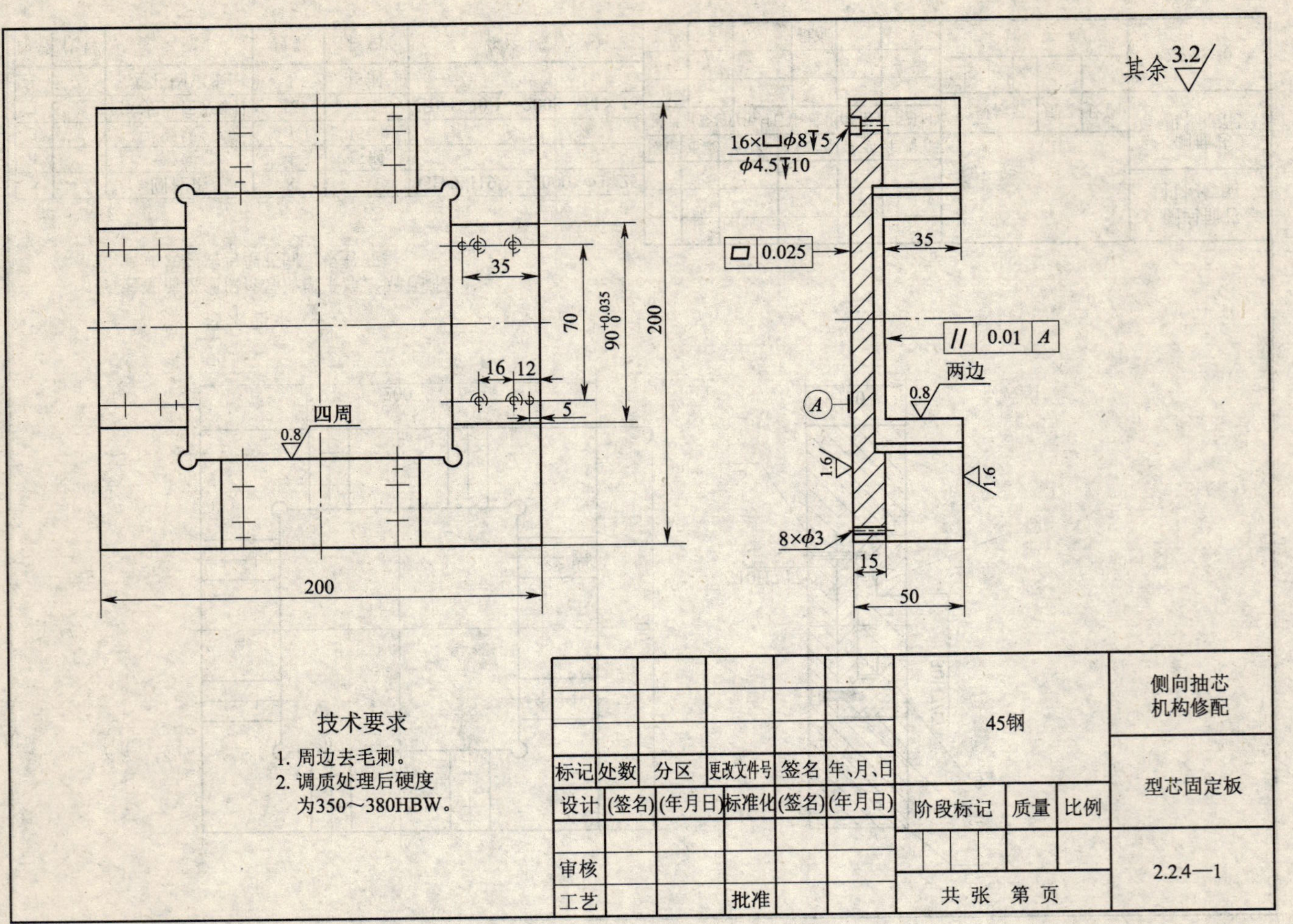

其余 3.2
16×□φ8↧5
φ4.5↧10
0.025
35
0.01 A
两边
0.8
A
1.6
1.6
8×φ3
15
50
35
70
$90^{+0.035}_{0}$
200
16 12
5
四周
0.8
200
技术要求
1. 周边去毛刺。
2. 调质处理后硬度为350~380HBW。
45钢
侧向抽芯机构修配
型芯固定板
标记 处数 分区 更改文件号 签名 年、月、日
设计 (签名) (年月日) 标准化 (签名) (年月日)
阶段标记 质量 比例
审核
工艺 批准
共 张 第 页
2.2.4—1

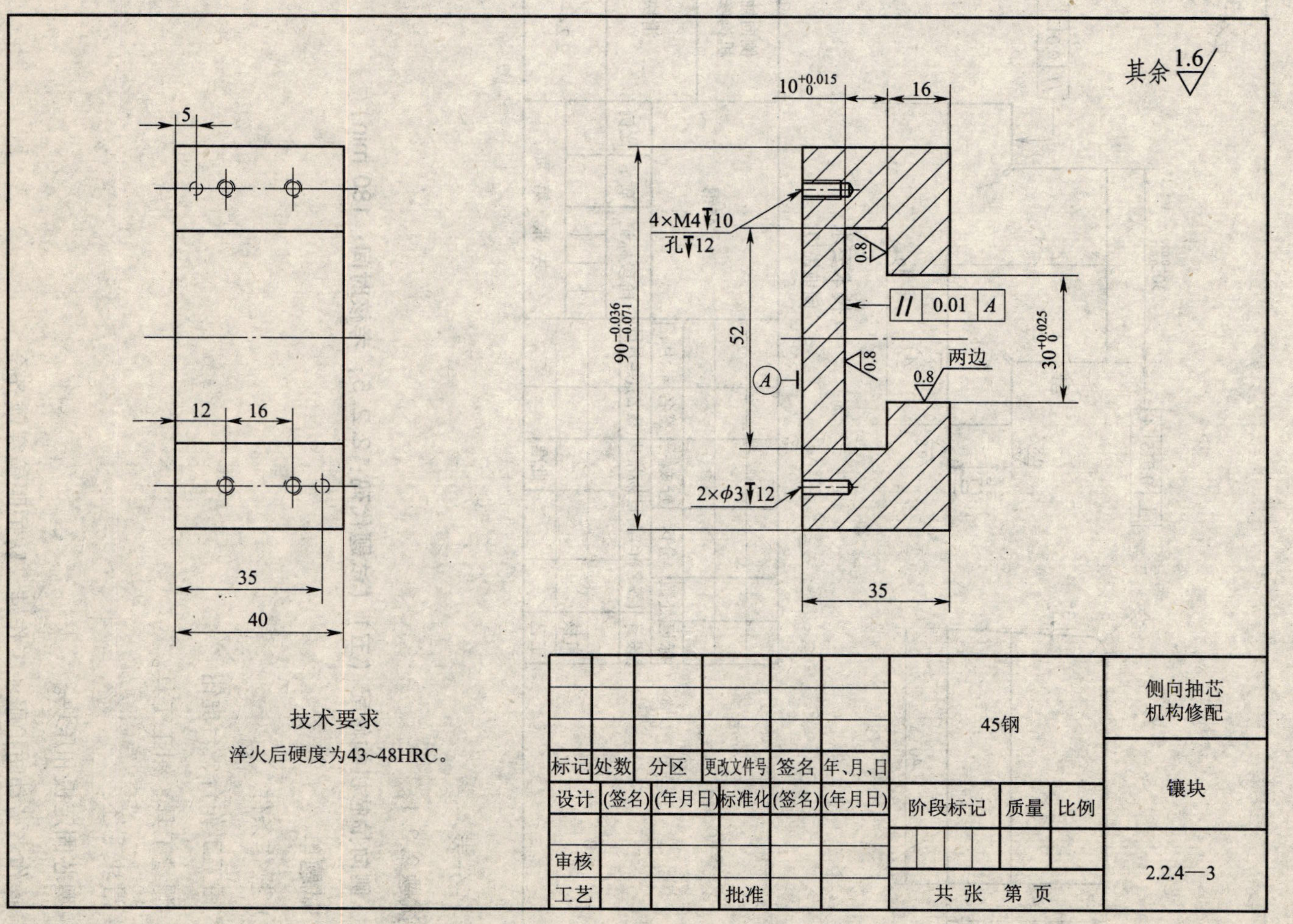
其余 1.6
5
12
16
35
40
10 +0.015 0
16
4×M4↧10
孔↧12
0.8
0.01 A
52
90 −0.036 −0.071
30 +0.025 0
0.8
两边
0.8
A
2×ϕ3↧12
35
技术要求
淬火后硬度为43~48HRC。
标记
处数
分区
更改文件号
签名
年、月、日
设计
(签名)
(年月日)
标准化
(签名)
(年月日)
审核
工艺
批准
45钢
阶段标记
质量
比例
共 张 第 页
侧向抽芯
机构修配
镶块
2.2.4—3

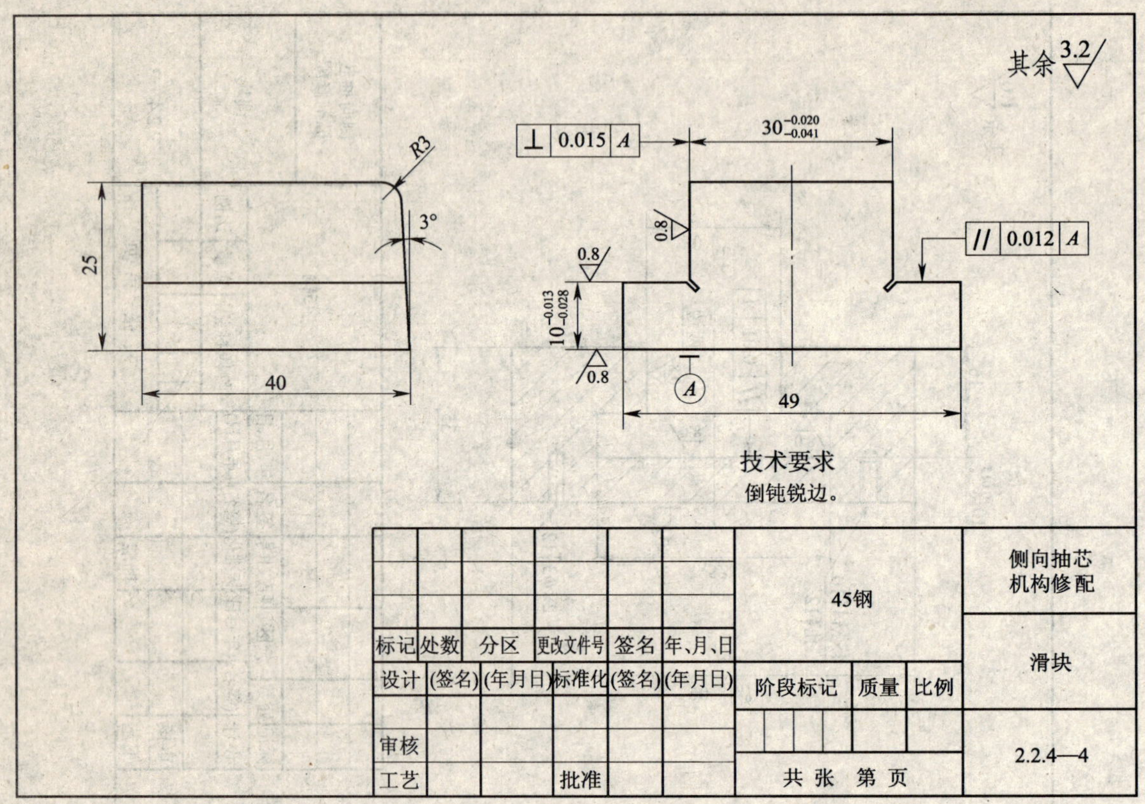


2. 评分表

同试题 2. 2. 1。

**九、侧向抽芯机构修配（五）（试题代码：2. 2. 5；考核时间：180 min）**

1. 试题单

（1）操作条件

1）钳工工作台、台虎钳。

2）测量工具、钳工工具。

3）滑块毛坯。

4）型芯固定板和压块。

5）操作者劳动防护服、工作鞋、防护眼镜穿戴齐全。

6）试题单图样 2. 2. 5。

（2）操作内容

按照装配图 2. 2. 5—0 所示的要求完成侧向抽芯机构的修配。

1）将滑块毛坯根据滑块图样 2. 2. 5—4 的要求进行修配。

2）将修配好的滑块装配到镶块（见图 2. 2. 5—3）所示的位置上，并将镶块安装在型芯固定板（见图 2. 2. 5—1）上。

3）按照图 2. 2. 5—4 所示的要求对修配好的滑块进行尺寸公差与表面粗糙度的检测，验证是否达到图样要求的加工精度。

4）按照装配图 2. 2. 5—0，将型芯固定板和镶块作为检具，对修配好的滑块进行间隙检测和运动检测，验证是否达到图样的要求。

（3）操作要求

1）按照图样要求，正确完成上述操作内容。

2）保证滑块 95% 的尺寸在公差范围内。

3）滑块移动要顺畅，红丹粉均匀。

4）表面粗糙度要全部符合图样要求。

5）正确掌握钳工基本操作规范。

6）正确执行安全技术操作规程。

7）加工要求请参阅试题单图样。

注：考生在考试过程中不允许将滑块装配于检具上进行配作，否则该项目得零分。

（4）附录

1）检具图样：图 2. 2. 5—1、图 2. 2. 5—3。

2）装配图样：图 2. 2. 5—0。

3）修配零件图样：图 2. 2. 5—4。

2. 评分表

同试题 2. 2. 1。

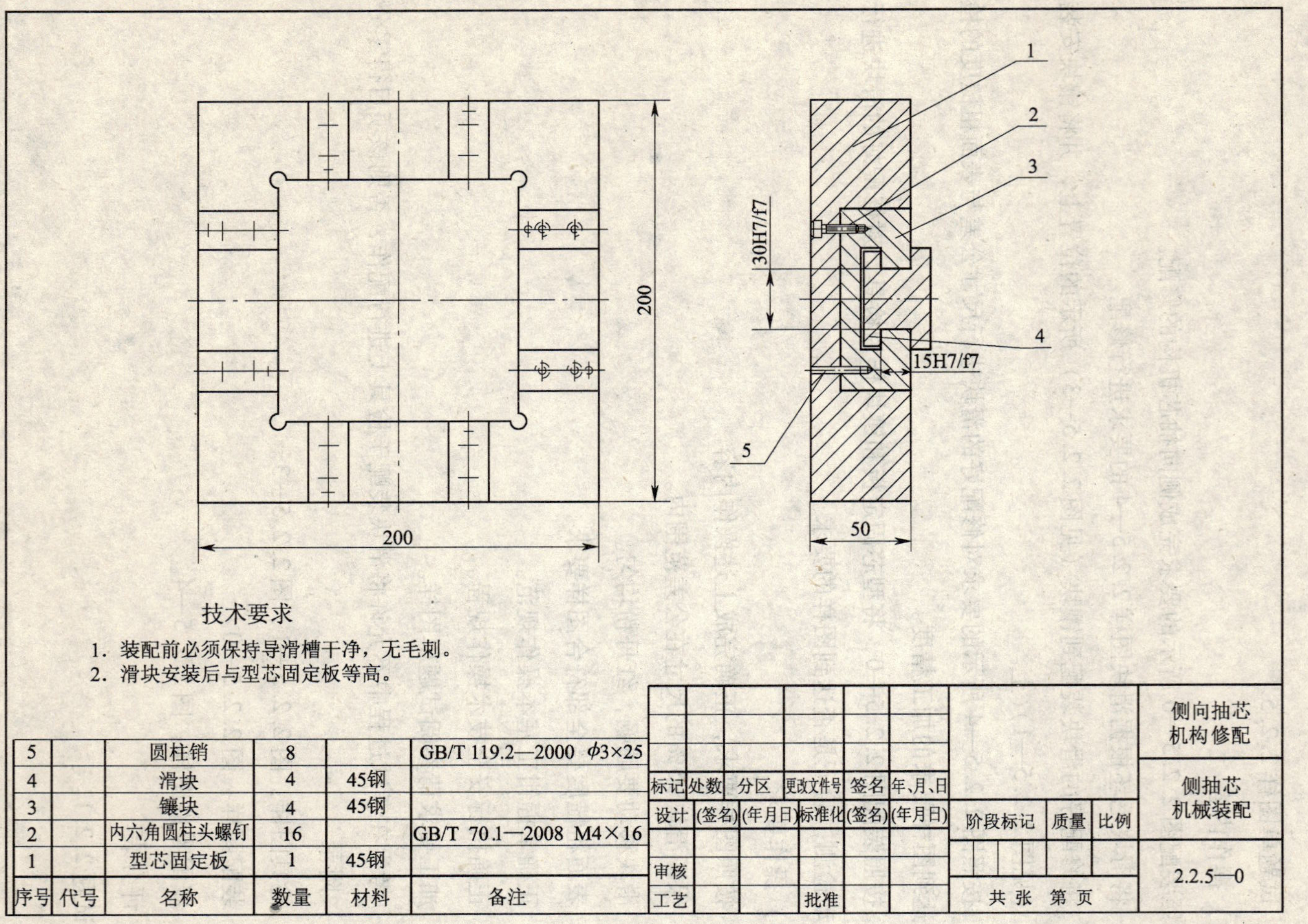
1
2
3
4
5
15H7/f7
30H7/f7
50
200
200
技术要求
1. 装配前必须保持导滑槽干净，无毛刺。
2. 滑块安装后与型芯固定板等高。
5 圆柱销 8 GB/T 119.2—2000 φ3×25
4 滑块 4 45钢
3 镶块 4 45钢
2 内六角圆柱头螺钉 16 GB/T 70.1—2008 M4×16
1 型芯固定板 1 45钢
序号 代号 名称 数量 材料 备注
标记 处数 分区 更改文件号 签名 年.月.日
设计 (签名) (年月日) 标准化 (签名) (年月日)
审核
工艺
批准
阶段标记 质量 比例
共 张 第 页
侧向抽芯机构修配
侧抽芯机械装配
2.2.5—0

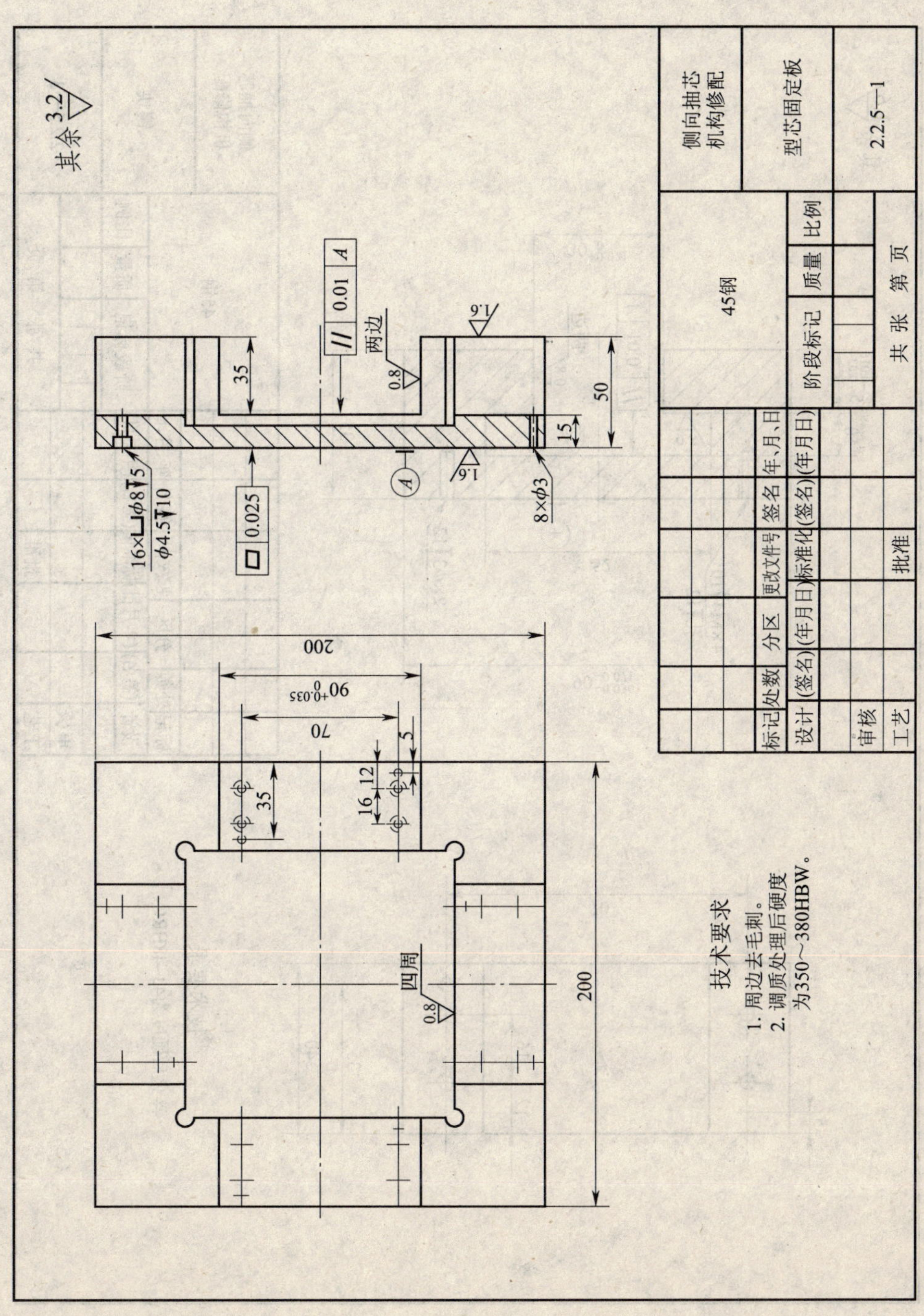
其余 3.2
16×⌴φ8↧5
φ4.5↧10
0.025
// 0.01 A
两边
0.8
1.6
35
50
15
8×φ3
A
200
$90^{+0.035}_{0}$
70
5
35
12
16
四周
0.8
200
技术要求
1. 周边去毛刺。
2. 调质处理后硬度为350~380HBW。
侧向抽芯机构修配
型芯固定板
2.2.5—1
45钢
标记 处数 分区 更改文件号 签名 年、月、日
设计 (签名)(年月日)标准化(签名)(年月日)
阶段标记 质量 比例
审核
工艺
批准
共 张 第 页

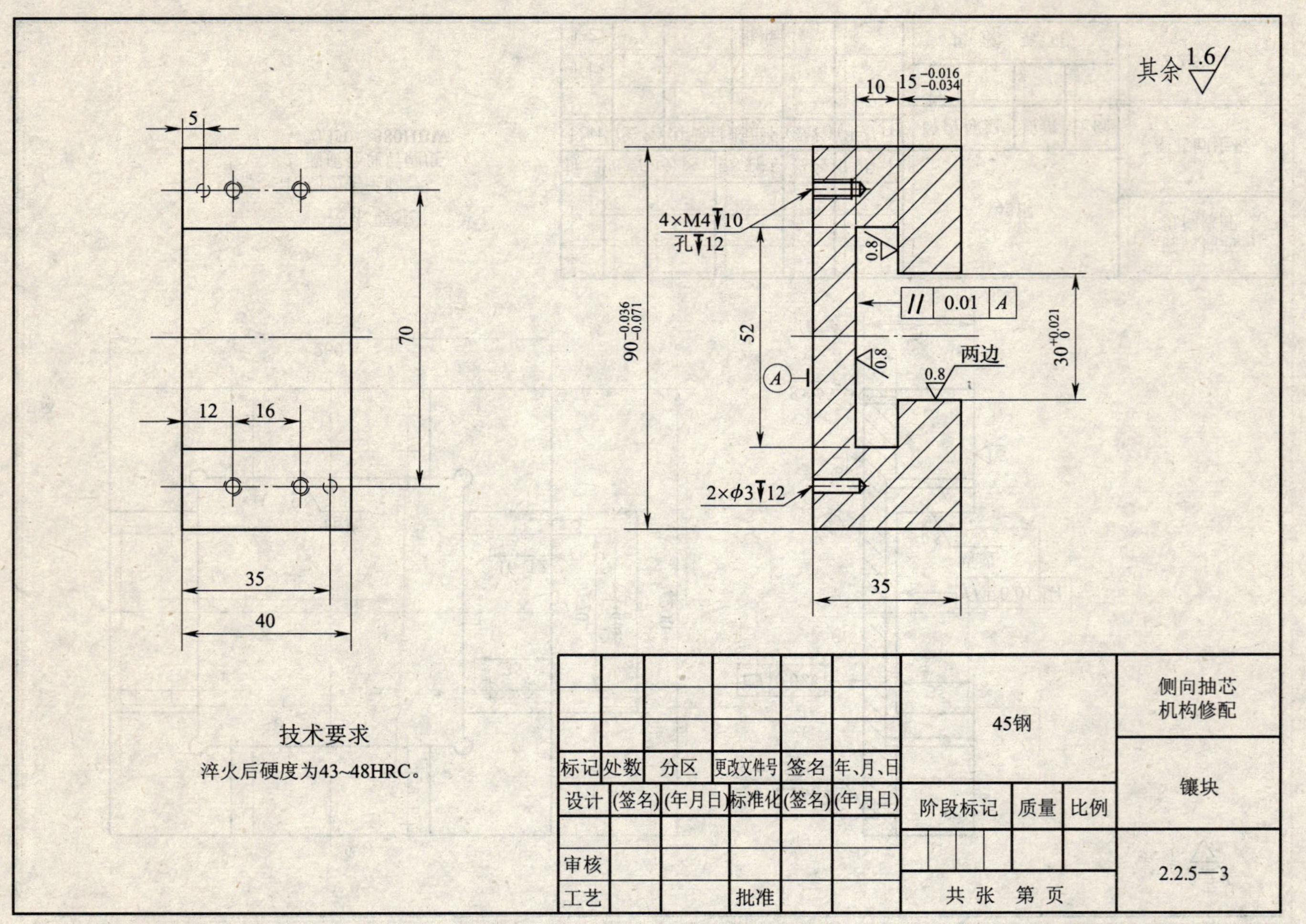
其余 1.6
10
15 −0.016 −0.034
5
4×M4 10
孔 12
0.8
0.01 A
70
52
90 −0.036 −0.071
30 +0.021 0
0.8
两边
0.8
A
12
16
2×ϕ3 12
35
40
35
技术要求
淬火后硬度为43~48HRC。
45钢
侧向抽芯
机构修配
镶块
2.2.5—3
标记 处数 分区 更改文件号 签名 年、月、日
设计 (签名) (年月日) 标准化 (签名) (年月日)
阶段标记 质量 比例
审核
工艺
批准
共 张 第 页

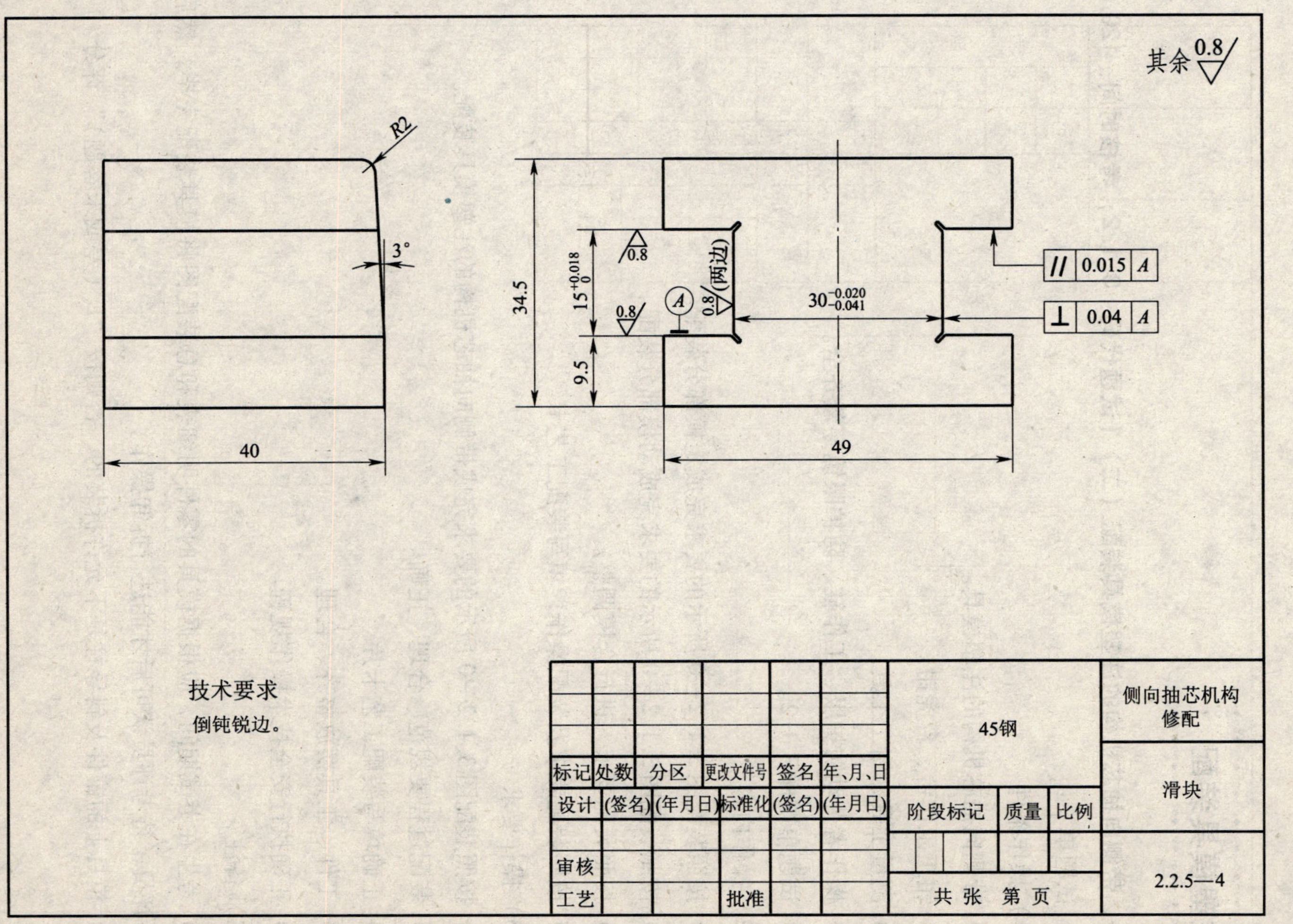
其余 0.8
R2
3°
40
34.5
$15^{+0.018}_{0}$
9.5
0.8
0.8
A
0.8（两边）
$30^{-0.020}_{-0.041}$
49
// 0.015 A
⊥ 0.04 A
技术要求
倒钝锐边。
45钢
侧向抽芯机构修配
滑块
2.2.5—4
标记 处数 分区 更改文件号 签名 年、月、日
设计 (签名) (年月日) 标准化 (签名) (年月日)
阶段标记 质量 比例
审核
工艺 批准
共 张 第 页

# 注塑模具装配

## 一、带侧向抽芯机构的注塑模具装配（二）（试题代码：3.1.2；考核时间：120 min）

1．试题单

（1）操作条件

1）带侧向抽芯机构的注塑模具。

2）钳工工作台、台虎钳。

3）测量工具、钳工工具。

4）操作者劳动防护服、工作鞋、防护眼镜穿戴齐全。

5）试题单图样 3.1.2。

（2）操作内容

1）按照装配图 3.1.2—0 所示的要求完成定模部分装配。

2）按照装配图 3.1.2—0 所示的要求完成动模部分装配。

3）按照装配要求，进行合模调整。

4）按照装配要求及装配操作，填写装配工艺卡。

（3）操作要求

1）按照装配图 3.1.2—0 所示的要求完成带侧向抽芯机构的注塑模具装配。

2）装配过程要规范、合理、正确。

3）正确填写装配工艺卡片。

4）工件、工具摆放整齐、合理。

5）正确执行安全技术操作规程。

（4）备注

1）考生在考试期间，应根据模具的零件明细表和总装配图将模具装配完毕，然后举手示意考评员，待考评员认可后才能进行拆卸操作。

2）模具上的镶件及斜导柱是不允许拆装的，否则按“E（差或未答题）”评分。

### 3.1.2—0 模具的零件明细表

| 序号 | 名称 | 规格[①] | 数量 | 材料 | 备注 |
|---|---|---|---|---|---|
| 1 | 定模座板 | | 1 | 45 钢 | |
| 2 | 内六角螺钉 | M12×30 | 4 | | GB/T 70.1—2008 |
| 3 | 浇口套 | $\phi$10×40 | 1 | 45 钢 | GB/T 4169.19—2006 |
| 4 | 定位圈 | $\phi$100×10 | 1 | 45 钢 | GB/T 4169.18—2006 |
| 5 | 内六角螺钉 | M6×16 | 4 | | GB/T 70.1—2008 |
| 6 | 带头导柱 | $\phi$20×75×40 | 4 | T10A 钢 | GB/T 4169.4—2006 |
| 7 | 带头导套 | $\phi$20×40 | 4 | T10A 钢 | GB/T 4169.3—2006 |
| 8 | 型腔固定板 | | 1 | 45 钢 | 调质：230~270HBW |
| 9 | 型芯固定板 | | 1 | 45 钢 | 调质：230~270HBW |
| 10 | 内六角螺钉 | M6×20 | 8 | | GB/T 70.1—2008 |
| 11 | 垫块 | | 2 | 45 钢 | |
| 12 | 动模座板 | | 1 | | |
| 13 | 内六角螺钉 | M12×100 | 4 | | GB/T 70.1—2008 |
| 14 | 推板 | 150×300×15 | 1 | 45 钢 | GB/T 4169.7—2006 |
| 15 | 推杆固定板 | 150×300×15 | 1 | 45 钢 | GB/T 4169.7—2006 |
| 16 | 拉料杆 | $\phi$5×85 | 1 | T10A 钢 | 按 GB/T 4169.1—2006 购买后改制 |
| 17 | 水嘴 | G1/4×10 | 4 | Cu | |
| 18 | 水堵头 | $\phi$8×8 | 4 | Cu | |
| 19 | 型芯 | | 1 | P20 | 淬火：52~55HRC |
| 20 | 型腔 | | 1 | P20 | 淬火：52~55HRC |
| 21 | 内六角螺钉 | M8×20 | 6 | | GB/T 70.1—2008 |
| 22 | 内六角螺钉 | M6×16 | 2 | | GB/T 70.1—2008 |
| 23 | 顶出限位块 | | 2 | 45 钢 | |
| 24 | 内六角螺钉 | M6×20 | 4 | | GB/T 70.1—2008 |
| 25 | 斜顶杆固定滑块 | | 4 | 45 钢 | 调质：230~270HBW |
| 26 | 复位杆 | $\phi$15×90 | 4 | T10A 钢 | GB/T 4169.13—2006 |
| 27 | 斜顶杆 | | 4 | T10A 钢 | 淬火：52~55HRC |

①除序号为 17 的水嘴“G1/4×10”中 1/4 为无单位的尺寸代号外，其余各尺寸均为 mm。

## 2. 答题卷

根据装配图及装配过程填写装配工艺卡。

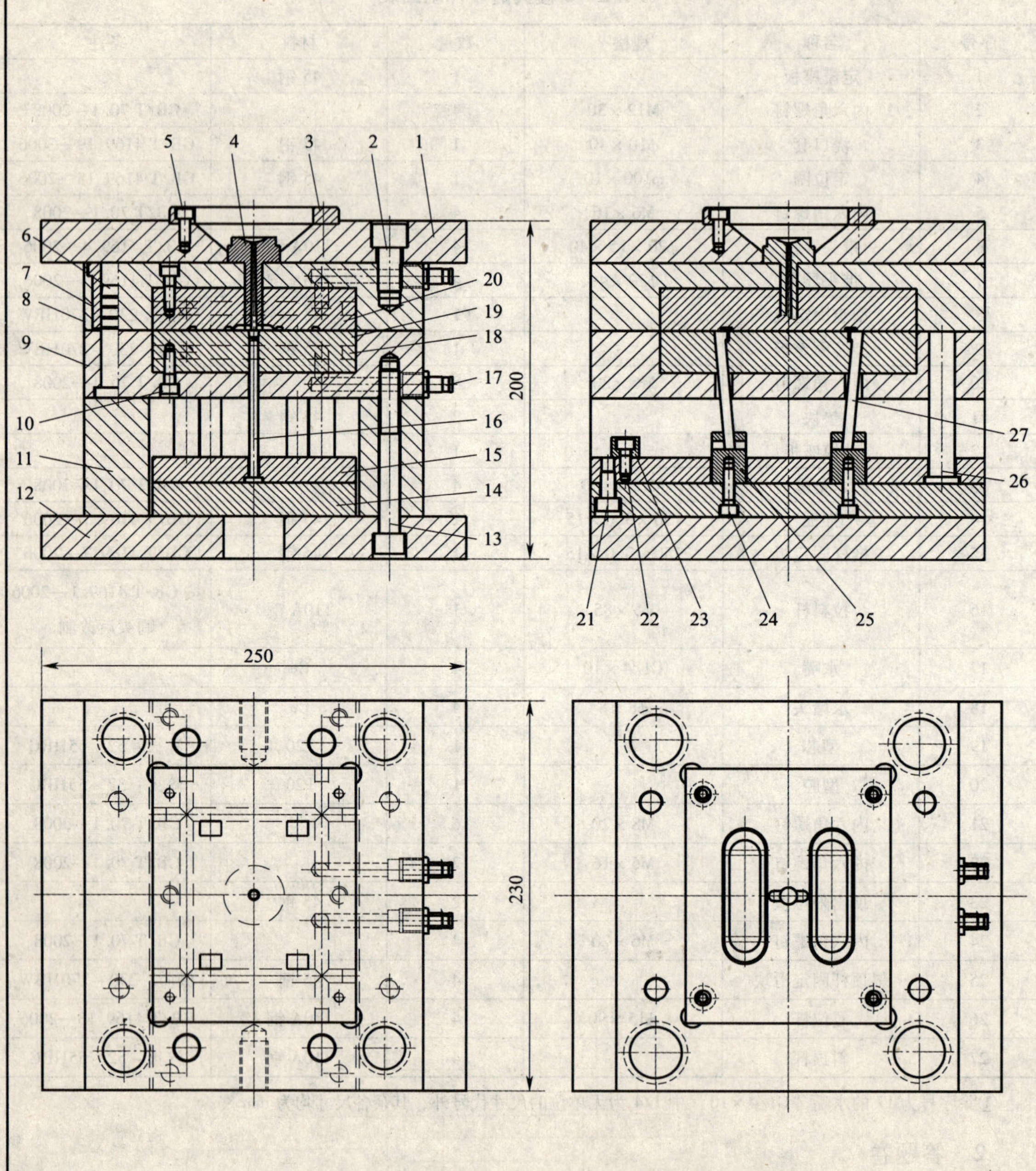

5
4
3
2
1
6
7
8
9
10
11
12
20
19
18
17
16
15
14
13
200
27
26
21
22
23
24
25
250
230

## 技术要求

1. 装配时对两分型面进行修研，应使垂直分型面接触吻合，水平分型面稍留有间隙，间隙在0.01~0.02之间。
2. 检查各活动机构是否适当，保证没有松动和咬死现象。
3. 装配后进行试模验收，脱模机构不得有干涉现象，塑件质量应达到设计要求。
4. 顶出距离$H \leqslant 22$。
5. 标准模架：2023—CI—A40—B40—C70。

| 序号 | 代号 | 名　称 | 规　格 | 数量 | 材　料 | 备　注 |
|---|---|---|---|---|---|---|
| 27 | | 斜顶杆 | | 4 | T10A钢 | 淬火：52~55HRC |
| 26 | | 复位杆 | $\phi$15×90 | 4 | T10A钢 | GB/T 4169.13—2006 |
| 25 | | 斜顶杆固定滑块 | | 4 | 45钢 | 调质：230~270HBW |
| 24 | | 内六角螺钉 | M6×20 | 4 | | GB/T 70.1—2008 |
| 23 | | 顶出限位块 | | 2 | 45钢 | |
| 22 | | 内六角螺钉 | M6×16 | 2 | | GB/T 70.1—2008 |
| 21 | | 内六角螺钉 | M8×20 | 6 | | GB/T 70.1—2008 |
| 20 | | 型腔 | | 1 | P20 | 淬火：52~55HRC |
| 19 | | 型芯 | | 1 | P20 | 淬火：52~55HRC |
| 18 | | 水堵头 | $\phi$8×8 | 4 | Cu | |
| 17 | | 水嘴 | G1/4×10 | 4 | Cu | |
| 16 | | 拉料杆 | $\phi$5×85 | 1 | T10A钢 | 按GB/T 4169.1—2006购买后改制 |
| 15 | | 推杆固定板 | 150×300×15 | 1 | 45钢 | GB/T 4169.7—2006 |
| 14 | | 推板 | 150×300×15 | 1 | 45钢 | GB/T 4169.7—2006 |
| 13 | | 内六角螺钉 | M12×100 | 4 | | GB/T 70.1—2008 |
| 12 | | 动模座板 | | 1 | | |
| 11 | | 垫块 | | 2 | 45钢 | |
| 10 | | 内六角螺钉 | M6×20 | 8 | | GB/T 70.1—2008 |
| 9 | | 型芯固定板 | | 1 | 45钢 | 调质：230~270HBW |
| 8 | | 型腔固定板 | | 1 | 45钢 | 调质：230~270HBW |
| 7 | | 带头导套 | $\phi$20×40 | 4 | T10A钢 | GB/T 4169.3—2006 |
| 6 | | 带头导柱 | $\phi$20×75×40 | 4 | T10A钢 | GB/T 4169.4—2006 |
| 5 | | 内六角螺钉 | M6×16 | 4 | | GB/T 70.1—2008 |
| 4 | | 定位圈 | $\phi$100×10 | 1 | 45钢 | GB/T 4169.18—2006 |
| 3 | | 浇口套 | $\phi$10×40 | 1 | 45钢 | GB/T 4169.19—2006 |
| 2 | | 内六角螺钉 | M12×30 | 4 | | GB/T 70.1—2008 |
| 1 | | 定模座板 | | 1 | 45钢 | |

| 标记 | 处数 | 分区 | 更改文件号 | 签名 | 年、月、日 | | | 带侧向抽芯机构的注塑模具装配 |
|---|---|---|---|---|---|---|---|---|
| 设计 | (签名) | (年月日) | 标准化 | (签名) | (年月日) | 阶段标记 | 质量 | 比例 | 按钮护板斜顶注塑模 |
| 审核 | | | | | | | | | |
| 工艺 | | | 批准 | | | 共　张　第　页 | | | 3.1.2—0 |

| | 工具钳工（注塑模）三级 | | | 装配工艺卡片 | 零件图号 | | |
|---|---|---|---|---|---|---|---|
| | | | | | 零件名称 | | |
| | 工序号 | 工步号 | 工序（工步）名称 | 工步内容 | 设备 | 工艺装备 | 工时 |
| | | | | | | | |
| | | | | | | | |
| | | | | | | | |
| | | | | | | | |
| | | | | | | | |
| | | | | | | | |
| | | | | | | | |
| | | | | | | | |
| | | | | | | | |
| 描图 | | | | | | | |
| | | | | | | | |
| 描校 | | | | | | | |
| | | | | | | | |
| 底图号 | | | | | | | |
| | | | | | | | |
| 装订号 | | | | | | | |

| | | | | | | | | | | | 编制 | | 审核 | | |
|---|---|---|---|---|---|---|---|---|---|---|---|---|---|---|---|
| 日期 | | | | | | | | | | | | | | | |
| | 标记 | 处数 | 更改文件号 | 签字 | 日期 | 标记 | 处数 | 更改文件号 | 签字 | 日期 | | | | 共2页 | 第1页 |

### 3. 评分表

<table>
<tr><td colspan="2">试题代码及名称</td><td colspan="3">3.1.2　带侧向抽芯机构的注塑模具装配（二）</td><td colspan="5">考核时间</td><td>120 min</td></tr>
<tr><td colspan="2" rowspan="2">评价要素</td><td rowspan="2">配分</td><td rowspan="2">等级</td><td rowspan="2">评分细则</td><td colspan="5">评定等级</td><td rowspan="2">得分</td></tr>
<tr><td>A</td><td>B</td><td>C</td><td>D</td><td>E</td></tr>
<tr><td rowspan="5">1</td><td rowspan="5">动模部分装配操作（含合模）</td><td rowspan="5">10</td><td>A</td><td>装配过程完全正确</td><td rowspan="5"></td><td rowspan="5"></td><td rowspan="5"></td><td rowspan="5"></td><td rowspan="5"></td><td rowspan="5"></td></tr>
<tr><td>B</td><td>装配过程有两处错误</td></tr>
<tr><td>C</td><td>装配过程有三处错误</td></tr>
<tr><td>D</td><td>装配过程有四处错误</td></tr>
<tr><td>E</td><td>差或未答题</td></tr>
<tr><td rowspan="5">2</td><td rowspan="5">定模部分装配操作</td><td rowspan="5">5</td><td>A</td><td>装配过程完全正确</td><td rowspan="5"></td><td rowspan="5"></td><td rowspan="5"></td><td rowspan="5"></td><td rowspan="5"></td><td rowspan="5"></td></tr>
<tr><td>B</td><td>装配过程有两处错误</td></tr>
<tr><td>C</td><td>装配过程有三处错误</td></tr>
<tr><td>D</td><td>装配过程有四处错误</td></tr>
<tr><td>E</td><td>差或未答题</td></tr>
<tr><td rowspan="5">3</td><td rowspan="5">模具装配规范</td><td rowspan="5">5</td><td>A</td><td>整个模具装配过程规范、合理、正确</td><td rowspan="5"></td><td rowspan="5"></td><td rowspan="5"></td><td rowspan="5"></td><td rowspan="5"></td><td rowspan="5"></td></tr>
<tr><td>B</td><td>模具装配过程有一处错误</td></tr>
<tr><td>C</td><td>模具装配过程有两处错误</td></tr>
<tr><td>D</td><td>模具装配过程有三处错误</td></tr>
<tr><td>E</td><td>差或未答题</td></tr>
<tr><td rowspan="5">4</td><td rowspan="5">装配工艺卡填写（答题）</td><td rowspan="5">5</td><td>A</td><td>装配过程回答完全正确</td><td rowspan="5"></td><td rowspan="5"></td><td rowspan="5"></td><td rowspan="5"></td><td rowspan="5"></td><td rowspan="5"></td></tr>
<tr><td>B</td><td>装配过程回答有一处错误</td></tr>
<tr><td>C</td><td>装配过程回答有二处错误</td></tr>
<tr><td>D</td><td>装配过程回答有三处错误</td></tr>
<tr><td>E</td><td>差或未答题</td></tr>
<tr><td rowspan="5">5</td><td rowspan="5">工件、工具摆放</td><td rowspan="5">5</td><td>A</td><td>工件、工具摆放整齐、合理</td><td rowspan="5"></td><td rowspan="5"></td><td rowspan="5"></td><td rowspan="5"></td><td rowspan="5"></td><td rowspan="5"></td></tr>
<tr><td>B</td><td>工件、工具摆放有两处不合理</td></tr>
<tr><td>C</td><td>工件、工具摆放有三处不合理</td></tr>
<tr><td>D</td><td>工件、工具摆放有四处不合理</td></tr>
<tr><td>E</td><td>差或未答题</td></tr>
<tr><td colspan="2">合计配分</td><td>30</td><td colspan="7">合计得分</td><td></td></tr>
</table>

| 等级 | A（优） | B（良） | C（尚可） | D（较差） | E（差或未答题） |
|---|---|---|---|---|---|
| 比值 | 1.0 | 0.8 | 0.6 | 0.2 | 0 |

"评价要素"得分＝配分×等级比值。

## 二、带侧向抽芯机构的注塑模具装配（三）（试题代码：3.1.3；考核时间：120 min）

1．试题单

（1）操作条件

1）带侧向抽芯机构的注塑模具。

2）钳工工作台、台虎钳。

3）测量工具、钳工工具。

4）操作者劳动防护服、工作鞋、防护眼镜穿戴齐全。

5）试题单图样 3.1.3。

（2）操作内容

1）按照装配图 3.1.3—0 所示的要求完成定模部分装配。

2）按照装配图 3.1.3—0 所示的要求完成动模部分装配。

3）按照装配要求，进行合模调整。

4）按照装配要求及装配操作，填写装配工艺卡。

（3）操作要求

1）按照装配图 3.1.3—0 所示的要求完成带侧向抽芯机构的注塑模具装配。

2）装配过程要规范、合理、正确。

3）正确填写装配工艺卡片。

4）工件、工具摆放整齐、合理。

5）正确执行安全技术操作规程。

（4）备注

1）考生在考试期间，应根据模具的零件明细表和总装配图将模具装配完毕，然后举手示意考评员，待考评员认可后才能进行拆卸操作。

2）模具上的镶件及斜导柱是不允许拆装的，否则按"E（差或未答题）"评分。

**3.1.3—0 模具的零件明细表**

| 序号 | 名称 | 规格① | 数量 | 材料 | 备注 |
|---|---|---|---|---|---|
| 1 | 内六角螺钉 | M10×25 | 4 | | GB/T 70.1—2008 |
| 2 | 定位圈 | $\phi$100×10 | 1 | 45 钢 | GB/T 4169.18—2006 |
| 3 | 浇口套 | $\phi$10×25 | 1 | 45 钢 | GB/T 4169.19—2006 |
| 4 | 内六角螺钉 | M4×10 | 2 | | GB/T 70.1—2000 |
| 5 | 型腔固定板 | | 1 | P20 | 淬火：52~55HRC |
| 6 | 斜导柱 | | 2 | T10A 钢 | 调质：230~270HBW |
| 7 | 侧型芯滑块 | | 2 | 45 钢 | 调质：230~270HBW |
| 8 | 楔紧块 | | 2 | 45 钢 | 调质：230~270HBW |
| 9 | 定位销 | $\phi$4×15 | 2 | 45 钢 | GB/T 119.2—2006 |
| 10 | 定位钢球 | | 4 | | |
| 11 | 型芯固定板 | | 1 | 45 钢 | 调质：230~270HBW |
| 12 | 垫块 | | 2 | 45 钢 | |
| 13 | 推杆 | $\phi$3×75 | 4 | T10A 钢 | GB/T 4169.1—2006 |
| 14 | 推杆固定板 | | 1 | 45 钢 | |
| 15 | 推板 | | 1 | 45 钢 | |
| 16 | 内六角螺钉 | M10×80 | 4 | | GB/T 70.1—2008 |
| 17 | 动模座板 | | 1 | 45 钢 | |
| 18 | 复位杆 | $\phi$12×75 | 4 | T10A 钢 | GB/T 4169.13—2006 |
| 19 | 带头导柱 | $\phi$16×60×30 | 4 | T10A 钢 | GB/T 4169.4—2006 |
| 20 | 带头导套 | $\phi$16×25 | 4 | T10A 钢 | GB/T 4169.3—2006 |
| 21 | 定模座板 | | 1 | 45 钢 | |
| 22 | 水嘴 | G1/4×10 | 4 | Cu | |
| 23 | 内六角螺钉 | M4×12 | 4 | | GB/T 70.1—2008 |
| 24 | 水堵头 | $\phi$8×8 | 12 | Cu | |
| 25 | 压块 | | 4 | 45 钢 | |
| 26 | 内六角螺钉 | M4×10 | 4 | | GB/T 70.1—2008 |
| 27 | 内六角螺钉 | M5×16 | 4 | | GB/T 70.1—2008 |
| 28 | 拉料杆 | $\phi$5×68 | 1 | | 按 GB/T 4169.1—2000 购买后改制 |

①除序号为 22 的水嘴“G1/4×10”中 1/4 为无单位的尺寸代号外，其余各尺寸单位均为 mm。

2. 答题卷

根据装配图及装配过程，填写装配工艺卡。

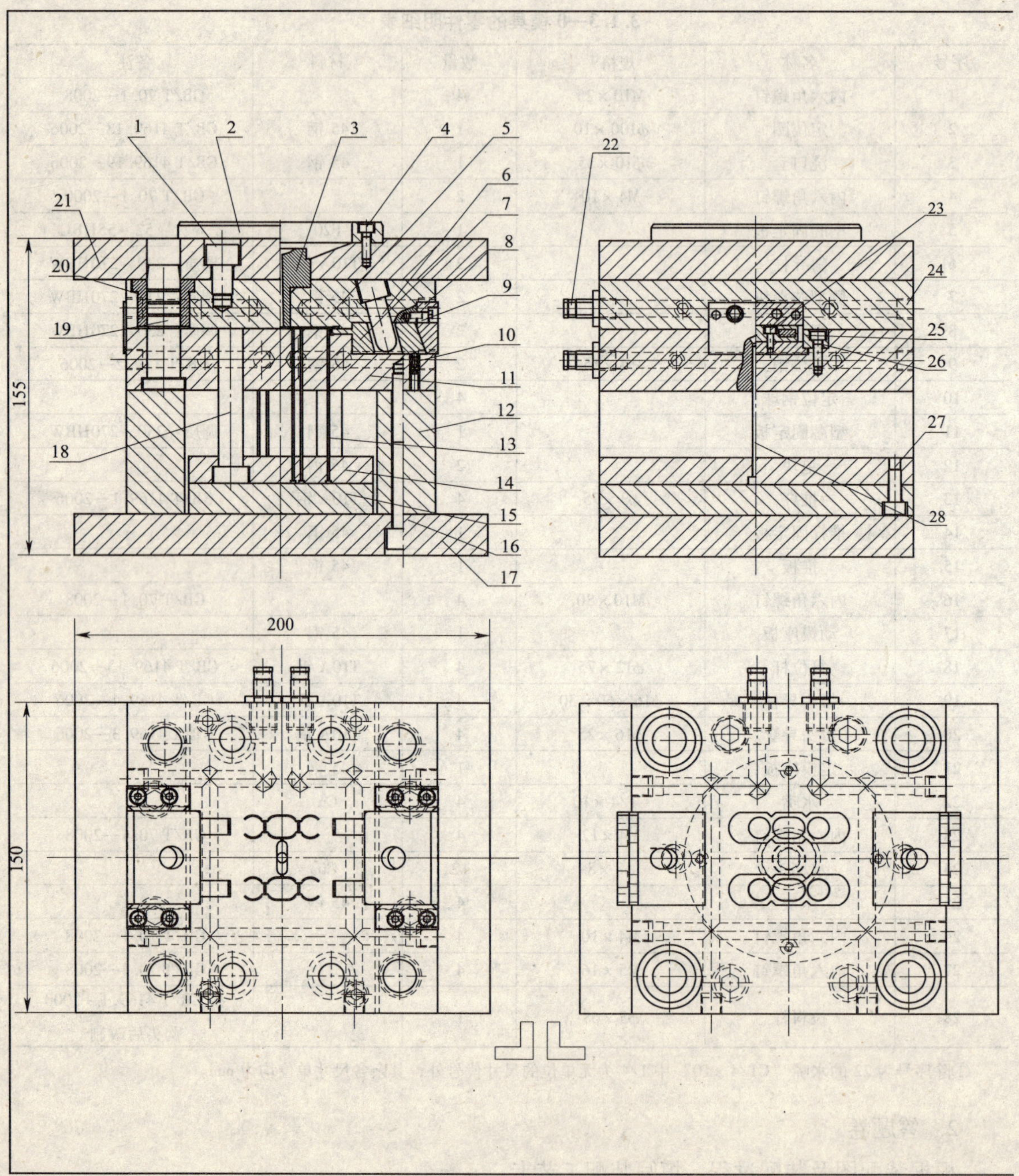
1
2
3
4
5
6
7
8
9
10
11
12
13
14
15
16
17
18
19
20
21
22
23
24
25
26
27
28
155
200
150

## 技术要求

1. 装配时对两分型面进行修研，应使垂直分型面接触吻合，水平分型面稍留有间隙。
2. 检查各活动机构是否适当，保证没有松动和咬死现象。
3. 装配后进行试模验收，脱模机构不得有干涉现象，塑件质量应达到设计要求。
4. 装配时，侧抽芯滑块放于左右两侧。
5. 标准模架：1515—CI—A25—B30—C60。

| 序号 | 代号 | 名称 | 规格 | 数量 | 材料 | 备注 |
|---|---|---|---|---|---|---|
| 28 | | 拉料杆 | $\phi5\times68$ | 1 | | 按GB/T 4169.1—2000购买后改制 |
| 27 | | 内六角螺钉 | M5×16 | 4 | | GB/T 70.1—2008 |
| 26 | | 内六角螺钉 | M4×10 | 4 | | GB/T 70.1—2008 |
| 25 | | 压块 | | 4 | 45钢 | |
| 24 | | 水堵头 | $\phi8\times8$ | 12 | Cu | |
| 23 | | 内六角螺钉 | M4×12 | 4 | | GB/T 70.1—2008 |
| 22 | | 水嘴 | G1/4×10 | 4 | Cu | |
| 21 | | 定模座板 | | 1 | 45钢 | |
| 20 | | 带头导套 | $\phi16\times25$ | 4 | T10A钢 | GB/T 4169.3—2006 |
| 19 | | 带头导柱 | $\phi16\times60\times30$ | 4 | T10A钢 | GB/T 4169.4—2006 |
| 18 | | 复位杆 | $\phi12\times75$ | 4 | T10A钢 | GB/T 4169.13—2006 |
| 17 | | 动模座板 | | 1 | 45钢 | |
| 16 | | 内六角螺钉 | M10×80 | 4 | | GB/T 70.1—2008 |
| 15 | | 推板 | | 1 | 45钢 | |
| 14 | | 推杆固定板 | | 1 | 45钢 | |
| 13 | | 推杆 | $\phi3\times75$ | 4 | T10A钢 | GB/T 4169.1—2006 |
| 12 | | 垫块 | | 2 | 45钢 | |
| 11 | | 型芯固定板 | | 1 | 45钢 | 调质：230~270HBW |
| 10 | | 定位钢球 | | 4 | | |
| 9 | | 定位销 | $\phi4\times15$ | 2 | 45钢 | GB/T 119.2—2006 |
| 8 | | 楔紧块 | | 2 | 45钢 | 调质：230~270HBW |
| 7 | | 侧型芯滑块 | | 2 | 45钢 | 调质：230~270HBW |
| 6 | | 斜导柱 | | 2 | T10A钢 | 调质：230~270HBW |
| 5 | | 型腔固定板 | | 1 | P20 | 淬火：52~55HRC |
| 4 | | 内六角螺钉 | M4×10 | 2 | | GB/T 70.1—2000 |
| 3 | | 浇口套 | $\phi10\times25$ | 1 | 45钢 | GB/T 4169.19—2006 |
| 2 | | 定位圈 | $\phi100\times10$ | 1 | 45钢 | GB/T 4169.18—2006 |
| 1 | | 内六角螺钉 | M10×25 | 4 | | GB/T 70.1—2008 |

| 标记 | 处数 | 分区 | 更改文件号 | 签名 | 年、月、日 | | | | 带侧向抽芯机构的注塑模具装配 |
|---|---|---|---|---|---|---|---|---|---|
| 设计 | （签名） | （年月日） | 标准化 | （签名） | （年月日） | 阶段标记 | 质量 | 比例 | 按钮护板侧滑块注塑模 |
| 审核 | | | | | | | | | |
| 工艺 | | | 批准 | | | 共　张 | 第　页 | | 3.1.3—0 |

| | 工具钳工（注塑模）三级 | | | 装配工艺卡片 | 零件图号 | | |
|---|---|---|---|---|---|---|---|
| | | | | | 零件名称 | | |
| | 工序号 | 工步号 | 工序（工步）名称 | 工步内容 | 设备 | 工艺装备 | 工时 |
| | | | | | | | |
| | | | | | | | |
| | | | | | | | |
| | | | | | | | |
| | | | | | | | |
| | | | | | | | |
| | | | | | | | |
| | | | | | | | |
| | | | | | | | |
| 描图 | | | | | | | |
| | | | | | | | |
| 描校 | | | | | | | |
| | | | | | | | |
| 底图号 | | | | | | | |
| | | | | | | | |
| 装订号 | | | | | | | |

| | | | | | | | | | | 编制 | | 审核 | | |
|---|---|---|---|---|---|---|---|---|---|---|---|---|---|---|
| 日期 | | | | | | | | | | | | | | |
| | 标记 | 处数 | 更改文件号 | 签字 | 日期 | 标记 | 处数 | 更改文件号 | 签字 | 日期 | | | 共2页 | 第1页 |

3．评分表

同试题 3. 1. 2。

**三、带侧向抽芯机构的注塑模具装配（四）（试题代码：3. 1. 4；考核时间：120 min）**

1．试题单

（1）操作条件

1）带侧向抽芯机构的注塑模具。

2）钳工工作台、台虎钳。

3）测量工具、钳工工具。

4）操作者劳动防护服、工作鞋、防护眼镜穿戴齐全。

5）试题单图样 3. 1. 4。

（2）操作内容

1）按照装配图 3. 1. 4—0 所示的要求完成定模部分装配。

2）按照装配图 3. 1. 4—0 所示的要求完成动模部分装配。

3）按照装配要求，进行合模调整。

4）按照装配要求及装配操作，填写装配工艺卡。

（3）操作要求

1）按照装配图 3. 1. 4—0 所示的要求完成带侧向抽芯机构的注塑模具装配。

2）装配过程要规范、合理、正确。

3）正确填写装配工艺卡片。

4）工件、工具摆放整齐、合理。

5）正确执行安全技术操作规程。

（4）备注

1）考生在考试期间，应根据模具的零件明细表和总装配图将模具装配完毕，然后举手示意考评员，待考评员认可后才能进行拆卸操作。

2）模具上的镶件及斜导柱是不允许拆装的，否则按“E（差或未答题）”评分。

**3.1.4—0 模具的零件明细表**

| 序号 | 名称 | 规格① | 数量 | 材料 | 备注 |
|---|---|---|---|---|---|
| 1 | 定模座板 | | 1 | 45 钢 | |
| 2 | 内六角螺钉 | M12 ×25 | 4 | | GB/T 70.1—2008 |
| 3 | 内六角螺钉 | M6 ×20 | 4 | | GB/T 70.1—2008 |
| 4 | 浇口套 | $\phi$10 ×50 | 1 | 45 钢 | GB/T 4169.19—2006 |
| 5 | 定位圈 | $\phi$100 ×10 | 1 | 45 钢 | GB/T 4169.18—2006 |
| 6 | 型腔固定板 | | 1 | 45 钢 | 调质：230 ~270HBW |
| 7 | 型芯固定板 | | 1 | 45 钢 | 调质：230 ~270HBW |
| 8 | 垫块 | | 2 | 45 钢 | |
| 9 | 推杆固定板 | | 1 | 45 钢 | |
| 10 | 推板 | | 1 | 45 钢 | |
| 11 | 动模座板 | | 1 | 45 钢 | |
| 12 | 拉料杆 | $\phi$5 ×85 | 1 | | 按 GB/T 4169.1—2006 购买后改制 |
| 13 | 内六角螺钉 | M12 ×100 | 4 | | GB/T 70.1—2008 |
| 14 | 内六角螺钉 | M6 ×20 | 4 | | GB/T 70.1—2008 |
| 15 | 斜顶杆固定滑块 | | 2 | 45 钢 | 调质：230 ~270HBW |
| 16 | 斜顶杆 | | 4 | T10A 钢 | 淬火：57 ~60HRC |
| 17 | 镶块 | | 2 | P20 | 淬火：52 ~55HRC |

续表

| 序号 | 名称 | 规格① | 数量 | 材料 | 备注 |
|---|---|---|---|---|---|
| 18 | 镶件 | | 2 | P20 | 淬火：52～55HRC |
| 19 | 内六角螺钉 | M6×16 | 2 | | GB/T 70.1—2008 |
| 20 | 带头导柱 | $\phi$20×85×40 | 4 | T8A钢 | GB/T 4169.4—2006 |
| 21 | 带头导套 | $\phi$20×50 | 4 | T8A钢 | GB/T 4169.3—2006 |
| 22 | 型腔 | | 1 | P20 | 淬火：52～55HRC |
| 23 | 型芯 | | 1 | 45 钢 | 调质：230～270HBW |
| 24 | 内六角螺钉 | M8×20 | 6 | | GB/T 70.1—2008 |
| 25 | 内六角螺钉 | M8×25 | 2 | | GB/T 70.1—2008 |
| 26 | 限位块 | | 2 | 45 钢 | |
| 27 | 内六角螺钉 | M6×25 | 2 | | GB/T 70.1—2008 |
| 28 | 复位杆 | $\phi$15×90 | 4 | T10A 钢 | GB/T 4169.13—2006 |
| 29 | 水嘴 | G1/4×10 | 4 | Cu | |

①除序号为 29 的水嘴“G1/4×10”中 1/4 为无单位的尺寸代号外，其余各尺寸单位均为 mm。

## 2. 答题卷

根据装配图及装配过程填写装配工艺卡。

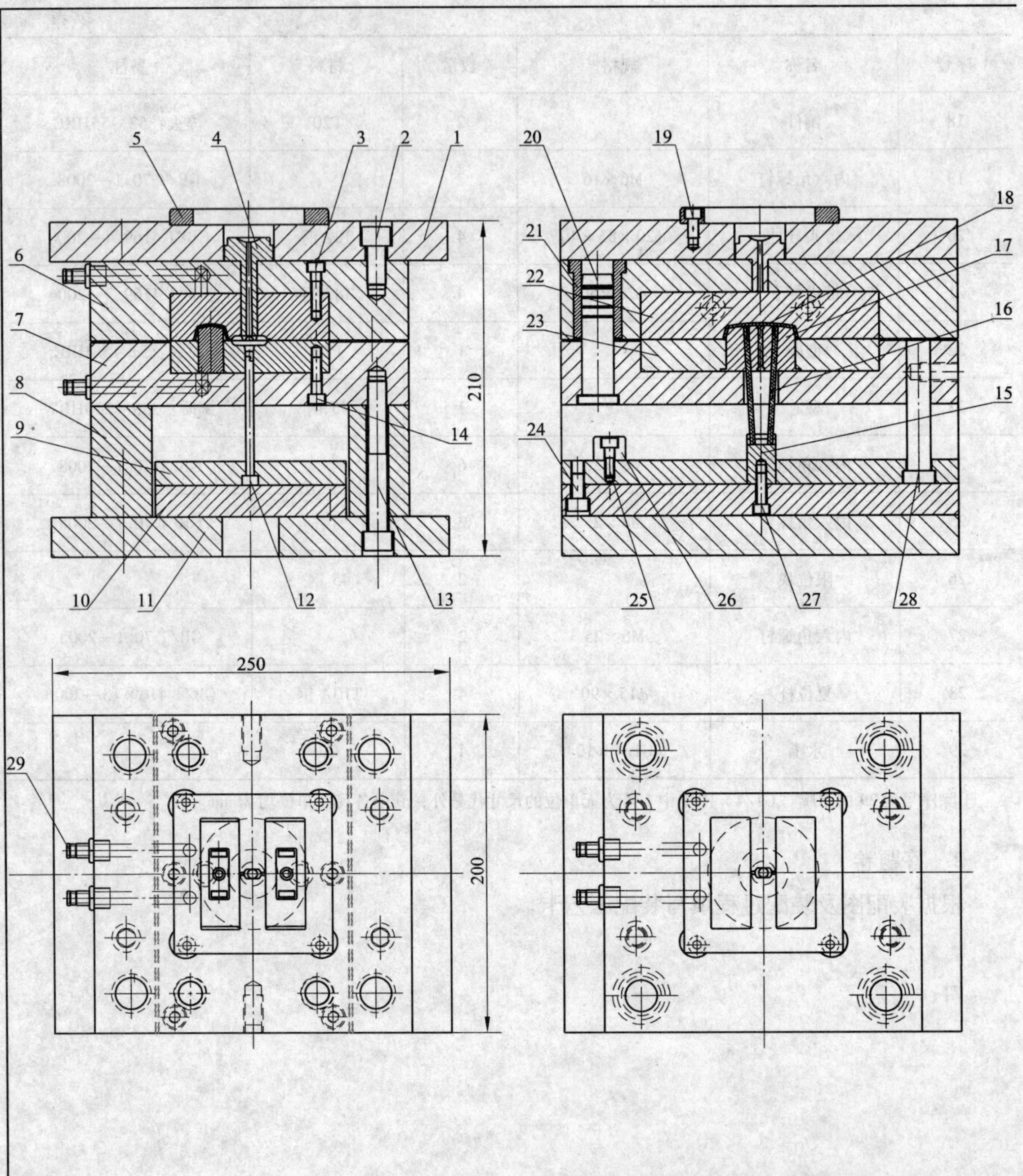

1
2
3
4
5
6
7
8
9
10
11
12
13
14
15
16
17
18
19
20
21
22
23
24
25
26
27
28
29
210
250
200

## 技术要求

1. 装配时对两分型面进行修研，应使垂直分型面接触吻合，水平分型面稍留有间隙，间隙在0.01~0.02之间。
2. 检查各活动机构是否适当，保证没有松动和咬死现象。
3. 装配后进行试模验收，脱模机构不得有干涉现象，塑件质量应达到设计要求。
4. 顶出高度$H$≤20。
5. 标准模架：2025—CI—A50—B40—C70。

| 序号 | 代号 | 名称 | 规格 | 数量 | 材料 | 备注 |
|---|---|---|---|---|---|---|
| 29 | | 水嘴 | G1/4×10 | 4 | Cu | |
| 28 | | 复位杆 | $\phi$15×90 | 4 | T10A钢 | GB/T 4169.13—2006 |
| 27 | | 内六角螺钉 | M6×25 | 2 | | GB/T 70.1—2008 |
| 26 | | 限位块 | | 2 | 45钢 | |
| 25 | | 内六角螺钉 | M8×25 | 2 | | GB/T 70.1—2008 |
| 24 | | 内六角螺钉 | M8×20 | 6 | | GB/T 70.1—2008 |
| 23 | | 型芯 | | 1 | 45钢 | 调质：230~270HBW |
| 22 | | 型腔 | | 1 | P20 | 淬火：52~55HRC |
| 21 | | 带头导套 | $\phi$20×50 | 4 | T8A钢 | GB/T 4169.3—2006 |
| 20 | | 带头导柱 | $\phi$20×85×40 | 4 | T8A钢 | GB/T 4169.4—2006 |
| 19 | | 内六角螺钉 | M6×16 | 2 | | GB/T 70.1—2008 |
| 18 | | 镶件 | | 2 | P20 | 淬火：52~55HRC |
| 17 | | 镶块 | | 2 | P20 | 淬火：52~55HRC |
| 16 | | 斜顶杆 | | 4 | T10A钢 | 淬火：57~60HRC |
| 15 | | 斜顶杆固定滑块 | | 2 | 45钢 | 调质：230~270HBW |
| 14 | | 内六角螺钉 | M6×20 | 4 | | GB/T 70.1—2008 |
| 13 | | 内六角螺钉 | M12×100 | 4 | | GB/T 70.1—2008 |
| 12 | | 拉料杆 | $\phi$5×85 | 1 | | 按GB/T 4169.1—2000购买后改制 |
| 11 | | 动模座板 | | 1 | 45钢 | |
| 10 | | 推板 | | 1 | 45钢 | |
| 9 | | 推杆固定板 | | 1 | 45钢 | |
| 8 | | 垫块 | | 2 | 45钢 | |
| 7 | | 型腔固定板 | | 1 | 45钢 | 调质：230~270HBW |
| 6 | | 型芯固定板 | | 1 | 45钢 | 调质：230~270HBW |
| 5 | | 定位圈 | $\phi$100×10 | 1 | 45钢 | GB/T 4169.18—2006 |
| 4 | | 浇口套 | $\phi$10×50 | 1 | 45钢 | GB/T 4169.19—2006 |
| 3 | | 内六角螺钉 | M6×20 | 4 | | GB/T 70.1—2008 |
| 2 | | 内六角螺钉 | M12×25 | 4 | | GB/T 70.1—2008 |
| 1 | | 定模座板 | | 1 | 45钢 | |

| 标记 | 处数 | 分区 | 更改文件号 | 签名 | 年、月、日 | | | | 带侧向抽芯机构的注塑模具装配 |
|---|---|---|---|---|---|---|---|---|---|
| 设计 | （签名） | （年月日） | 标准化 | （签名） | （年月日） | 阶段标记 | 质量 | 比例 | 按钮盖注塑模 |
| 审核 | | | | | | | | | |
| 工艺 | | | 批准 | | | 共　张　第　页 | | | 3.1.4—0 |

| | 工具钳工（注塑模）三级 | | | 装配工艺卡片 | 零件图号 | | |
|---|---|---|---|---|---|---|---|
| | | | | | 零件名称 | | |
| | 工序号 | 工步号 | 工序（工步）名称 | 工步内容 | 设备 | 工艺装备 | 工时 |
| | | | | | | | |
| | | | | | | | |
| | | | | | | | |
| | | | | | | | |
| | | | | | | | |
| | | | | | | | |
| | | | | | | | |
| | | | | | | | |
| | | | | | | | |
| 描图 | | | | | | | |
| | | | | | | | |
| 描校 | | | | | | | |
| | | | | | | | |
| 底图号 | | | | | | | |
| | | | | | | | |
| 装订号 | | | | | | | |

| | | | | | | | | | | | | | | |
|---|---|---|---|---|---|---|---|---|---|---|---|---|---|---|
| | | | | | | | | | | | | | | |
| 日期 | | | | | | | | | | 编制 | | 审核 | | |
| | 标记 | 处数 | 更改文件号 | 签字 | 日期 | 标记 | 处数 | 更改文件号 | 签字 | 日期 | | | 共2页 | 第1页 |

3．评分表

同试题 3. 1. 2。

**四、带侧向抽芯机构的注塑模具装配（五）（试题代码：3. 1. 5；考核时间：120 min）**

1．试题单

（1）操作条件

1）带侧向抽芯机构的注塑模具。

2）钳工工作台、台虎钳。

3）测量工具、钳工工具。

4）操作者劳动防护服、工作鞋、防护眼镜穿戴齐全。

5）试题单图样 3. 1. 5。

（2）操作内容

1）按照装配图 3. 1. 5—0 所示的要求完成定模部分装配。

2）按照装配图 3. 1. 5—0 所示的要求完成动模部分装配。

3）按照装配要求，进行合模调整。

4）按照装配要求及装配操作，填写装配工艺卡。

（3）操作要求

1）按照装配图 3. 1. 5—0 所示的要求完成带侧向抽芯机构的注塑模具装配。

2）装配过程要规范、合理、正确。

3）正确填写装配工艺卡片。

4）工件、工具摆放整齐、合理。

5）正确执行安全技术操作规程。

（4）备注

1）考生在考试期间，应根据模具的零件明细表和总装配图将模具装配完毕，然后举手示意考评员，待考评员认可后，才能进行拆卸操作。

2）模具上的镶件及斜导柱是不允许拆装的，否则按“E（差或未答题）”评分。

**3.1.5—0 模具的零件明细表**

| 序号 | 名称 | 规格① | 数量 | 材料 | 备注 |
|---|---|---|---|---|---|
| 1 | 动模座板 | | 1 | 45 钢 | |
| 2 | 垫块 | | 2 | 45 钢 | |
| 3 | 带头导柱 | $\phi20\times65\times35$ | 4 | T10A 钢 | GB/T 4169.4—2006 |
| 4 | 型芯固定板 | | 1 | 45 钢 | 调质：230～270HBW |
| 5 | 带头导套 | $\phi20\times35$ | 4 | T10A 钢 | GB/T 4169.4—2006 |
| 6 | 水嘴 | G1/4×10 | 4 | Cu | |
| 7 | 定模座板 | | 1 | 45 钢 | |
| 8 | 带头导柱 | $\phi20\times65\times28$ | 4 | T10A 钢 | GB/T 4169.4—2006 |
| 9 | 限位条 | | 2 | | |
| 10 | 定位圈 | $\phi100\times10$ | 1 | 45 钢 | GB/T 4169.18—2006 |
| 11 | 斜导柱 | | 4 | T10A 钢 | 淬火：57～62HRC |
| 12 | 内六角螺钉 | M12×25 | 4 | | GB/T 70.1—2008 |
| 13 | 锁紧块 | | 1 | 45 钢 | 调质：230～270HBW |
| 14 | 侧滑块 | | 4 | 45 钢 | 调质：230～270HBW |
| 15 | 侧型芯 | | 1 | P20 | 淬火：52～55HRC |
| 16 | 圆柱销 | $\phi3\times18$ | 2 | T10A 钢 | GB/T 119.1—2000 |
| 17 | 内六角螺钉 | M6×16 | 1 | | GB/T 70.1—2008 |
| 18 | 复位杆 | $\phi15\times95$ | 4 | T10A 钢 | GB/T 4169.13—2006 |
| 19 | 推杆固定板 | | 1 | 45 钢 | |

续表

| 序号 | 名称 | 规格① | 数量 | 材料 | 备注 |
|---|---|---|---|---|---|
| 20 | 推板 | | 1 | 45 钢 | |
| 21 | 推杆 | $\phi3\times100.5$ | 10 | T10A 钢 | GB/T 4169.1—2006 |
| 22 | 内六角螺钉 | M12 × 110 | 4 | | GB/T 70.1—2008 |
| 23 | 内六角螺钉 | M8 × 20 | 6 | | GB/T 70.1—2008 |
| 24 | 拉料杆 | $\phi5\times84$ | 1 | T10A 钢 | 按 GB/T 4169.1—2006 购买后改制 |
| 25 | 型芯 | | 2 | P20 | 调质：230 ~ 270HBW |
| 26 | 型腔 | | 1 | P20 | 淬火：52 ~ 55HRC |
| 27 | 开闭器 | | 4 | | |
| 28 | 内六角螺钉 | M6 × 16 | 2 | | GB/T 70.1—2008 |
| 29 | 浇口套 | $\phi10\times40$ | 1 | 45 钢 | GB/T 4169.19—2006 |
| 30 | 型腔固定板 | | 1 | 45 钢 | 调质：230 ~ 270HBW |
| 31 | 型芯镶件 | | 2 | P20 | 淬火：52 ~ 55HRC |
| 32 | 压块 | | 1 | 45 钢 | 调质：230 ~ 270HBW |
| 33 | 内六角螺钉 | M5 × 12 | 6 | | GB/T 70.1—2008 |

①除序号为 6 的水嘴“G1/4 × 10”中 1/4 为无单位的尺寸代号外，其余各尺寸单位均为 mm。

## 2. 答题卷

根据装配图及装配过程填写装配工艺卡。

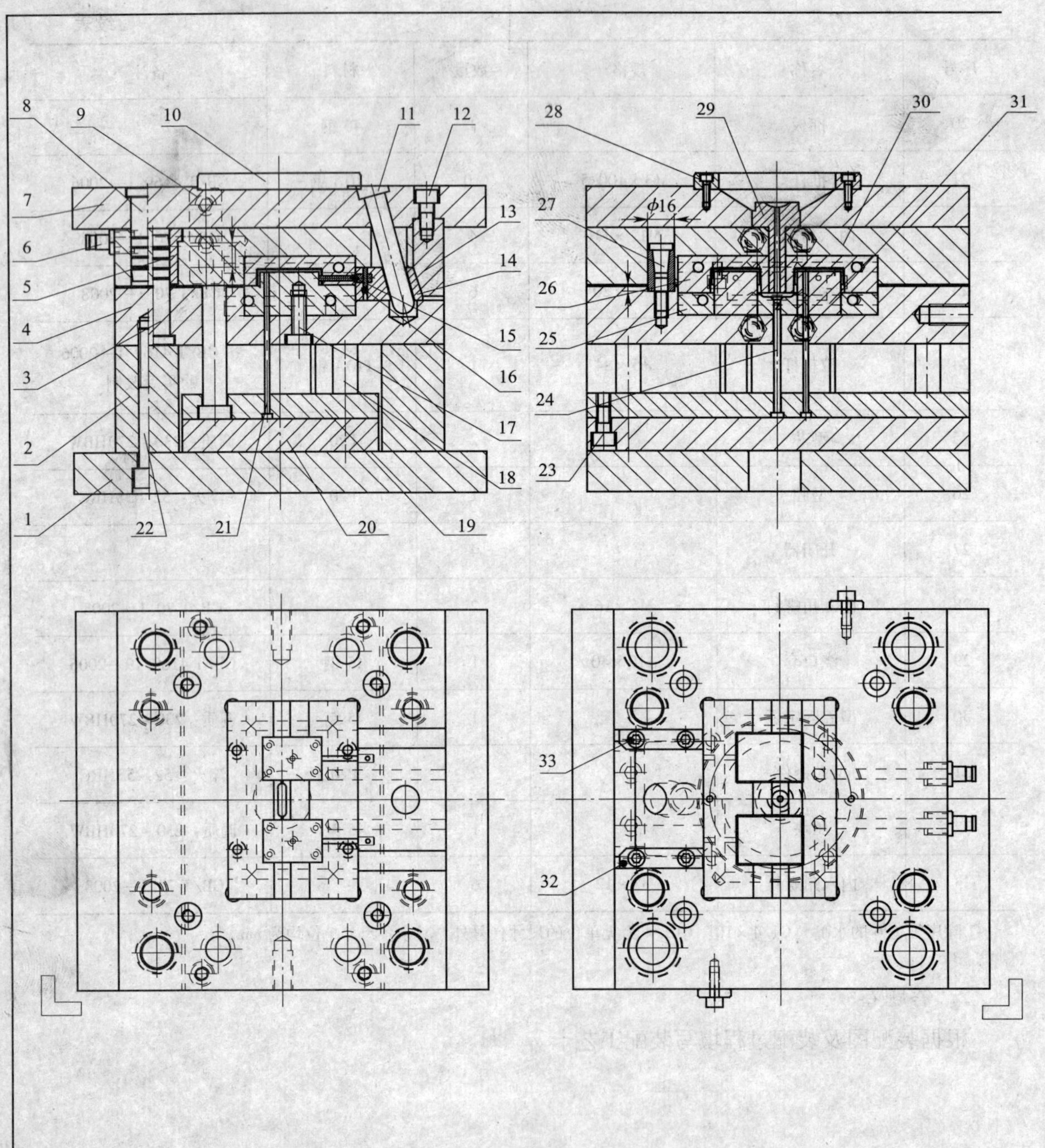
1
2
3
4
5
6
7
8
9
10
11
12
13
14
15
16
17
18
19
20
21
22
23
24
25
26
27
28
29
30
31
32
33
$\phi16$

## 技术要求

1. 装配时对两分型面进行修研，应使垂直分型面接触吻合，水平分型面稍留有间隙。
2. 检查各活动机构是否适当，保证没有松动和咬死现象。
3. 装配后进行试模验收，脱模机构不得有干涉现象，塑件质量应达到设计要求。
4. 标准模架：2023—CI—A35—B35—C80。

| 序号 | 代号 | 名称 | 规格 | 数量 | 材料 | 备注 |
|---|---|---|---|---|---|---|
| 33 | | 内六角螺钉 | M5×12 | 6 | | GB/T 70.1—2008 |
| 32 | | 压块 | | 1 | 45钢 | 调质：230~270HBW |
| 31 | | 型芯镶件 | | 2 | P20 | 淬火：52~55HRC |
| 30 | | 型腔固定板 | | 1 | 45钢 | 调质：230~270HBW |
| 29 | | 浇口套 | $\phi$10×40 | 1 | 45钢 | GB/T 4169.1—2006 |
| 28 | | 内六角螺钉 | M6×16 | 2 | | GB/T 70.1—2008 |
| 27 | | 开闭器 | | 4 | | |
| 26 | | 型腔 | | 1 | P20 | 淬火：52~55HRC |
| 25 | | 型芯 | | 2 | P20 | 调质：230~270HBW |
| 24 | | 拉料杆 | $\phi$5×84 | 1 | T10A钢 | 按GB/T 4169.1—2006购买后改制 |
| 23 | | 内六角螺钉 | M8×20 | 6 | | GB/T 70.1—2008 |
| 22 | | 内六角螺钉 | M12×110 | 4 | | GB/T 70.1—2008 |
| 21 | | 推杆 | $\phi$3×100.5 | 10 | T10A钢 | GB/T 4169.1—2006 |
| 20 | | 推板 | | 1 | 45钢 | |
| 19 | | 推杆固定板 | | 1 | 45钢 | |
| 18 | | 复位杆 | $\phi$15×95 | 4 | T10A钢 | GB/T 4169.13—2006 |
| 17 | | 内六角螺钉 | M6×16 | 1 | | GB/T 70.1—2008 |
| 16 | | 圆柱销 | $\phi$3×18 | 2 | T10A钢 | GB/T 119.1—2000 |
| 15 | | 侧型芯 | | 1 | P20 | 淬火：52~55HRC |
| 14 | | 侧滑块 | | 4 | 45钢 | 调质：230~270HBW |
| 13 | | 锁紧块 | | 1 | 45钢 | 调质：230~270HBW |
| 12 | | 内六角螺钉 | M12×25 | 4 | | GB/T 70.1—2008 |
| 11 | | 斜导柱 | | 4 | T10A钢 | 淬火：57~62HRC |
| 10 | | 定位圈 | $\phi$100×10 | 1 | 45钢 | GB/T 4169.18—2006 |
| 9 | | 限位条 | | 2 | | |
| 8 | | 带头导柱 | $\phi$20×65×28 | 4 | T10A钢 | GB/T 4169.4—2006 |
| 7 | | 定模座板 | | 1 | 45钢 | |
| 6 | | 水嘴 | G1/4×10 | 4 | Cu | |
| 5 | | 带头导套 | $\phi$20×35 | 4 | T10A钢 | GB/T 4169.4—2006 |
| 4 | | 型芯固定板 | | 1 | 45钢 | 调质：230~270HBW |
| 3 | | 带头导柱 | $\phi$20×65×35 | 4 | T10A钢 | GB/T 4169.4—2006 |
| 2 | | 垫块 | | 2 | 45钢 | |
| 1 | | 动模座板 | | 1 | 45钢 | |

| 标记 | 处数 | 分区 | 更改文件号 | 签名 | 年、月、日 | | | | 带侧向抽芯机构的注塑模具装配 |
|---|---|---|---|---|---|---|---|---|---|
| 设计 | （签名） | （年月日） | 标准化 | （签名） | （年月日） | 阶段标记 | 质量 | 比例 | 装饰盒盖注塑模 |
| 审核 | | | | | | | | | 3.1.5—0 |
| 工艺 | | | 批准 | | | 共　张 | 第　页 | | |

| | 工具钳工<br>（注塑模）三级 | | | 装配工艺卡片 | 零件图号 | | |
|---|---|---|---|---|---|---|---|
| | | | | | 零件名称 | | |
| | 工序号 | 工步号 | 工序<br>（工步）名称 | 工步内容 | 设备 | 工艺装备 | 工时 |
| | | | | | | | |
| | | | | | | | |
| | | | | | | | |
| | | | | | | | |
| | | | | | | | |
| | | | | | | | |
| | | | | | | | |
| | | | | | | | |
| | | | | | | | |
| 描图 | | | | | | | |
| | | | | | | | |
| 描校 | | | | | | | |
| | | | | | | | |
| 底图号 | | | | | | | |
| | | | | | | | |
| 装订号 | | | | | | | |

| | | | | | | | | | | | | | | |
|---|---|---|---|---|---|---|---|---|---|---|---|---|---|---|
| | | | | | | | | | | | | | | |
| 日期 | | | | | | | | | | 编制 | | 审核 | | |
| | 标记 | 处数 | 更改文件号 | 签字 | 日期 | 标记 | 处数 | 更改文件号 | 签字 | 日期 | | | 共2页 | 第1页 |

3．评分表

同试题 3. 1. 2。

## 五、带镶件的注塑模具装配（一）（试题代码：3. 2. 1；考核时间：120 min）

1．试题单

（1）操作条件

1）带镶件的注塑模具。

2）钳工工作台、台虎钳。

3）测量工具、钳工工具。

4）操作者劳动防护服、工作鞋、防护眼镜穿戴齐全。

5）试题单图样 3. 2. 1。

（2）操作内容

1）按照装配图 3. 2. 1—0 所示的要求完成定模部分装配。

2）按照装配图 3. 2. 1—0 所示的要求完成动模部分装配。

3）按照装配要求，进行合模调整。

4）按照装配要求及装配操作，填写装配工艺卡。

（3）操作要求

1）按照装配图 3. 2. 1—0 所示的要求完成带镶件的注塑模具装配。

2）装配过程要规范、合理、正确。

3）正确填写装配工艺卡片。

4）工件、工具摆放整齐、合理。

5）正确执行安全技术操作规程。

（4）备注

1）考生在考试期间，应根据模具的零件明细表和总装配图将模具装配完毕，然后举手示意考评员，待考评员认可后才能进行拆卸操作。

2）模具上的镶件及斜导柱是不允许拆装的，否则按“E（差或未答题）”评分。

**3.2.1—0 模具的零件明细表**

| 序号 | 名称 | 规格① | 数量 | 材料 | 备注 |
|---|---|---|---|---|---|
| 1 | 定模座板 | | 1 | 45 钢 | |
| 2 | 内六角螺钉 | M12×30 | 4 | | GB/T 70.1—2008 |
| 3 | 水嘴 | G1/4×10 | 4 | Cu | |
| 4 | 型腔固定板 | | 1 | 45 钢 | 调质：230～270HBW |
| 5 | 型芯固定板 | | 1 | 45 钢 | 调质：230～270HBW |
| 6 | 内六角螺钉 | M6×20 | 8 | | GB/T 70.1—2008 |
| 7 | 内六角螺钉 | M12×100 | 4 | | GB/T 70.1—2008 |
| 8 | 垫块 | | 2 | 45 钢 | |
| 9 | 动模座板 | | 1 | 45 钢 | |
| 10 | 推板 | | 1 | 45 钢 | |
| 11 | 推杆固定板 | | 1 | 45 钢 | |
| 12 | 内六角螺钉 | M8×20 | 4 | | GB/T 70.1—2008 |
| 13 | 型芯 | | 1 | P20 | 淬火：52～55HRC |
| 14 | 带头导柱 | $\phi$20×75×40 | 4 | T10A 钢 | GB/T 4169.4—2006 |
| 15 | 镶块 1 | | 4 | P20 | 淬火：52～55HRC |
| 16 | 镶块 2 | | 2 | P20 | 淬火：52～55HRC |
| 17 | 带头导套 | $\phi$20×40 | 4 | T10A 钢 | GB/T 4169.3—2006 |

续表

| 序号 | 名称 | 规格① | 数量 | 材料 | 备注 |
| --- | --- | --- | --- | --- | --- |
| 18 | 型腔 | | 1 | P20 | 淬火：52 ~ 55HRC |
| 19 | 定位圈 | $\phi$100 ×10 | 1 | | GB/T 4169. 18—2006 |
| 20 | 复位杆 | $\phi$12 ×90 | 4 | T10A 钢 | GB/T 4169. 13—2006 |
| 21 | 推杆 | $\phi$3 ×90 | 12 | T10A 钢 | GB/T 4169. 1—2006 |
| 22 | 拉料杆 | $\phi$5 ×85 | 1 | T10A 钢 | 按 GB/T 4169. 1—2006 购买后改制 |
| 23 | 水堵头 | $\phi$8 ×8 | 12 | Cu | |
| 24 | O 形密封圈 | $\phi$8. 5 ×1. 8 | 4 | 橡胶 | |
| 25 | 浇口套 | $\phi$10 ×40 | 1 | 45 钢 | GB/T 4169. 19—2006 |
| 26 | 内六角螺钉 | M6 ×16 | 4 | | GB/T 70. 1—2008 |

①除序号为 3 的水嘴“G1/4 ×10”中 1/4 为无单位的尺寸代号外，其余各尺寸单位均为 mm。

## 2. 答题卷

根据装配图及装配过程填写装配工艺卡。

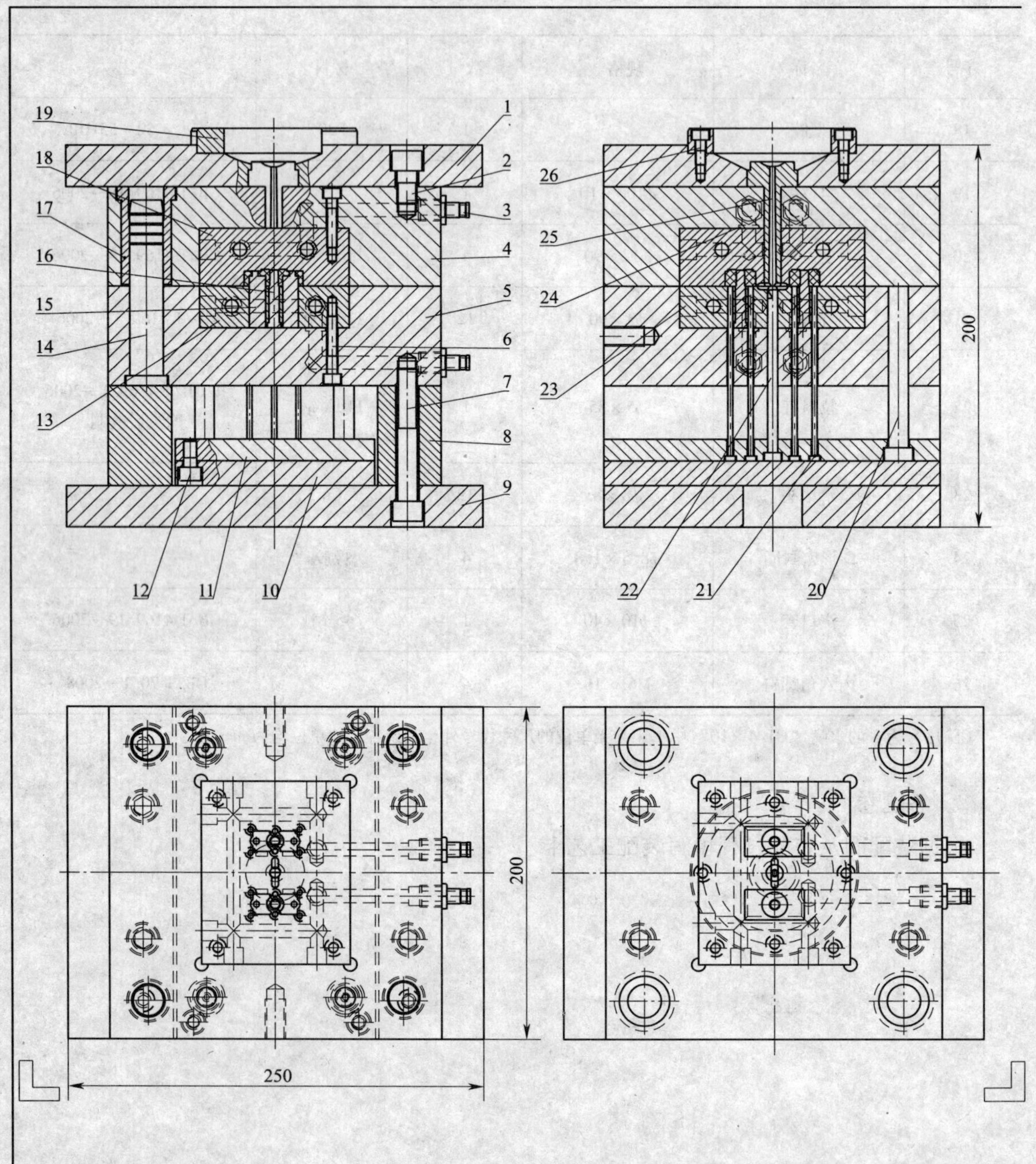
19
18
17
16
15
14
13
1
2
3
4
5
6
7
8
9
12
11
10
26
25
24
23
22
21
20
200
200
250

## 技术要求

1. 装配时对两分型面进行修研，应使垂直分型面接触吻合，水平分型面稍留有间隙，间隙在0.01~0.02之间。
2. 检查各活动机构是否适当，保证没有松动和咬死现象。
3. 装配后进行试模验收，脱模机构不得有干涉现象，塑件质量应达到设计要求。
4. 标准模架：2020—CI—A40—B40—C70。

| 序号 | 代号 | 名　称 | 规　格 | 数 量 | 材　料 | 备　注 |
|---|---|---|---|---|---|---|
| 26 | | 内六角螺钉 | M6×16 | 4 | | GB/T 70.1—2008 |
| 25 | | 浇口套 | $\phi10\times40$ | 1 | 45钢 | GB/T 4169.19—2006 |
| 24 | | O形密封圈 | $\phi8.5\times1.8$ | 4 | 橡胶 | |
| 23 | | 水堵头 | $\phi8\times8$ | 12 | Cu | |
| 22 | | 拉料杆 | $\phi5\times85$ | 1 | T10A钢 | 按GB/T 4169.1—2006购买后改制 |
| 21 | | 推杆 | $\phi3\times90$ | 12 | T10A钢 | GB/T 4169.1—2006 |
| 20 | | 复位杆 | $\phi12\times90$ | 4 | T10A钢 | GB/T 4169.13—2006 |
| 19 | | 定位圈 | $\phi100\times10$ | 1 | | GB/T 4169.18—2006 |
| 18 | | 型腔 | | 1 | P20 | 淬火：52~55HRC |
| 17 | | 带头导套 | $\phi20\times40$ | 4 | T10A钢 | GB/T 4169.3—2006 |
| 16 | | 镶块2 | | 2 | P20 | 淬火：52~55HRC |
| 15 | | 镶块1 | | 4 | P20 | 淬火：52~55HRC |
| 14 | | 带头导柱 | $\phi20\times75\times40$ | 4 | T10A钢 | GB/T 4169.4—2006 |
| 13 | | 型芯 | | 1 | P20 | 淬火：52~55HRC |
| 12 | | 内六角螺钉 | M8×20 | 4 | | GB/T 70.1—2008 |
| 11 | | 推杆固定板 | | 1 | 45钢 | |
| 10 | | 推板 | | 1 | 45钢 | |
| 9 | | 动模座板 | | 1 | 45钢 | |
| 8 | | 垫块 | | 2 | 45钢 | |
| 7 | | 内六角螺钉 | M12×100 | 4 | | GB/T 70.1—2008 |
| 6 | | 内六角螺钉 | M6×20 | 8 | | GB/T 70.1—2008 |
| 5 | | 型芯固定板 | | 1 | 45钢 | 调质：230~270HBW |
| 4 | | 型腔固定板 | | 1 | 45钢 | 调质：230~270HBW |
| 3 | | 水嘴 | G1/4×10 | 4 | Cu | |
| 2 | | 内六角螺钉 | M12×30 | 4 | | GB/T 70.1—2008 |
| 1 | | 定模座板 | | 1 | 45钢 | |

| 标记 | 处数 | 分区 | 更改文件号 | 签名 | 年、月、日 | | | | 带镶件的注塑模具装配 |
|---|---|---|---|---|---|---|---|---|---|
| 设计 | （签名） | （年月日） | 标准化 | （签名） | （年月日） | 阶段标记 | 质量 | 比例 | 座块盖注塑模 |
| 审核 | | | | | | | | | 3.2.1—0 |
| 工艺 | | | 批准 | | | 共　张　第　页 | | | |

| | 工具钳工（注塑模）三级 | | | 装配工艺卡片 | 零件图号 | | |
|---|---|---|---|---|---|---|---|
| | | | | | 零件名称 | | |
| | 工序号 | 工步号 | 工序（工步）名称 | 工步内容 | 设备 | 工艺装备 | 工时 |
| | | | | | | | |
| | | | | | | | |
| | | | | | | | |
| | | | | | | | |
| | | | | | | | |
| | | | | | | | |
| | | | | | | | |
| | | | | | | | |
| | | | | | | | |
| 描图 | | | | | | | |
| | | | | | | | |
| 描校 | | | | | | | |
| | | | | | | | |
| 底图号 | | | | | | | |
| | | | | | | | |
| 装订号 | | | | | | | |

| | | | | | | | | | | | 编制 | | 审核 | | |
|---|---|---|---|---|---|---|---|---|---|---|---|---|---|---|---|
| 日期 | | | | | | | | | | | | | | | |
| | 标记 | 处数 | 更改文件号 | 签字 | 日期 | 标记 | 处数 | 更改文件号 | 签字 | 日期 | | | | 共2页 | 第1页 |

3. 评分表

同试题 3. 1. 2。

**六、带镶件的注塑模具装配（二）（试题代码：3. 2. 2；考核时间：120 min）**

1. 试题单

（1）操作条件

1）带镶件的注塑模具。

2）钳工工作台、台虎钳。

3）测量工具、钳工工具。

4）操作者劳动防护服、工作鞋、防护眼镜穿戴齐全。

5）试题单图样 3. 2. 2。

（2）操作内容

1）按照装配图 3. 2. 2—0 所示的要求完成定模部分装配。

2）按照装配图 3. 2. 2—0 所示的要求完成动模部分装配。

3）按照装配要求，进行合模调整。

4）按照装配要求及装配操作，填写装配工艺卡。

（3）操作要求

1）按照装配图 3. 2. 2—0 所示的要求完成带镶件的注塑模具装配。

2）装配过程要规范、合理、正确。

3）正确填写装配工艺卡片。

4）工件、工具摆放整齐、合理。

5）正确执行安全技术操作规程。

（4）备注

1）考生在考试期间，应根据模具的零件明细表和总装配图将模具装配完毕，然后举手示意考评员，待考评员认可后才能进行拆卸操作。

2）模具上的镶件及斜导柱是不允许拆装的，否则按“E（差或未答题）”评分。

**3.2.2—0 模具的零件明细表**

| 序号 | 名称 | 规格① | 数量 | 材料 | 备注 |
|---|---|---|---|---|---|
| 1 | 浇口套 | $\phi10\times50$ | 1 | 45 钢 | GB/T 4169.19—2006 |
| 2 | 定位圈 | $\phi100\times10$ | 1 | 45 钢 | GB/T 4169.18—2000 |
| 3 | 定模座板 | | 1 | 45 钢 | |
| 4 | 水嘴 | G1/4×10 | 2 | Cu | |
| 5 | 型腔固定板 | | 1 | 45 钢 | 调质：230～270HBW |
| 6 | 导套 | $\phi20\times50$ | 4 | T10A 钢 | GB/T 4169.3—2006 |
| 7 | 导柱 | $\phi20\times100\times40$ | 4 | T10A 钢 | GB/T 4169.4—2006 |
| 8 | 型芯固定板 | | 1 | 45 钢 | 调质：230～270HBW |
| 9 | 垫块 | | 2 | 45 钢 | |
| 10 | 动模座板 | | 1 | 45 钢 | |
| 11 | 推板 | | 1 | 45 钢 | |
| 12 | 推杆固定板 | | 1 | 45 钢 | |
| 13 | 内六角螺钉 | M12×90 | 4 | | GB/T 70.1—2008 |
| 14 | 内六角螺钉 | M6×20 | 8 | | GB/T 70.1—2008 |

续表

| 序号 | 名称 | 规格[1] | 数量 | 材料 | 备注 |
|---|---|---|---|---|---|
| 15 | 拉料杆 | $\phi5\times40$ | 1 | T10A 钢 | 按 GB/T 4169. 1—2006 购买后改制 |
| 16 | 内六角螺钉 | M12 × 125 | 4 |  | GB/T 70. 1—2008 |
| 17 | 内六角螺钉 | M8 × 16 | 6 |  | GB/T 70. 1—2008 |
| 18 | 复位杆 | $\phi12\times85$ | 4 | T10A 钢 | GB/T 4169. 13—2006 |
| 19 | 推件板 |  | 1 | 45 钢 | 调质：230 ~ 270HBW |
| 20 | 型芯 |  | 1 | P20 | 淬火：52 ~ 55HRC |
| 21 | 镶块 |  | 2 | P20 | 淬火：52 ~ 55HRC |
| 22 | 型腔 |  | 1 | P20 | 淬火：52 ~ 55HRC |
| 23 | 内六角螺钉 | M6 × 16 | 2 |  | GB/T 70. 1—2008 |

①除序号为 4 的水嘴“G1/4 × 10”中 1/4 为无单位的尺寸代号外，其余各尺寸单位均为 mm。

2. 答题卷

根据装配图及装配过程填写装配工艺卡。

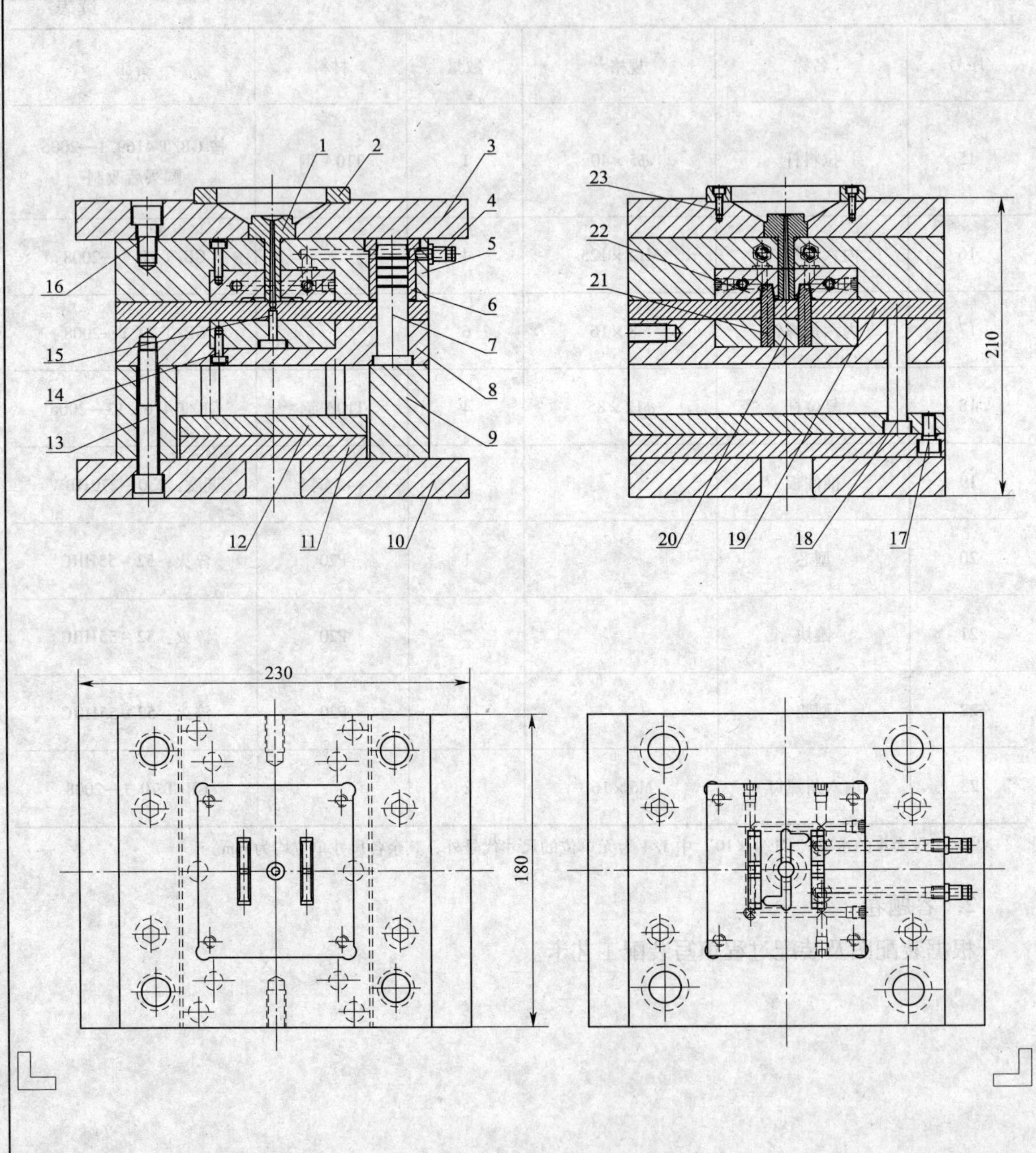
1
2
3
4
5
6
7
8
9
10
11
12
13
14
15
16
17
18
19
20
21
22
23
210
230
180

## 技术要求

1. 装配时对两分型面进行修研，应使垂直分型面接触吻合，水平分型面稍留有间隙，间隙在0.01~0.02之间。
2. 检查各活动机构是否适当，保证没有松动和咬死现象。
3. 装配后进行试模验收，脱模机构不得有干涉现象，塑件质量应达到设计要求。
4. 顶出高度$H \leqslant 25$。
5. 标准模架：1818—DI—A50—B40—C60。

| 序号 | 代号 | 名　称 | 规　格 | 数 量 | 材　料 | 备　注 |
|---|---|---|---|---|---|---|
| 23 | | 内六角螺钉 | M6×16 | 2 | | GB/T 70.1—2008 |
| 22 | | 型腔 | | 1 | P20 | 淬火：52~55HRC |
| 21 | | 镶块 | | 2 | P20 | 淬火：52~55HRC |
| 20 | | 型芯 | | 1 | P20 | 淬火：52~55HRC |
| 19 | | 推件板 | | 1 | 45钢 | 调质：230~270HBW |
| 18 | | 复位杆 | $\phi$12×85 | 4 | T10A钢 | GB/T 4169.13—2006 |
| 17 | | 内六角螺钉 | M8×16 | 6 | | GB/T 70.1—2008 |
| 16 | | 内六角螺钉 | M12×125 | 4 | | GB/T 70.1—2008 |
| 15 | | 拉料杆 | $\phi$5×40 | 1 | T10A钢 | 按GB/T 4169.1—2006购买后改制 |
| 14 | | 内六角螺钉 | M6×20 | 8 | | GB/T 70.1—2008 |
| 13 | | 内六角螺钉 | M12×90 | 4 | | GB/T 70.1—2008 |
| 12 | | 推杆固定板 | | 1 | 45钢 | |
| 11 | | 推板 | | 1 | 45钢 | |
| 10 | | 动模座板 | | 1 | 45钢 | |
| 9 | | 垫块 | | 2 | 45钢 | |
| 8 | | 型芯固定板 | | 1 | 45钢 | 调质：230~270HBW |
| 7 | | 导柱 | $\phi$20×100×40 | 4 | T10A钢 | GB/T 4169.4—2006 |
| 6 | | 导套 | $\phi$20×50 | 4 | T10A钢 | GB/T 4169.3—2006 |
| 5 | | 型腔固定板 | | 1 | 45钢 | 调质：230~270HBW |
| 4 | | 水嘴 | G1/4×10 | 2 | Cu | |
| 3 | | 定模座板 | | 1 | 45钢 | |
| 2 | | 定位圈 | $\phi$100×10 | 1 | 45钢 | GB/T 4169.18—2000 |
| 1 | | 浇口套 | $\phi$10×50 | 1 | 45钢 | GB/T 4169.19—2006 |

| 标记 | 处数 | 分区 | 更改文件号 | 签名 | 年、月、日 | | | | 带镶件的注塑模具装配 |
|---|---|---|---|---|---|---|---|---|---|
| 设计 | （签名） | （年月日） | 标准化 | （签名） | （年月日） | 阶段标记 | 质量 | 比例 | 拨动开关注塑模 |
| 审核 | | | | | | | | | 3.2.2—0 |
| 工艺 | | | 批准 | | | 共　张　第　页 | | | |

| | 工具钳工（注塑模）三级 | | | 装配工艺卡片 | 零件图号 | | |
|---|---|---|---|---|---|---|---|
| | | | | | 零件名称 | | |
| | 工序号 | 工步号 | 工序（工步）名称 | 工步内容 | 设备 | 工艺装备 | 工时 |
| | | | | | | | |
| | | | | | | | |
| | | | | | | | |
| | | | | | | | |
| | | | | | | | |
| | | | | | | | |
| | | | | | | | |
| | | | | | | | |
| | | | | | | | |
| 描图 | | | | | | | |
| | | | | | | | |
| 描校 | | | | | | | |
| | | | | | | | |
| 底图号 | | | | | | | |
| | | | | | | | |
| 装订号 | | | | | | | |

| | | | | | | | | | | | 编制 | | 审核 | | |
|---|---|---|---|---|---|---|---|---|---|---|---|---|---|---|---|
| 日期 | | | | | | | | | | | | | | | |
| | 标记 | 处数 | 更改文件号 | 签字 | 日期 | 标记 | 处数 | 更改文件号 | 签字 | 日期 | | | | 共2页 | 第1页 |

3. 评分表

同试题 3. 1. 2。

**七、带镶件的注塑模具装配（三）（试题代码：3. 2. 3；考核时间：120 min）**

1. 试题单

（1）操作条件

1）带镶件的注塑模具。

2）钳工工作台、台虎钳。

3）测量工具、钳工工具。

4）操作者劳动防护服、工作鞋、防护眼镜穿戴齐全。

5）试题单图样 3. 2. 3。

（2）操作内容

1）按照装配图 3. 2. 3—0 所示的要求完成定模部分装配。

2）按照装配图 3. 2. 3—0 所示的要求完成动模部分装配。

3）按照装配要求，进行合模调整。

4）按照装配要求及装配操作，填写装配工艺卡。

（3）操作要求

1）按照装配图 3. 2. 3—0 所示的要求完成带镶件的注塑模具装配。

2）装配过程要规范、合理、正确。

3）正确填写装配工艺卡片。

4）工件、工具摆放整齐、合理。

5）正确执行安全技术操作规程。

（4）备注

1）考生在考试期间，应根据模具的零件明细表和总装配图将模具装配完毕，然后举手示意考评员，待考评员认可后才能进行拆卸操作。

2）模具上的镶件及斜导柱是不允许拆装的，否则按“E（差或未答题）”评分。

**3.2.3—0 模具的零件明细表**

| 序号 | 名称 | 规格① | 数量 | 材料 | 备注 |
|---|---|---|---|---|---|
| 1 | 定模座板 | | 1 | 45 钢 | |
| 2 | 水嘴 | G1/4 ×10 | 4 | Cu | |
| 3 | 型腔固定板 | | 1 | 45 钢 | 调质：230 ~270HBW |
| 4 | 带头导套 | $\phi$20 ×40 | 4 | T10A 钢 | GB/T 4169. 3—2006 |
| 5 | 带头导柱 | $\phi$20 ×75 ×40 | 4 | T10A 钢 | GB/T 4169. 4—2006 |
| 6 | 型芯固定板 | | 1 | 45 钢 | 调质：230 ~270HBW |
| 7 | 内六角螺钉 | M6 ×16 | 8 | | GB/T 70. 1—2008 |
| 8 | 垫块 | | 2 | 45 钢 | |
| 9 | 动模座板 | | 1 | 45 钢 | |
| 10 | 推板 | | 1 | 45 钢 | |
| 11 | 拉料杆 | $\phi$5 ×85 | 1 | T10A 钢 | 按 GB/T 4169. 1—2006 购买后改制 |
| 12 | 推杆固定板 | | 1 | 45 钢 | |
| 13 | 内六角螺钉 | M12 ×100 | 4 | | GB/T 70. 1—2008 |
| 14 | 型芯 | | 1 | P20 | 淬火：52 ~55HRC |

续表

| 序号 | 名称 | 规格① | 数量 | 材料 | 备注 |
|---|---|---|---|---|---|
| 15 | 型腔 | | 1 | P20 | 淬火：52～55HRC |
| 16 | 内六角螺钉 | M12×30 | 4 | | GB/T 70.1—2008 |
| 17 | 内六角螺钉 | M6×16 | 2 | | GB/T 70.1—2008 |
| 18 | 浇口套 | $\phi$10×40 | 1 | T10A 钢 | GB/T 4169.19—2006 |
| 19 | 定位圈 | $\phi$100×10 | 1 | 45 钢 | GB/T 4169.18—2006 |
| 20 | 镶件1 | | 2 | P20 | 淬火：52～55HRC |
| 21 | 镶件2 | | 2 | P20 | 淬火：52～55HRC |
| 22 | 内六角螺钉 | M8×20 | 6 | | GB/T 70.1—2008 |
| 23 | 复位杆 | $\phi$15×90 | 4 | T10A 钢 | GB/T 4169.13—2006 |
| 24 | 推杆 | $\phi$4×87.5 | 8 | T10A 钢 | GB/T 4169.1—2006 |

①除序号为2的水嘴“G1/4×10”中1/4为无单位的尺寸代号外，其余各尺寸单位均为mm。

2．答题卷

根据装配图及装配过程填写装配工艺卡。

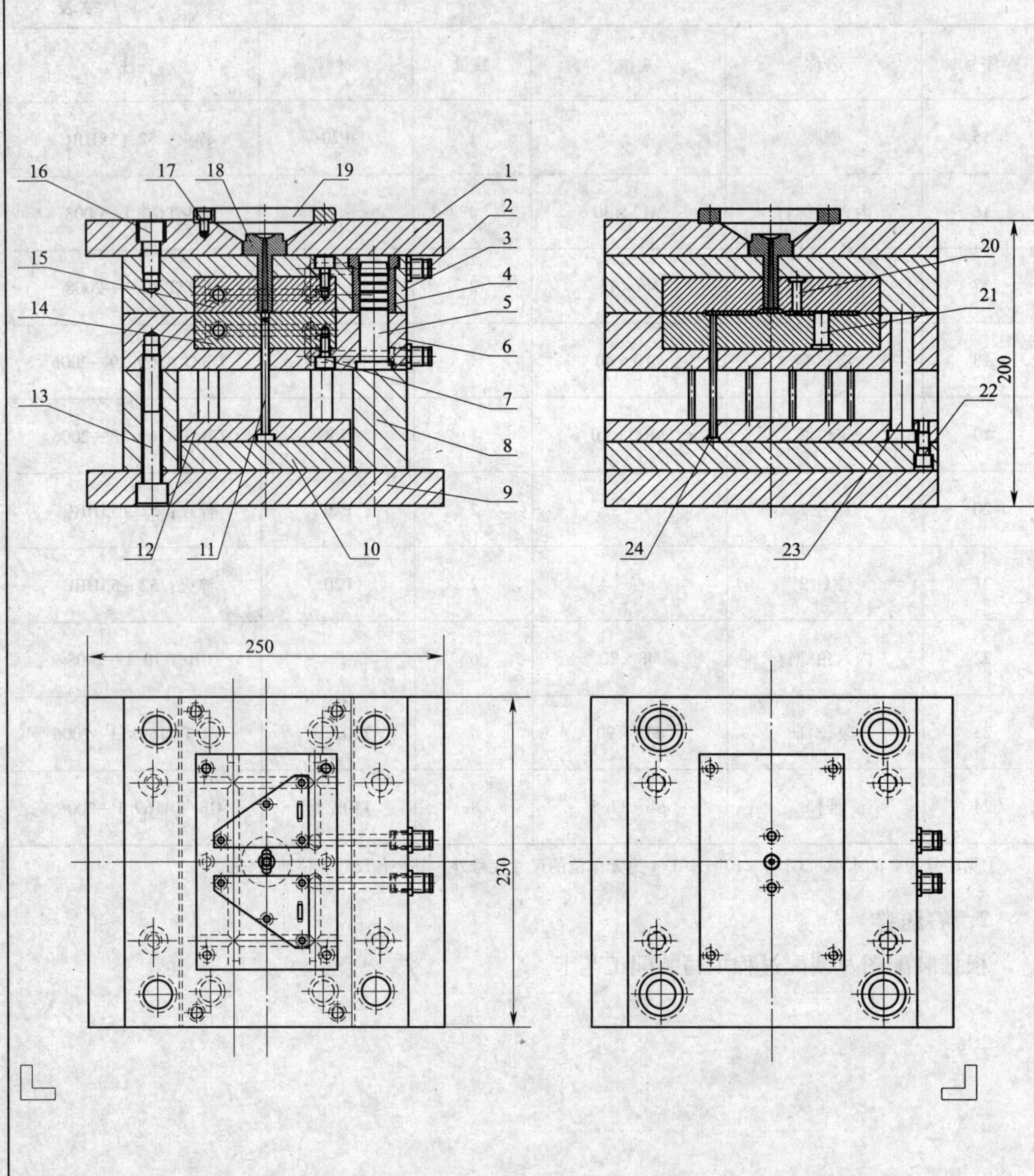
16
17
18
19
1
2
3
4
5
6
7
8
9
10
11
12
13
14
15
20
21
22
23
24
200
250
230

## 技术要求

1. 装配时对两分型面进行修研，应使垂直分型面接触吻合，水平分型面稍留有间隙，间隙在0.01~0.02之间。
2. 检查各活动机构是否适当，保证没有松动和咬死现象。
3. 装配后进行试模验收，脱模机构不得有干涉现象，塑件质量应达到设计要求。
4. 标准模架：2023—CI—A40—B40—C70。

| 序号 | 代号 | 名称 | 规格 | 数量 | 材料 | 备注 |
|---|---|---|---|---|---|---|
| 24 | | 推杆 | $\phi 4\times 87.5$ | 8 | T10A钢 | GB/T 4169.1—2006 |
| 23 | | 复位杆 | $\phi 15\times 90$ | 4 | T10A钢 | GB/T 4169.13—2006 |
| 22 | | 内六角螺钉 | M8 × 20 | 6 | | GB/T 70.1—2008 |
| 21 | | 镶件2 | | 2 | P20 | 淬火：52~55HRC |
| 20 | | 镶件1 | | 2 | P20 | 淬火：52~55HRC |
| 19 | | 定位圈 | $\phi 100\times 10$ | 1 | 45钢 | GB/T 4169.18—2006 |
| 18 | | 浇口套 | $\phi 10\times 40$ | 1 | T10A钢 | GB/T 4169.19—2006 |
| 17 | | 内六角螺钉 | M6 × 16 | 2 | | GB/T 70.1—2008 |
| 16 | | 内六角螺钉 | M12 × 30 | 4 | | GB/T 70.1—2008 |
| 15 | | 型腔 | | 1 | P20 | 淬火：52~55HRC |
| 14 | | 型芯 | | 1 | P20 | 淬火：52~55HRC |
| 13 | | 内六角螺钉 | M12 × 100 | 4 | | GB/T 70.1—2008 |
| 12 | | 推杆固定板 | | 1 | 45钢 | |
| 11 | | 拉料杆 | $\phi 5\times 85$ | 1 | T10A钢 | 按GB/T 4169.1—2006购买后改制 |
| 10 | | 推板 | | 1 | 45钢 | |
| 9 | | 动模座板 | | 1 | 45钢 | |
| 8 | | 垫块 | | 2 | 45钢 | |
| 7 | | 内六角螺钉 | M6 × 16 | 8 | | GB/T 70.1—2008 |
| 6 | | 型芯固定板 | | 1 | 45钢 | 调质：230~270HBW |
| 5 | | 带头导柱 | $\phi 20\times 75\times 40$ | 4 | T10A钢 | GB/T 4169.4—2006 |
| 4 | | 带头导套 | $\phi 20\times 40$ | 4 | T10A钢 | GB/T 4169.3—2006 |
| 3 | | 型腔固定板 | | 1 | 45钢 | 调质：230~270HBW |
| 2 | | 水嘴 | G1/4 × 10 | 4 | Cu | |
| 1 | | 定模座板 | | 1 | 45钢 | |

| 标记 | 处数 | 分区 | 更改文件号 | 签名 | 年、月、日 | | | | 带镶件的注塑模具装配 |
|---|---|---|---|---|---|---|---|---|---|
| 设计 | （签名） | （年月日） | 标准化 | （签名） | （年月日） | 阶段标记 | 质量 | 比例 | 电气板注塑模 |
| 审核 | | | | | | | | | |
| 工艺 | | | 批准 | | | 共　张　第　页 | | | 3.2.3—0 |

| | 工具钳工（注塑模）三级 | | | 装配工艺卡片 | 零件图号 | | |
|---|---|---|---|---|---|---|---|
| | | | | | 零件名称 | | |
| | 工序号 | 工步号 | 工序（工步）名称 | 工步内容 | 设备 | 工艺装备 | 工时 |
| | | | | | | | |
| | | | | | | | |
| | | | | | | | |
| | | | | | | | |
| | | | | | | | |
| | | | | | | | |
| | | | | | | | |
| | | | | | | | |
| | | | | | | | |
| 描图 | | | | | | | |
| | | | | | | | |
| 描校 | | | | | | | |
| | | | | | | | |
| 底图号 | | | | | | | |
| | | | | | | | |
| 装订号 | | | | | | | |

| | | | | | | | | | | | 编制 | | 审核 | | |
|---|---|---|---|---|---|---|---|---|---|---|---|---|---|---|---|
| 日期 | | | | | | | | | | | | | | | |
| | 标记 | 处数 | 更改文件号 | 签字 | 日期 | 标记 | 处数 | 更改文件号 | 签字 | 日期 | | | | 共2页 | 第1页 |

3. 评分表

同试题 3.1.2。

**八、带镶件的注塑模具装配（四）（试题代码：3.2.4；考核时间：120 min）**

1. 试题单

（1）操作条件

1）带镶件的注塑模具。

2）钳工工作台、台虎钳。

3）测量工具、钳工工具。

4）操作者劳动防护服、工作鞋、防护眼镜穿戴齐全。

5）试题单图样 3.2.4。

（2）操作内容

1）按照装配图 3.2.4—0 所示的要求完成定模部分装配。

2）按照装配图 3.2.4—0 所示的要求完成动模部分装配。

3）按照装配要求，进行合模调整。

4）按照装配要求及装配操作，填写装配工艺卡。

（3）操作要求

1）按照装配图 3.2.4—0 所示的要求完成带镶件的注塑模具装配。

2）装配过程要规范、合理、正确。

3）正确填写装配工艺卡片。

4）工件、工具摆放整齐、合理。

5）正确执行安全技术操作规程。

（4）备注

1）考生在考试期间，应根据模具的零件明细表和总装配图将模具装配完毕，然后举手示意考评员，待考评员认可后才能进行拆卸操作。

2）模具上的镶件及斜导柱是不允许拆装的，否则按“E（差或未答题）”评分。

**3.2.4—0 模具的零件明细表**

| 序号 | 名称 | 规格[①] | 数量 | 材料 | 备注 |
|---|---|---|---|---|---|
| 1 | 定模座板 | | 1 | 45 钢 | |
| 2 | 水嘴 | G1/4×10 | 4 | Cu | |
| 3 | 型腔固定板 | | 1 | 45 钢 | 调质：230～270HBW |
| 4 | 型芯 | | 1 | P20 | 淬火：52～55HRC |
| 5 | 型芯固定板 | | 1 | 45 钢 | 调质：230～270HBW |
| 6 | 垫块 | | 2 | 45 钢 | |
| 7 | 动模座板 | | 1 | 45 钢 | |
| 8 | 推板 | | 1 | 45 钢 | |
| 9 | 推杆固定板 | | 1 | 45 钢 | |
| 10 | 推杆 | $\phi4\times90$ | 4 | T10A 钢 | 按 GB/T 4169.1—2006 购买后改制 |
| 11 | 内六角螺钉 | M12×100 | 4 | | GB/T 70.1—2008 |
| 12 | 内六角螺钉 | M6×16 | 4 | | GB/T 70.1—2008 |
| 13 | 型芯杆 1 | 6×25 | 2 | T10A 钢 | 按 GB/T 4169.1—2006 购买后改制 |
| 14 | 型腔 | | 1 | P20 | 淬火：52～55HRC |
| 15 | 型芯杆 2 | 6×31 | 2 | T10A 钢 | 按 GB/T 4169.1—2006 购买后改制 |
| 16 | 镶件 | | 2 | P20 | 淬火：52～55HRC |

续表

| 序号 | 名称 | 规格① | 数量 | 材料 | 备注 |
|---|---|---|---|---|---|
| 17 | 内六角螺钉 | M12 × 30 | 4 | | GB/T 70. 1—2008 |
| 18 | 内六角螺钉 | M6 × 16 | 4 | | GB/T 70. 1—2008 |
| 19 | 内六角螺钉 | M6 × 12 | 2 | | GB/T 70. 1—2008 |
| 20 | 浇口套 | $\phi$10 × 50 | 1 | 45 钢 | GB/T 4169. 19—2006 |
| 21 | 定位圈 | $\phi$100 × 10 | 1 | 45 钢 | GB/T 4169. 18—2006 |
| 22 | 复位杆 | $\phi$12 × 90 | 4 | T10A 钢 | GB/T 4169. 13—2006 |
| 23 | 拉料杆 | $\phi$5 × 85 | 1 | T10A 钢 | 按 GB/T 4169. 1—2006 购买后改制 |
| 24 | 内六角螺钉 | M8 × 25 | 6 | | GB/T 70. 1—2008 |
| 25 | 带头导柱 | $\phi$20 × 85 × 40 | 4 | T10A 钢 | GB/T 4169. 4—2006 |
| 26 | 带头导套 | $\phi$20 × 50 | 4 | T10A 钢 | GB/T 4169. 3—2006 |

①除序号为 2 的水嘴“G1/4 × 10”中 1/4 为无单位的尺寸代号外，其余各尺寸单位均为 mm。

## 2. 答题卷

根据装配图及装配过程填写装配工艺卡。

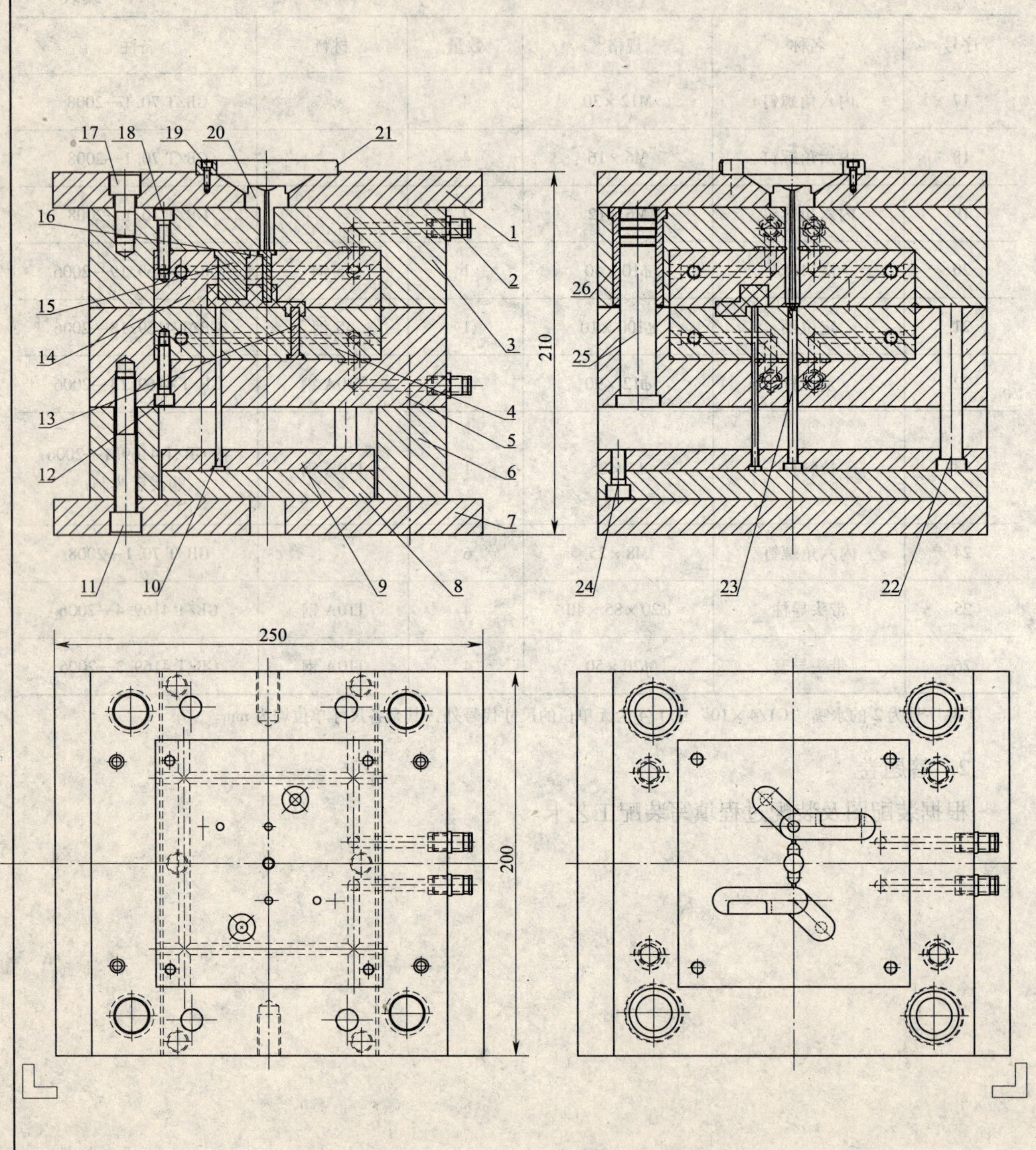
17
18
19
20
21
16
1
2
26
15
3
210
14
25
4
13
5
6
12
7
11
10
9
8
24
23
22
250
200

## 技术要求

1. 装配时对两分型面进行修研，应使垂直分型面接触吻合，水平分型面稍留有间隙，间隙在0.01~0.02之间。
2. 检查各活动机构是否适当，保证没有松动和咬死现象。
3. 装配后进行试模验收，脱模机构不得有干涉现象，塑件质量应达到设计要求。
4. 标准模架：2020—CI—A50—B40—C70。

| 序号 | 代号 | 名　称 | 规　格 | 数 量 | 材　料 | 备　注 |
|---|---|---|---|---|---|---|
| 26 | | 带头导套 | $\phi20\times50$ | 4 | T10A钢 | GB/T 4169.3—2006 |
| 25 | | 带头导柱 | $\phi20\times85\times40$ | 4 | T10A钢 | GB/T 4169.4—2006 |
| 24 | | 内六角螺钉 | M8×25 | 6 | | GB/T 70.1—2008 |
| 23 | | 拉料杆 | $\phi5\times85$ | 1 | T10A钢 | 按GB/T 4169.1—2006购买后改制 |
| 22 | | 复位杆 | $\phi12\times90$ | 4 | T10A钢 | GB/T 4169.13—2006 |
| 21 | | 定位圈 | $\phi100\times10$ | 1 | 45钢 | GB/T 4169.18—2006 |
| 20 | | 浇口套 | $\phi10\times50$ | 1 | 45钢 | GB/T 4169.19—2006 |
| 19 | | 内六角螺钉 | M6×12 | 2 | | GB/T 70.1—2008 |
| 18 | | 内六角螺钉 | M6×16 | 4 | | GB/T 70.1—2008 |
| 17 | | 内六角螺钉 | M12×30 | 4 | | GB/T 70.1—2008 |
| 16 | | 镶件 | | 2 | P20 | 淬火：52~55HRC |
| 15 | | 型芯杆2 | 6×31 | 2 | T10A钢 | 按GB/T 4169.1—2006购买后改制 |
| 14 | | 型腔 | | 1 | P20 | 淬火：52~55HRC |
| 13 | | 型芯杆1 | 6×25 | 2 | T10A钢 | 按GB/T 4169.1—2006购买后改制 |
| 12 | | 内六角螺钉 | M6×16 | 4 | | GB/T 70.1—2008 |
| 11 | | 内六角螺钉 | M12×100 | 4 | | GB/T 70.1—2008 |
| 10 | | 推杆 | $\phi4\times90$ | 4 | T10A钢 | 按GB/T 4169.1—2006购买后改制 |
| 9 | | 推杆固定板 | | 1 | 45钢 | |
| 8 | | 推板 | | 1 | 45钢 | |
| 7 | | 动模座板 | | 1 | 45钢 | |
| 6 | | 垫块 | | 2 | 45钢 | |
| 5 | | 型芯固定板 | | 1 | 45钢 | 调质：230~270HBW |
| 4 | | 型芯 | | 1 | P20 | 淬火：52~55HRC |
| 3 | | 型腔固定板 | | 1 | 45钢 | 调质：230~270HBW |
| 2 | | 水嘴 | G1/4×10 | 4 | Cu | |
| 1 | | 定模座板 | | 1 | 45钢 | |

| 标记 | 处数 | 分区 | 更改文件号 | 签名 | 年、月、日 | | | | 带镶件的注塑模具装配 |
|---|---|---|---|---|---|---|---|---|---|
| 设计 | （签名） | （年月日） | 标准化 | （签名） | （年月日） | 阶段标记 | 质量 | 比例 | 电气元件注塑模 |
| 审核 | | | | | | | | | |
| 工艺 | | | 批准 | | | 共　张 | 第　页 | | 3.2.4—0 |

| | 工具钳工（注塑模）三级 | | | 装配工艺卡片 | 零件图号 | | |
|---|---|---|---|---|---|---|---|
| | | | | | 零件名称 | | |
| | 工序号 | 工步号 | 工序（工步）名称 | 工步内容 | 设备 | 工艺装备 | 工时 |
| | | | | | | | |
| | | | | | | | |
| | | | | | | | |
| | | | | | | | |
| | | | | | | | |
| | | | | | | | |
| | | | | | | | |
| | | | | | | | |
| | | | | | | | |
| 描图 | | | | | | | |
| | | | | | | | |
| 描校 | | | | | | | |
| | | | | | | | |
| 底图号 | | | | | | | |
| | | | | | | | |
| 装订号 | | | | | | | |

| | | | | | | | | | | 编制 | | 审核 | | |
|---|---|---|---|---|---|---|---|---|---|---|---|---|---|---|
| 日期 | | | | | | | | | | | | | | |
| | 标记 | 处数 | 更改文件号 | 签字 | 日期 | 标记 | 处数 | 更改文件号 | 签字 | 日期 | | | 共2页 | 第1页 |

3. 评分表

同试题 3. 1. 2。

**九、带镶件的注塑模具装配（五）（试题代码：3. 2. 5；考核时间：120 min）**

1. 试题单

（1）操作条件

1）带镶件的注塑模具。

2）钳工工作台、台虎钳。

3）测量工具、钳工工具。

4）操作者劳动防护服、工作鞋、防护眼镜穿戴齐全。

5）试题单图样 3. 2. 5。

（2）操作内容

1）按照装配图 3. 2. 5—0 所示的要求完成定模部分装配。

2）按照装配图 3. 2. 5—0 所示的要求完成动模部分装配。

3）按照装配要求，进行合模调整。

4）按照装配要求及装配操作，填写装配工艺卡。

（3）操作要求

1）按照装配图 3. 2. 5—0 所示的要求完成带镶件的注塑模具装配。

2）装配过程要规范、合理、正确。

3）正确填写装配工艺卡片。

4）工件、工具摆放整齐、合理。

5）正确执行安全技术操作规程。

（4）备注

1）考生在考试期间，应根据模具的零件明细表和总装配图将模具装配完毕，然后举手示意考评员，待考评员认可后才能进行拆卸操作。

2）模具上的镶件及斜导柱是不允许拆装的，否则按“E（差或未答题）”评分。

**3.2.5—0 模具的零件明细表**

| 序号 | 名称 | 规格① | 数量 | 材料 | 备注 |
|---|---|---|---|---|---|
| 1 | 定模座板 | | 1 | 45 钢 | |
| 2 | 型腔固定板 | | 1 | 45 钢 | 调质：230～270HBW |
| 3 | 镶块 | | 4 | P20 | 淬火：52～55HRC |
| 4 | 带头导套 | $\phi$20×40 | 4 | T10A 钢 | GB/T 4169.3—2006 |
| 5 | 带头导柱 | $\phi$20×75×40 | 4 | T10A 钢 | GB 4169.4—2006 |
| 6 | 型芯固定板 | | 1 | 45 钢 | 调质：230～270HBW |
| 7 | 垫块 | | 2 | 45 钢 | |
| 8 | 动模座板 | | 1 | 45 钢 | |
| 9 | 推板 | | 1 | 45 钢 | |
| 10 | 推杆固定板 | | 1 | 45 钢 | |
| 11 | 拉料杆 | $\phi$5×80 | 1 | T10A 钢 | GB/T 4169.1—2006 |
| 12 | 推杆 | $\phi$3×89 | 4 | T10A 钢 | GB/T 4169.1—2006 |
| 13 | 推杆 | $\phi$2.5×90 | 12 | T10A 钢 | GB/T 4169.1—2006 |
| 14 | 内六角螺钉 | M12×90 | 4 | | GB/T 70.1—2008 |
| 15 | 型芯 | | 1 | P20 | 淬火：52～55HRC |
| 16 | 水堵头 | $\phi$8×8 | 10 | Cu | |
| 17 | 型腔 | | 1 | P20 | 淬火：52～55HRC |

续表

| 序号 | 名称 | 规格① | 数量 | 材料 | 备注 |
|---|---|---|---|---|---|
| 18 | 垫圈 | | 4 | 橡胶 | |
| 19 | 内六角螺钉 | M12 × 25 | 4 | | GB/T 70. 1—2008 |
| 20 | 内六角螺钉 | M6 × 16 | 4 | | GB/T 70. 1—2008 |
| 21 | 浇口套 | $\phi$10 × 40 | 1 | 45 钢 | GB/T 4169. 19—2006 |
| 22 | 定位圈 | $\phi$100 × 10 | 1 | 45 钢 | GB/T 4169. 18—2006 |
| 23 | 内六角螺钉 | M6 × 25 | 4 | | GB/T 70. 1—2008 |
| 24 | 内六角螺钉 | M6 × 25 | 4 | | GB/T 70. 1—2008 |
| 25 | 复位杆 | $\phi$12 × 75 | 4 | 45 钢 | GB/T 4169. 13—2006 |
| 26 | 内六角螺钉 | M8 × 20 | 6 | | GB/T 70. 1—2008 |
| 27 | 水嘴 | G1/4 × 10 | 4 | | |

①除序号为 27 的水嘴“G1/4 × 10”中 1/4 为无单位的尺寸代号外，其余各尺寸单位均为 mm。

## 2. 答题卷

根据装配图及装配过程填写装配工艺卡。

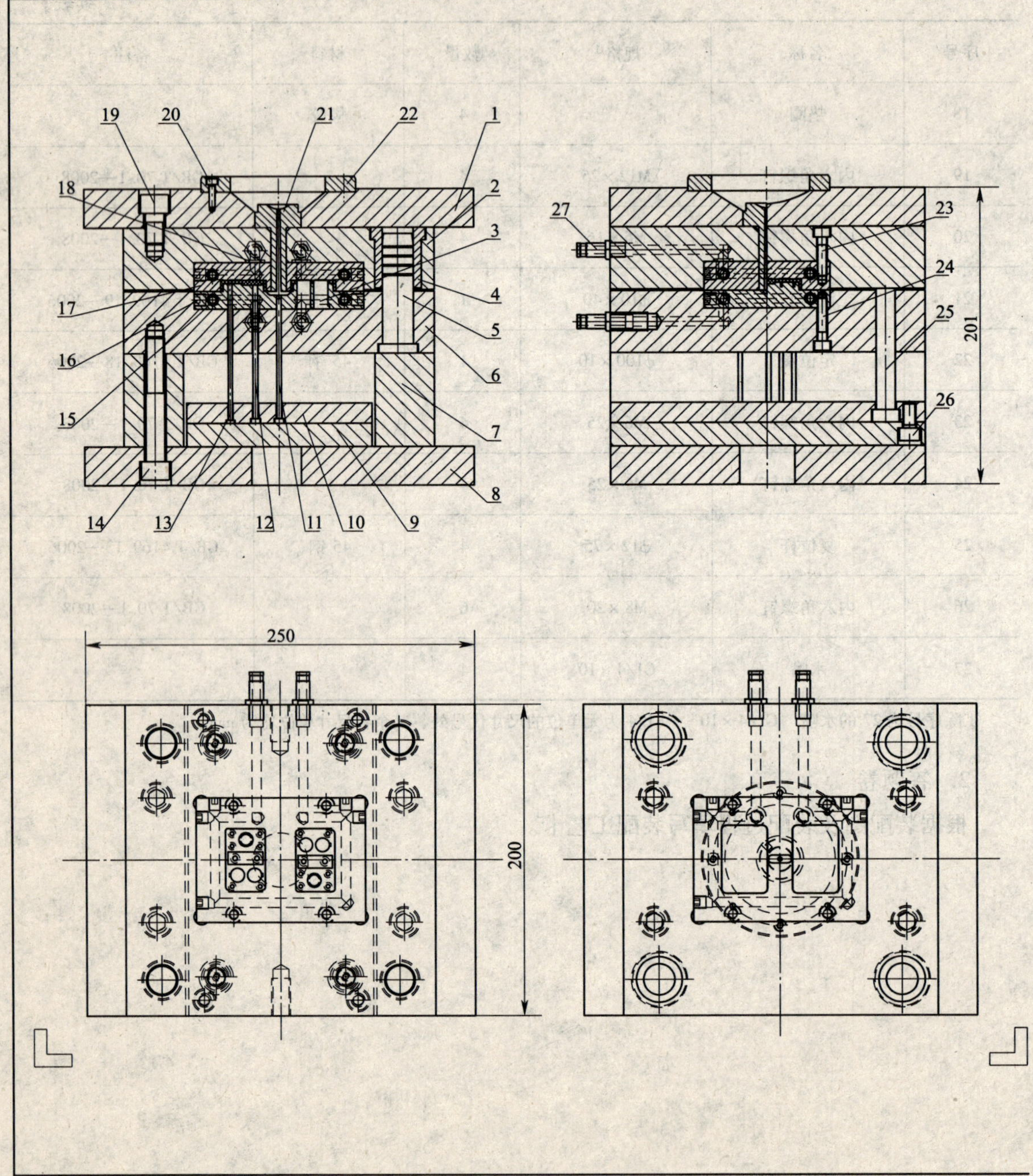

19
20
21
22
1
18
2
3
4
17
5
16
6
15
7
14
13
12
11
10
9
8
27
23
24
25
26
201
250
200

## 技术要求

1. 装配时对两分型面进行修研，应使垂直分型面接触吻合，水平分型面稍留有间隙，间隙在0.01~0.02之间。
2. 检查各活动机构是否适当，保证没有松动和咬死现象。
3. 装配后进行试模验收，脱模机构不得有干涉现象，塑件质量应达到设计要求。
4. 标准模架：2020—CI—A40—B40—C70。

| 序号 | 代号 | 名称 | 规格 | 数量 | 材料 | 备注 |
|---|---|---|---|---|---|---|
| 27 | | 水嘴 | G1/4×10 | 4 | | |
| 26 | | 内六角螺钉 | M8×20 | 6 | | GB/T 70.1—2008 |
| 25 | | 复位杆 | φ12×75 | 4 | 45钢 | GB/T 4169.13—2006 |
| 24 | | 内六角螺钉 | M6×25 | 4 | | GB/T 70.1—2008 |
| 23 | | 内六角螺钉 | M6×25 | 4 | | GB/T 70.1—2008 |
| 22 | | 定位圈 | φ100×10 | 1 | 45钢 | GB/T 4169.18—2006 |
| 21 | | 浇口套 | φ10×40 | 1 | 45钢 | GB/T 4169.19—2006 |
| 20 | | 内六角螺钉 | M6×16 | 4 | | GB/T 70.1—2008 |
| 19 | | 内六角螺钉 | M12×25 | 4 | | GB/T 70.1—2008 |
| 18 | | 垫圈 | | 4 | 橡胶 | |
| 17 | | 型腔 | | 1 | P20 | 淬火：52~55HRC |
| 16 | | 水堵头 | φ8×8 | 10 | Cu | |
| 15 | | 型芯 | | 10 | P20 | 淬火：52~55HRC |
| 14 | | 内六角螺钉 | M12×90 | 1 | | GB/T 70.1—2008 |
| 13 | | 推杆 | φ2.5×90 | 12 | T10A钢 | GB/T 4169.1—2006 |
| 12 | | 推杆 | φ3×89 | 4 | T10A钢 | GB/T 4169.1—2006 |
| 11 | | 拉料杆 | φ5×80 | 1 | T10A钢 | GB/T 4169.1—2006 |
| 10 | | 推杆固定板 | | 1 | 45钢 | |
| 9 | | 推板 | | 1 | 45钢 | |
| 8 | | 动模座板 | | 1 | 45钢 | |
| 7 | | 垫块 | | 2 | 45钢 | |
| 6 | | 型芯固定板 | | 1 | 45钢 | 调质：230~270HBW |
| 5 | | 带头导柱 | φ20×75×40 | 4 | T10A钢 | GB/T 4169.4—2006 |
| 4 | | 带头导套 | φ20×40 | 4 | T10A钢 | GB/T 4169.3—2006 |
| 3 | | 镶块 | | 4 | P20 | 淬火：52~55HRC |
| 2 | | 型腔固定板 | | 1 | 45钢 | 调质：230~270HBW |
| 1 | | 定模座板 | | 1 | 45钢 | |

| 标记 | 处数 | 分区 | 更改文件号 | 签名 | 年、月、日 | | | | 带镶件的注塑模具装配 |
|---|---|---|---|---|---|---|---|---|---|
| 设计 | （签名） | （年月日） | 标准化 | （签名） | （年月日） | 阶段标记 | 质量 | 比例 | 端盖注塑模 |
| 审核 | | | | | | | | | |
| 工艺 | | | 批准 | | | 共　张 | 第　页 | | 3.2.5—0 |

| | 工具钳工（注塑模）三级 | | | 装配工艺卡片 | 零件图号 | | |
|---|---|---|---|---|---|---|---|
| | | | | | 零件名称 | | |
| | 工序号 | 工步号 | 工序（工步）名称 | 工步内容 | 设备 | 工艺装备 | 工时 |
| | | | | | | | |
| | | | | | | | |
| | | | | | | | |
| | | | | | | | |
| | | | | | | | |
| | | | | | | | |
| | | | | | | | |
| | | | | | | | |
| | | | | | | | |
| 描图 | | | | | | | |
| | | | | | | | |
| 描校 | | | | | | | |
| | | | | | | | |
| 底图号 | | | | | | | |
| | | | | | | | |
| 装订号 | | | | | | | |

| | | | | | | | | | | 编制 | | 审核 | | |
|---|---|---|---|---|---|---|---|---|---|---|---|---|---|---|
| 日期 | | | | | | | | | | | | | | |
| | 标记 | 处数 | 更改文件号 | 签字 | 日期 | 标记 | 处数 | 更改文件号 | 签字 | 日期 | | | 共2页 | 第1页 |

3. 评分表

同试题 3.1.2。

## 注塑模具调试

### 一、注塑模具检测与验收（二）（试题代码：4.1.2；考核时间：60 min）

1. 试题单

（1）操作条件

1）注塑机。

2）注塑模具。

3）操作者劳动防护服、工作鞋、防护眼镜穿戴齐全。

（2）操作内容

在注塑机上已安装了如图 4.1.2 所示的“座块盖”的注塑模具，塑件材料为 ABS。请按以下要求进行相关操作：

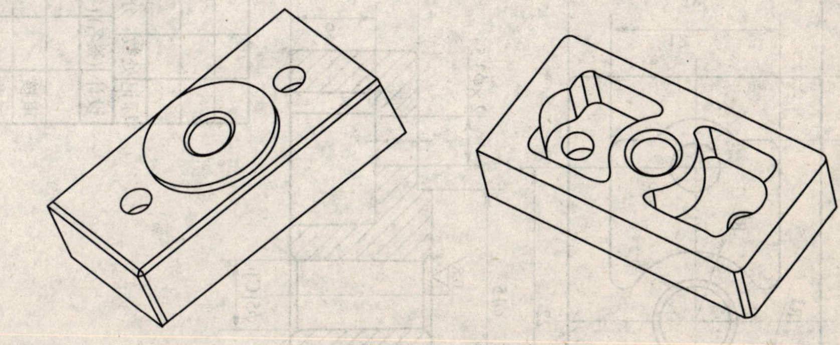

图 4.1.2　座块盖

1）试模

①在注塑机上设置合适的注塑工艺参数。

②完成注塑工艺参数设定后，进行模具的试模操作。

③将试模后得到的正确的试模工艺参数填入答题卷上“注塑工艺表”中的指定区域。

2）检测与验收

①根据试题单图样（见图 4.1.2—1）上所标注的尺寸和技术要求，对注塑后的制件进行产品的验收。

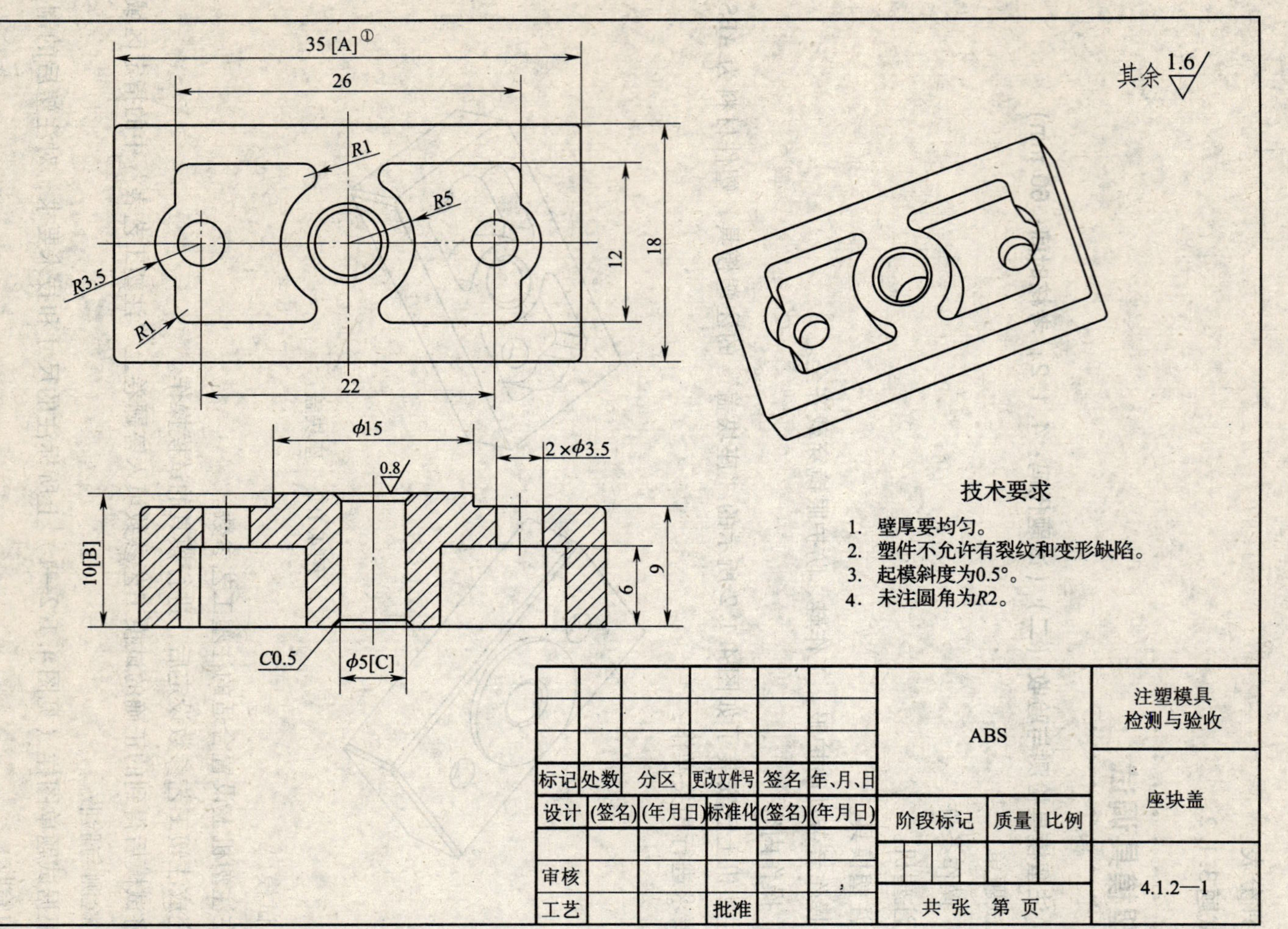
35 [A]①
26
R1
R5
R3.5
R1
12
18
22
φ15
2×φ3.5
0.8
10[B]
9
6
C0.5
φ5[C]
其余 1.6
技术要求
1. 壁厚要均匀。
2. 塑件不允许有裂纹和变形缺陷。
3. 起模斜度为0.5°。
4. 未注圆角为R2。
标记 处数 分区 更改文件号 签名 年、月、日
设计 (签名) (年月日) 标准化 (签名) (年月日)
审核
工艺 批准
ABS
阶段标记 质量 比例
共 张 第 页
注塑模具
检测与验收
座块盖
4.1.2—1
①[A]，[B]，[C]为答题卷上选项代号。

②在制件上测量试题单图样上所标注的 $A$，$B$，$C$ 三处尺寸，并将测得的实际尺寸标注在答题卷图样（见图 4. 1. 2—0）中。

（3）操作要求

1）塑件尺寸测量应完全正确。

2）在注塑工艺表中正确填写注塑工艺参数。

3）请仔细调整工艺参数，注塑出符合试题单图样要求的制件。

4）安全文明生产

①正确执行安全技术操作规程。

②确保工作场地整洁，工件、工具摆放整齐。

2. 答题卷

（1）对试模后的制件进行测量，将测得的实际尺寸（$A$，$B$，$C$）标注在答题卷图样（见图 4. 1. 2—0）的相应位置上。

（2）正确填写注塑工艺表。

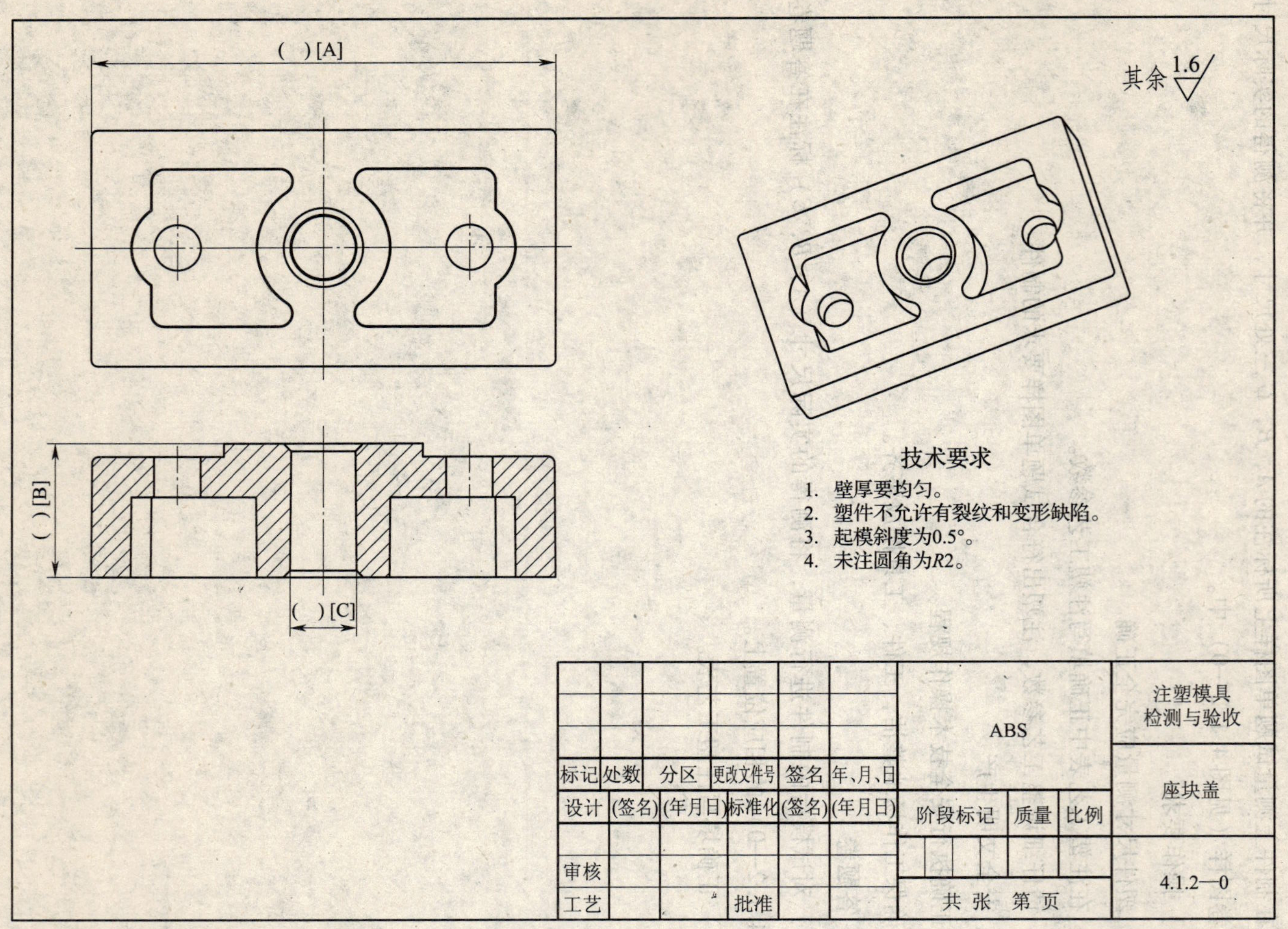
( )[A]
其余 1.6
( )[B]
( )[C]
技术要求
1. 壁厚要均匀。
2. 塑件不允许有裂纹和变形缺陷。
3. 起模斜度为0.5°。
4. 未注圆角为R2。
ABS
注塑模具
检测与验收
标记 处数 分区 更改文件号 签名 年、月、日
设计 (签名) (年月日) 标准化 (签名) (年月日)
阶段标记 质量 比例
座块盖
审核
工艺 批准
共 张 第 页
4.1.2—0

# 注 塑 工 艺 表

| 产品图号 | | 塑件材料 | | 生产日期 | | 订单批号 | | |
|---|---|---|---|---|---|---|---|---|
| 拌料记录 | | 操作人员 | | 日期 | | | | |

| 编号 | 物料名称 | 质量 | 拌料设备 | 拌料时间 | 烘料设备 | 烘料时间 | 烘料温度 | 备注 |
|---|---|---|---|---|---|---|---|---|
| | | | | | | | | |
| | | | | | | | | |
| | | | | | | | | |
| | | | | | | | | |
| | | | | | | | | |
| | | | | | | | | |

注塑机台工艺记录表　　操作人员　　日期/时间

| 开合模 | 位置 | 压力 | 速度 | | | 设定 | | |
|---|---|---|---|---|---|---|---|---|
| 合模快速 | | | | | 开模时间 | | | |
| 合模低压 | | | | | 射出时间 | | | |
| 合模高压 | | | | 时间 | 冷却时间 | | | |
| 开模慢速 1 | | | | | 保压时间 | | | |
| 开模快速 | | | | | 合模时间 | | | |
| 开模慢速 2 | | | | | 周期 | | | |

| 料筒温度 | 射嘴 | 第一节 | 第二节 | 第三节 | 第四节 | 第五节 | 模温 1 | 模温 2 |
|---|---|---|---|---|---|---|---|---|
| 设定 | | | | | | | | |
| 实际 | | | | | | | | |
| 射料 | 位置 | 压力 | 速度 | 射胶 | 位置 | 压力 | 速度 | 备注 |
| 射料 1 | | | | 射料 1 | | | | |
| 射料 2 | | | | 射料 2 | | | | |
| 射料 3 | | | | 射料 3 | | | | |
| 射料 4 | | | | 射料 4 | | | | |
| 射料 5 | | | | 射料 5 | | | | |
| 保压 1 | | | | 保压 1 | | | | |
| 保压 2 | | | | 保压 2 | | | | |

续表

| 储料 | 位置 | 压力 | 速度 | 背压 | 位置 | 压力 | 速度 | 背压 |
|---|---|---|---|---|---|---|---|---|
| 一段 | | | | | | | | |
| 二段 | | | | | | | | |
| 三段 | | | | | | | | |
| 松退 | | | | | | | | |
| 射终 | | | | | | | | |
| 托模 | 位置 | 压力 | 速度 | 托模 | 位置 | 压力 | 速度 | 备注 |
| 前进 | | | | 前进 | | | | |
| 后退 | | | | 后退 | | | | |

| 模具状况 | 设计穴数 | 出现穴数 | 可用穴数 | 产品后整形 |
|---|---|---|---|---|
| | | | | |

记录：　　　　　　　　审核　　　　　　　　　　　　　年　　　月　　　日

## 3. 评分表

| 试题代码及名称 | | 4.1.2 注塑模具检测与验收（二） | | 考核时间 | | | | 60 min | |
|---|---|---|---|---|---|---|---|---|---|
| 评价要素 | | 配分 | 等级 | 评分细则 | 评定等级 | | | | 得分 |
| | | | | | A | B | C | D | E | |
| 1 | 塑件尺寸测量（答题卷） | 2 | A | 塑件尺寸完全正确 | | | | | | |
| | | | B | — | | | | | | |
| | | | C | 塑件有一个尺寸错误 | | | | | | |
| | | | D | 塑件有两个尺寸错误 | | | | | | |
| | | | E | 差或未答题 | | | | | | |
| 2 | 在注塑工艺表中填写注塑工艺参数（答题卷） | 2 | A | 注塑工艺参数填写完全正确 | | | | | | |
| | | | B | — | | | | | | |
| | | | C | 注塑工艺参数填写有一处错误 | | | | | | |
| | | | D | 注塑工艺参数填写有两处错误 | | | | | | |
| | | | E | 差或未答题 | | | | | | |

续表

<table>
<tr><td colspan="2">试题代码及名称</td><td colspan="3">4.1.2　注塑模具检测与验收（二）</td><td colspan="3">考核时间</td><td colspan="3">60 min</td></tr>
<tr><td colspan="2" rowspan="2">评价要素</td><td rowspan="2">配分</td><td rowspan="2">等级</td><td rowspan="2">评分细则</td><td colspan="5">评定等级</td><td rowspan="2">得分</td></tr>
<tr><td>A</td><td>B</td><td>C</td><td>D</td><td>E</td></tr>
<tr><td rowspan="5">3</td><td rowspan="5">注塑机的开模、合模操作</td><td rowspan="5">2</td><td>A</td><td>开模、合模操作完全正确，工艺参数设置合理</td><td rowspan="5"></td><td rowspan="5"></td><td rowspan="5"></td><td rowspan="5"></td><td rowspan="5"></td><td rowspan="5"></td></tr>
<tr><td>B</td><td>—</td></tr>
<tr><td>C</td><td>开模操作有失误</td></tr>
<tr><td>D</td><td>合模操作有失误</td></tr>
<tr><td>E</td><td>差或未答题</td></tr>
<tr><td rowspan="5">4</td><td rowspan="5">注塑机的射出操作</td><td rowspan="5">2</td><td>A</td><td>射出操作完全正确，工艺参数设置合理</td><td rowspan="5"></td><td rowspan="5"></td><td rowspan="5"></td><td rowspan="5"></td><td rowspan="5"></td><td rowspan="5"></td></tr>
<tr><td>B</td><td>—</td></tr>
<tr><td>C</td><td>空射出操作有失误</td></tr>
<tr><td>D</td><td>射出操作有失误</td></tr>
<tr><td>E</td><td>差或未答题</td></tr>
<tr><td rowspan="5">5</td><td rowspan="5">注塑机的安全规范</td><td rowspan="5">2</td><td>A</td><td>操作全部符合安全规范</td><td rowspan="5"></td><td rowspan="5"></td><td rowspan="5"></td><td rowspan="5"></td><td rowspan="5"></td><td rowspan="5"></td></tr>
<tr><td>B</td><td>—</td></tr>
<tr><td>C</td><td>—</td></tr>
<tr><td>D</td><td>操作中有不规范的现象存在</td></tr>
<tr><td>E</td><td>差或未答题</td></tr>
<tr><td colspan="2">合计配分</td><td>10</td><td colspan="7">合计得分</td><td></td></tr>
</table>

| 等级 | A（优） | B（良） | C（尚可） | D（较差） | E（差或未答题） |
|---|---|---|---|---|---|
| 比值 | 1.0 | 0.8 | 0.6 | 0.2 | 0 |

“评价要素”得分 = 配分 × 等级比值。

## 二、注塑模具检测与验收（三）（试题代码：4.1.3；考核时间：60 min）

1. 试题单

（1）操作条件

1）注塑机。

2）注塑模具。

3）操作者劳动防护服、工作鞋、防护眼镜穿戴齐全。

（2）操作内容

在注塑机上已安装了如图 4.1.3 所示的“按钮”注塑模具，塑件材料为 PS。请按以下要求进行相关操作：

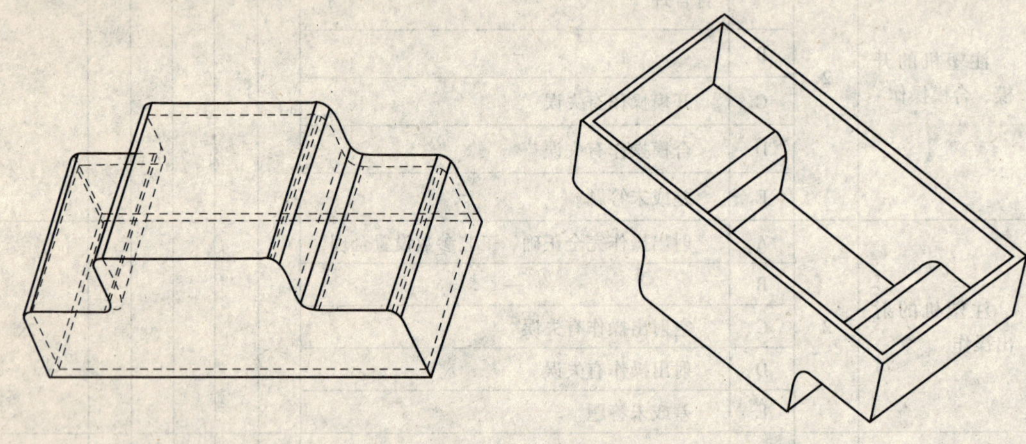

图 4.1.3　按钮

1）试模

①在注塑机上设置合适的注塑工艺参数。

②完成注塑工艺参数设定后，进行模具的试模操作。

③将试模后得到的正确的试模工艺参数填入答题卷上“注塑工艺表”中的指定区域。

2）检测与验收

①根据试题单图样（见图 4.1.3—1）上所标注的尺寸和技术要求，对注塑后的制件进行产品的验收。

②在制件上测量试题单图样上所标注的 $A$，$B$，$C$ 三处尺寸，并将测得的实际尺寸标注在答题卷图样（见图 4.1.3—0）中。

（3）操作要求

1）塑件尺寸测量应完全正确。

2）在注塑工艺表中正确填写注塑工艺参数。

3）请仔细调整工艺参数，注塑出符合试题单图样要求的制件。

4）安全文明生产

①正确执行安全技术操作规程。

②确保工作场地整洁，工件、工具摆放整齐。

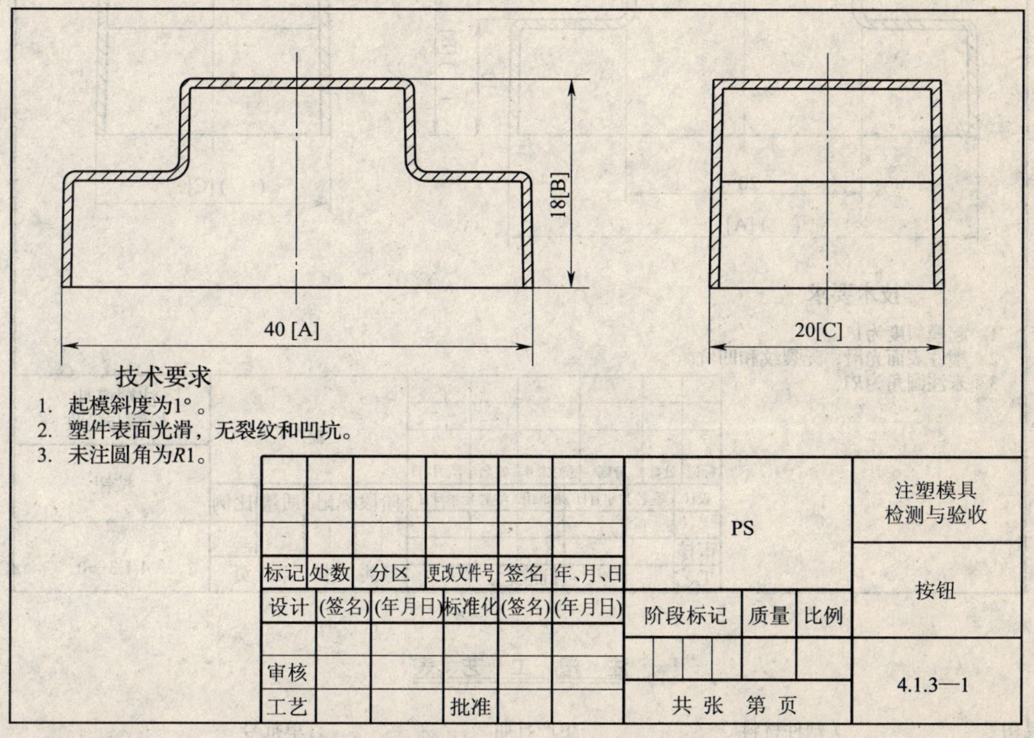


2．答题卷

（1）对试模后的制件进行测量，将测得的实际尺寸（$A$，$B$，$C$）标注在答题卷图样（见图 4. 1. 3—0）的相应位置上。

（2）正确填写注塑工艺表。

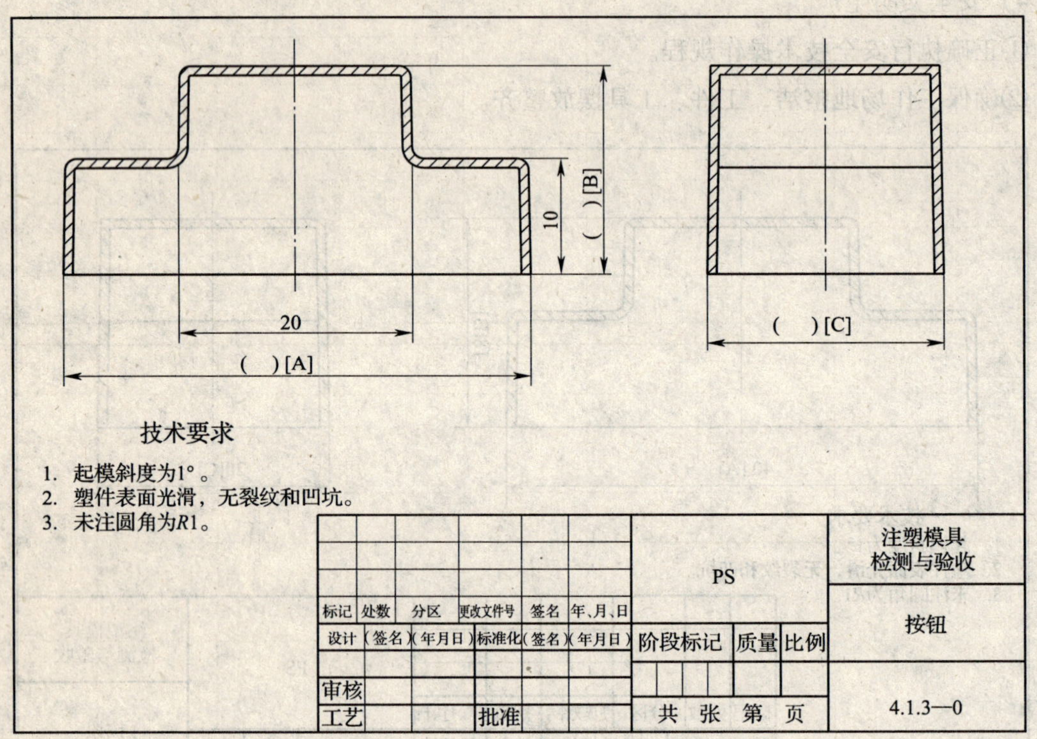


**注 塑 工 艺 表**

产品图号　　塑件材料　　生产日期　　订单批号

拌料记录　　操作人员　　日期

| 编号 | 物料名称 | 质量 | 拌料设备 | 拌料时间 | 烘料设备 | 烘料时间 | 烘料温度 | 备注 |
|---|---|---|---|---|---|---|---|---|
| | | | | | | | | |
| | | | | | | | | |
| | | | | | | | | |
| | | | | | | | | |
| | | | | | | | | |
| | | | | | | | | |

注塑机台工艺记录表　　　　　　　　操作人员　　　　　　　　日期/时间

| 开合模 | 位置 | 压力 | 速度 | | | 设定 | | |
|---|---|---|---|---|---|---|---|---|
| 合模快速 | | | | | 开模时间 | | | |
| 合模低压 | | | | | 射出时间 | | | |
| 合模高压 | | | | 时间 | 冷却时间 | | | |
| 开模慢速 1 | | | | | 保压时间 | | | |
| 开模快速 | | | | | 合模时间 | | | |
| 开模慢速 2 | | | | | 周期 | | | |

| 料筒温度 | 射嘴 | 第一节 | 第二节 | 第三节 | 第四节 | 第五节 | 模温 1 | 模温 2 |
|---|---|---|---|---|---|---|---|---|
| 设定 | | | | | | | | |
| 实际 | | | | | | | | |
| 射料 | 位置 | 压力 | 速度 | 射胶 | 位置 | 压力 | 速度 | 备注 |
| 射料 1 | | | | 射料 1 | | | | |
| 射料 2 | | | | 射料 2 | | | | |
| 射料 3 | | | | 射料 3 | | | | |
| 射料 4 | | | | 射料 4 | | | | |
| 射料 5 | | | | 射料 5 | | | | |
| 保压 1 | | | | 保压 1 | | | | |
| 保压 2 | | | | 保压 2 | | | | |
| | | | | | | | | |
| 储料 | 位置 | 压力 | 速度 | 背压 | 位置 | 压力 | 速度 | 背压 |
| 一段 | | | | | | | | |
| 二段 | | | | | | | | |
| 三段 | | | | | | | | |
| 松退 | | | | | | | | |
| 射终 | | | | | | | | |

续表

| 托模 | 位置 | 压力 | 速度 | 托模 | 位置 | 压力 | 速度 | 备注 |
|---|---|---|---|---|---|---|---|---|
| 前进 | | | | 前进 | | | | |
| 后退 | | | | 后退 | | | | |

| 模具状况 | 设计穴数 | 出现穴数 | 可用穴数 | 产品后整形 |
|---|---|---|---|---|
| | | | | |

记录： 审核 年 月 日

3. 评分表

同试题 4.1.2。

三、注塑模具检测与验收（四）（试题代码：4.1.4；考核时间：60 min）

1. 试题单

（1）操作条件

1）注塑机。

2）注塑模具。

3）操作者劳动防护服、工作鞋、防护眼镜穿戴齐全。

（2）操作内容

在注塑机上已安装了如图 4.1.4 所示的“阶梯盖”注塑模具，塑件材料为 PC。请按以下要求进行相关操作：

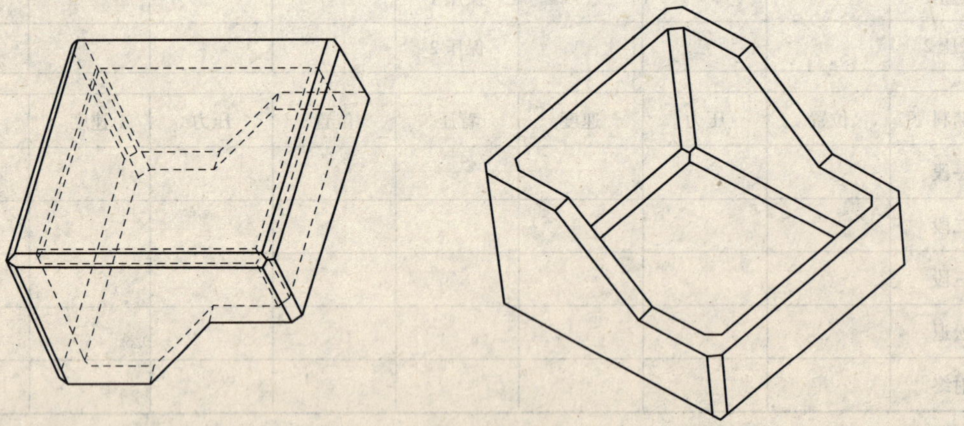

图 4.1.4 阶梯盖

1）试模

①在注塑机上设置合适的注塑工艺参数。

②完成注塑工艺参数设定后，进行模具的试模操作。

③将试模后得到的正确的试模工艺参数填入答题卷上“注塑工艺表”中的指定区域。

2）检测与验收

①根据试题单图样（见图 4. 1. 4—1）上所标注的尺寸和技术要求，对注塑后的制件进行产品的验收。

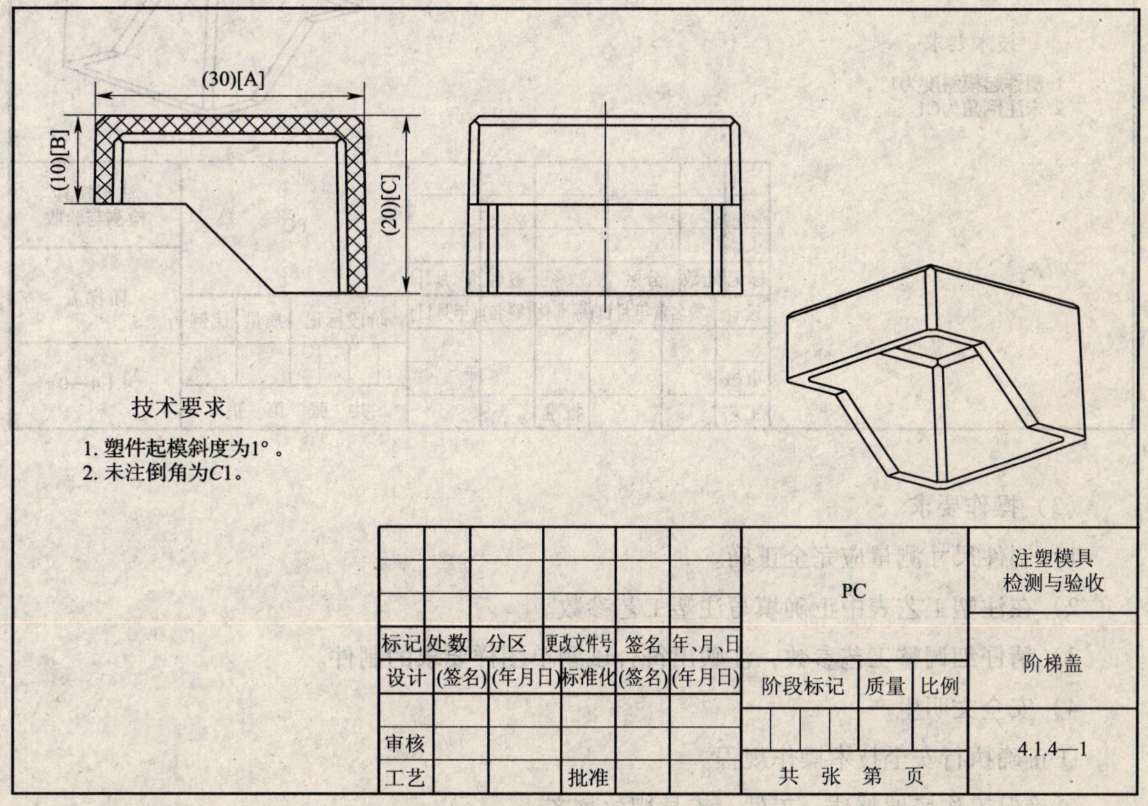


②在制件上测量试题单图样上所标注的 $A$，$B$，$C$ 三处尺寸，并将测得的实际尺寸标注在答题卷图样（见图 4. 1. 4—0）中。

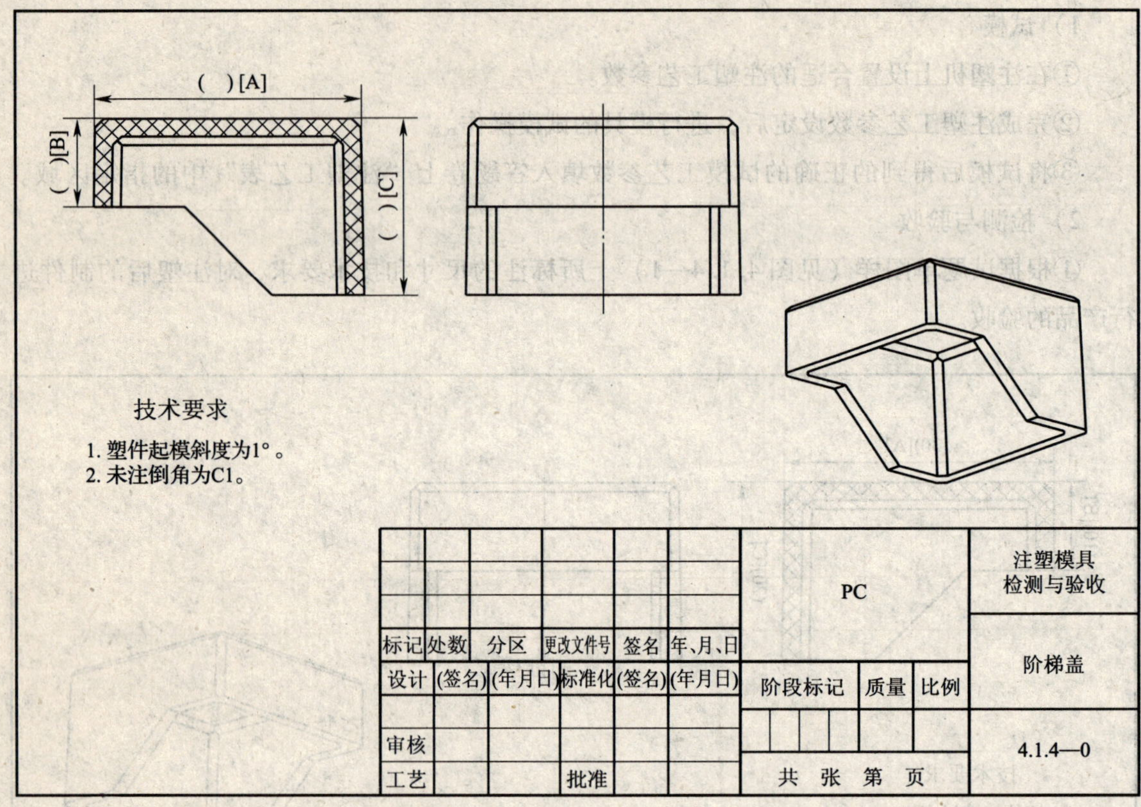


（3）操作要求

1）塑件尺寸测量应完全正确。

2）在注塑工艺表中正确填写注塑工艺参数。

3）请仔细调整工艺参数，注塑出符合试题单图样要求的制件。

4）安全文明生产

①正确执行安全技术操作规程。

②确保工作场地整洁，工件、工具摆放整齐。

2. 答题卷

（1）对试模后的制件进行测量，将测得的实际尺寸（$A$，$B$，$C$）标注在答题卷图样（见图 4.1.4—0）的相应位置上。

（2）正确填写注塑工艺表。

**注 塑 工 艺 表**

| 产品图号 | | 塑件材料 | | 生产日期 | | 订单批号 | | |
|---|---|---|---|---|---|---|---|---|
| 拌料记录 | | 操作人员 | | 日期 | | | | |

| 编号 | 物料名称 | 质量 | 拌料设备 | 拌料时间 | 烘料设备 | 烘料时间 | 烘料温度 | 备注 |
|---|---|---|---|---|---|---|---|---|
| | | | | | | | | |
| | | | | | | | | |
| | | | | | | | | |
| | | | | | | | | |
| | | | | | | | | |
| | | | | | | | | |

注塑机台工艺记录表　　操作人员　　日期/时间

| 开合模 | 位置 | 压力 | 速度 | | | 设定 | | |
|---|---|---|---|---|---|---|---|---|
| 合模快速 | | | | 时间 | 开模时间 | | | |
| 合模低压 | | | | | 射出时间 | | | |
| 合模高压 | | | | | 冷却时间 | | | |
| 开模慢速 1 | | | | | 保压时间 | | | |
| 开模快速 | | | | | 合模时间 | | | |
| 开模慢速 2 | | | | | 周期 | | | |

| 料筒温度 | 射嘴 | 第一节 | 第二节 | 第三节 | 第四节 | 第五节 | 模温 1 | 模温 2 |
|---|---|---|---|---|---|---|---|---|
| 设定 | | | | | | | | |
| 实际 | | | | | | | | |
| 射料 | 位置 | 压力 | 速度 | 射胶 | 位置 | 压力 | 速度 | 备注 |
| 射料 1 | | | | 射料 1 | | | | |
| 射料 2 | | | | 射料 2 | | | | |

续表

| 料筒温度 | 射嘴 | 第一节 | 第二节 | 第三节 | 第四节 | 第五节 | 模温 | 模温 |
|---|---|---|---|---|---|---|---|---|
| 射料 3 | | | | 射料 3 | | | | |
| 射料 4 | | | | 射料 4 | | | | |
| 射料 5 | | | | 射料 5 | | | | |
| 保压 1 | | | | 保压 1 | | | | |
| 保压 2 | | | | 保压 2 | | | | |
| 储料 | 位置 | 压力 | 速度 | 背压 | 位置 | 压力 | 速度 | 背压 |
| 一段 | | | | | | | | |
| 二段 | | | | | | | | |
| 三段 | | | | | | | | |
| 松退 | | | | | | | | |
| 射终 | | | | | | | | |
| 托模 | 位置 | 压力 | 速度 | 托模 | 位置 | 压力 | 速度 | 备注 |
| 前进 | | | | 前进 | | | | |
| 后退 | | | | 后退 | | | | |

| 模具状况 | 设计穴数 | 出现穴数 | 可用穴数 | 产品后整形 |
|---|---|---|---|---|
| | | | | |

记录：　　　　　　　　　　审核　　　　　　　　　　年　　　月　　　日

3．评分表

同试题 4. 1. 2。

## 四、注塑模具检测与验收（五）（试题代码：4. 1. 5；考核时间：60 min）

1．试题单

（1）操作条件

1）注塑机。

2）注塑模具。

3）操作者劳动防护服、工作鞋、防护眼镜穿戴齐全。

（2）操作内容

在注塑机上已安装了如图 4. 1. 5 所示的“盒子下壳”注塑模具，塑件材料为 ABS。请按以下要求进行相关操作：

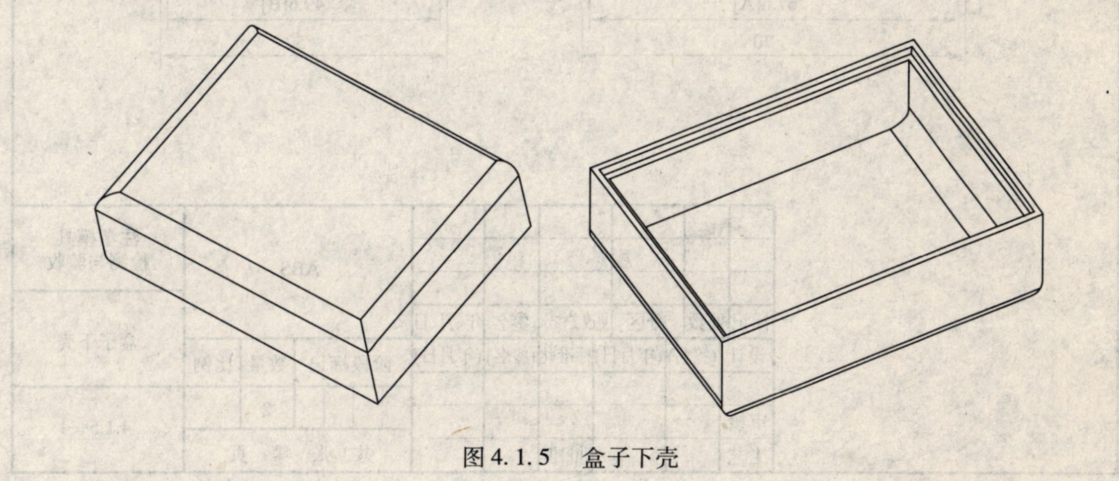

图 4. 1. 5　盒子下壳

1）试模

①在注塑机上设置合适的注塑工艺参数。

②完成注塑工艺参数设定后，进行模具的试模操作。

③将试模后得到的正确的试模工艺参数填入答题卷上“注塑工艺表”中的指定区域。

2）检测与验收

①根据试题单图样（见图 4. 1. 5—1）上所标注的尺寸和技术要求，对注塑后的制件进行产品的验收。

②在制件上测量试题单图样上所标注的 *A*，*B*，*C* 三处尺寸，并将测得的实际尺寸标注在答题卷图样（见图 4. 1. 5—0）中。

（3）操作要求

1）塑件尺寸测量应完全正确。

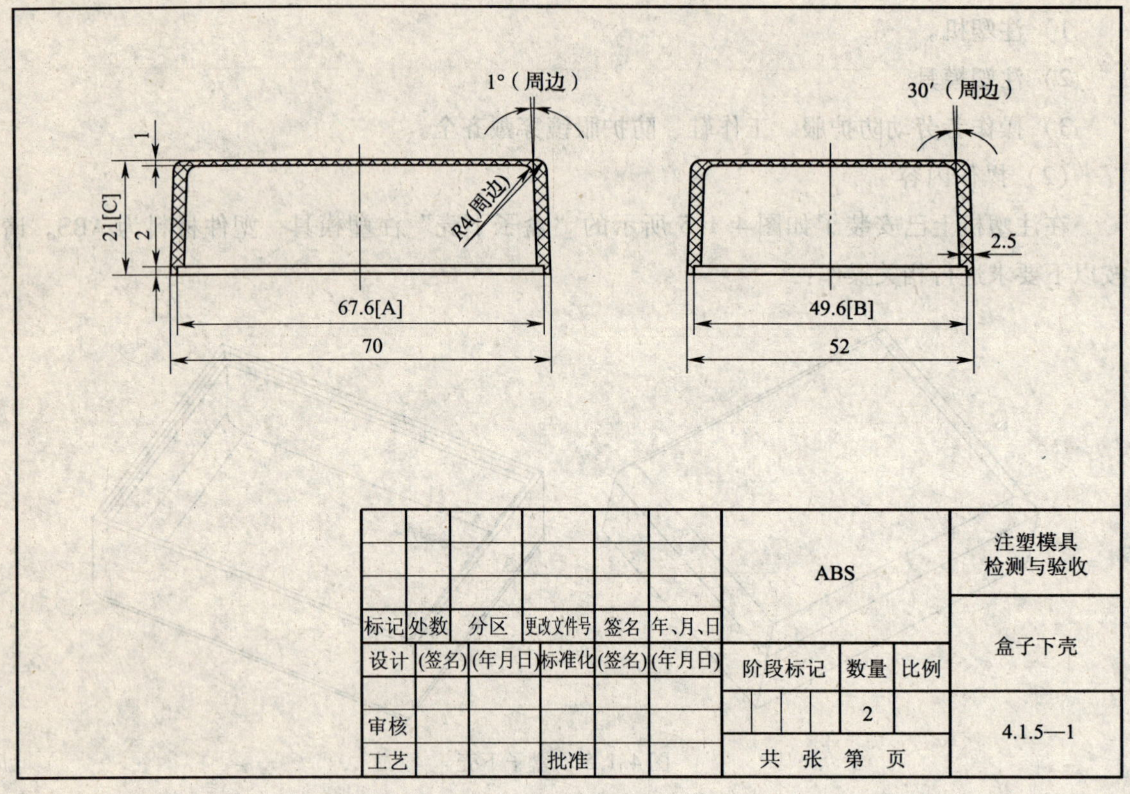


2）在注塑工艺表中正确填写注塑工艺参数。

3）请仔细调整工艺参数，注塑出符合试题单图样要求的制件。

4）安全文明生产

①正确执行安全技术操作规程。

②确保工作场地整洁，工件、工具摆放整齐。

2. 答题卷

（1）对试模后的制件进行测量，将测得的实际尺寸（*A*，*B*，*C*）标注在答题卷图样（见图 4. 1. 5—0）的相应位置上。

（2）正确填写注塑工艺表。

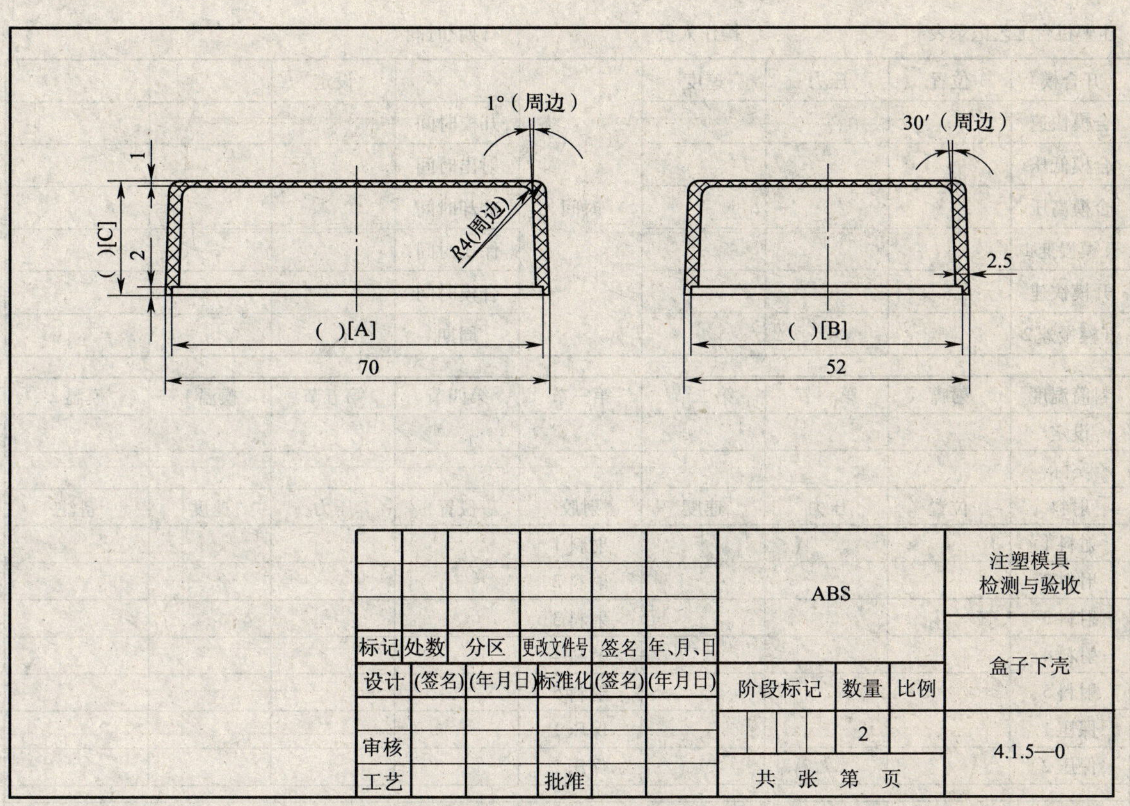


## 注 塑 工 艺 表

产品图号　　　　塑件材料　　　　生产日期　　　　订单批号

拌料记录　　　　操作人员　　　　日期

| 编号 | 物料名称 | 质量 | 拌料设备 | 拌料时间 | 烘料设备 | 烘料时间 | 烘料温度 | 备注 |
|---|---|---|---|---|---|---|---|---|
| | | | | | | | | |
| | | | | | | | | |
| | | | | | | | | |
| | | | | | | | | |
| | | | | | | | | |
| | | | | | | | | |

续表

注塑机台工艺记录表　　　　操作人员　　　　日期/时间

| 开合模 | 位置 | 压力 | 速度 | 时间 |  | 设定 |  |  |
|---|---|---|---|---|---|---|---|---|
| 合模快速 |  |  |  |  | 开模时间 |  |  |  |
| 合模低压 |  |  |  |  | 射出时间 |  |  |  |
| 合模高压 |  |  |  |  | 冷却时间 |  |  |  |
| 开模慢速 1 |  |  |  |  | 保压时间 |  |  |  |
| 开模快速 |  |  |  |  | 合模时间 |  |  |  |
| 开模慢速 2 |  |  |  |  | 周期 |  |  |  |

| 料筒温度 | 射嘴 | 第一节 | 第二节 | 第三节 | 第四节 | 第五节 | 模温 1 | 模温 2 |
|---|---|---|---|---|---|---|---|---|
| 设定 |  |  |  |  |  |  |  |  |
| 实际 |  |  |  |  |  |  |  |  |
| 射料 | 位置 | 压力 | 速度 | 射胶 | 位置 | 压力 | 速度 | 备注 |
| 射料 1 |  |  |  | 射料 1 |  |  |  |  |
| 射料 2 |  |  |  | 射料 2 |  |  |  |  |
| 射料 3 |  |  |  | 射料 3 |  |  |  |  |
| 射料 4 |  |  |  | 射料 4 |  |  |  |  |
| 射料 5 |  |  |  | 射料 5 |  |  |  |  |
| 保压 1 |  |  |  | 保压 1 |  |  |  |  |
| 保压 2 |  |  |  | 保压 2 |  |  |  |  |

| 储料 | 位置 | 压力 | 速度 | 背压 | 位置 | 压力 | 速度 | 背压 |
|---|---|---|---|---|---|---|---|---|
| 一段 |  |  |  |  |  |  |  |  |
| 二段 |  |  |  |  |  |  |  |  |
| 三段 |  |  |  |  |  |  |  |  |
| 松退 |  |  |  |  |  |  |  |  |
| 射终 |  |  |  |  |  |  |  |  |

| 托模 | 位置 | 压力 | 速度 | 托模 | 位置 | 压力 | 速度 | 备注 |
|---|---|---|---|---|---|---|---|---|
| 前进 |  |  |  | 前进 |  |  |  |  |
| 后退 |  |  |  | 后退 |  |  |  |  |

| 模具状况 | 设计穴数 | 出现穴数 | 可用穴数 | 产品后整形 |
|---|---|---|---|---|
|  |  |  |  |  |

记录：　　　　审核　　　　年　　月　　日

3．评分表

同试题 4. 1. 2。

**五、注塑模具问题分析与排除（试题代码：4. 2. 1；考核时间：30 min）**

1．试题单

（1）背景资料

缺陷塑件的实物图如下（圆圈圈住处为考核的塑件缺陷，全黑的塑件存在较为明显的几条痕迹）：

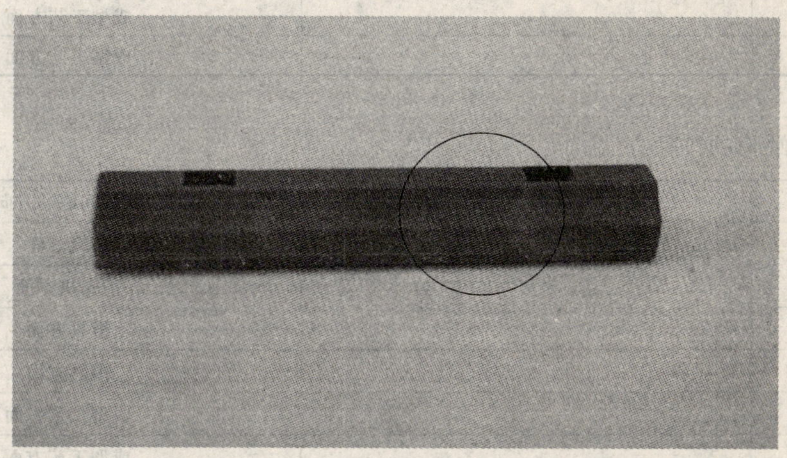

（2）试题要求

1）根据缺陷塑件的实物图判断塑件缺陷的类别。

2）分析塑件产生缺陷的原因。

3）分析塑件缺陷的排除方法。

2．答题卷

（1）缺陷塑件的种类是（　　）。

A．熔接不良

B．制品尺寸不稳定

C．塑件表面出现纹路

D．制品翘曲

E．制品粘模

（2）塑件产生缺陷的原因。

| 序号 | 产生的原因 | 分析问题的方向 |
|---|---|---|
| 1 | | 原料方面 |
| 2 | | 注塑机方面 |
| 3 | | 模具方面 |
| 4 | | 模具方面 |
| 5 | | 成型工艺方面 |
| 6 | | 成型工艺方面 |
| 7 | | 成型工艺方面 |
| 8 | | 成型工艺方面 |

（3）塑件缺陷的排除方法。

| 序号 | 排除方法 | 分析问题的方向 |
|---|---|---|
| 1 | | 原料方面 |
| 2 | | 注塑机方面 |
| 3 | | 模具方面 |
| 4 | | 模具方面 |
| 5 | | 成型工艺方面 |
| 6 | | 成型工艺方面 |
| 7 | | 成型工艺方面 |
| 8 | | 成型工艺方面 |

3. 评分表

| 试题代码及名称 | | 4.2.1 注塑模具问题分析与排除 | | | 考核时间 | | | 30 min | | |
|---|---|---|---|---|---|---|---|---|---|---|
| 评价要素 | | 配分 | 等级 | 评分细则 | 评定等级 | | | | | 得分 |
| | | | | | A | B | C | D | E | |
| 1 | 塑件缺陷的种类 | 1 | A | 答对 | | | | | | |
| | | | B | — | | | | | | |
| | | | C | — | | | | | | |
| | | | D | — | | | | | | |
| | | | E | 差或未答题 | | | | | | |

续表

<table>
<tr><td colspan="2">试题代码及名称</td><td colspan="3">4.2.1　注塑模问题分析与排除</td><td colspan="3">考核时间</td><td colspan="3">30 min</td></tr>
<tr><td colspan="2" rowspan="2">评价要素</td><td rowspan="2">配分</td><td rowspan="2">等级</td><td rowspan="2">评分细则</td><td colspan="5">评定等级</td><td rowspan="2">得分</td></tr>
<tr><td>A</td><td>B</td><td>C</td><td>D</td><td>E</td></tr>
<tr><td rowspan="5">2</td><td rowspan="5">塑件产生缺陷的原因</td><td rowspan="5">3</td><td>A</td><td>全部答对</td><td rowspan="5"></td><td rowspan="5"></td><td rowspan="5"></td><td rowspan="5"></td><td rowspan="5"></td><td rowspan="5"></td></tr>
<tr><td>B</td><td>答错一个</td></tr>
<tr><td>C</td><td>答错两个</td></tr>
<tr><td>D</td><td>答错三个</td></tr>
<tr><td>E</td><td>差或未答题</td></tr>
<tr><td rowspan="5">3</td><td rowspan="5">塑件缺陷的排除方法</td><td rowspan="5">1</td><td>A</td><td>全部答对</td><td rowspan="5"></td><td rowspan="5"></td><td rowspan="5"></td><td rowspan="5"></td><td rowspan="5"></td><td rowspan="5"></td></tr>
<tr><td>B</td><td>答错一个</td></tr>
<tr><td>C</td><td>答错两个</td></tr>
<tr><td>D</td><td>答错三个</td></tr>
<tr><td>E</td><td>差或未答题</td></tr>
<tr><td colspan="2">合计配分</td><td>5</td><td colspan="7">合计得分</td><td></td></tr>
</table>

| 等级 | A（优） | B（良） | C（尚可） | D（较差） | E（差或未答题） |
|---|---|---|---|---|---|
| 比值 | 1.0 | 0.8 | 0.6 | 0.2 | 0 |

“评价要素”得分＝配分×等级比值。

# 第 5 部分

# 理论知识考试模拟试卷及答案

## 工具钳工（注塑模）（三级）理论知识试卷

### 注 意 事 项

1. 考试时间：90 min。
2. 请首先按要求在试卷的标封处填写您的姓名、准考证号和所在单位的名称。
3. 请仔细阅读各种题目的回答要求，在规定的位置填写您的答案。
4. 不要在试卷上乱写乱画，不要在标封区填写无关的内容。

| | 一 | 二 | 三 | 总分 |
|---|---|---|---|---|
| 得分 | | | | |

| 得分 | |
|---|---|
| 评分人 | |

**一、判断题（第 1 题 ~ 第 40 题。将判断结果填入括号中。正确的填“√”，错误的填“×”。每题 0.5 分，满分 20 分）**

1. 职业道德规范是指从事某种职业的人们在职业生活中所要遵循的标准和准则。（　　）
2. 工具钳工（注塑模）的职业功能主要是模具设计。（　　）

3. 按塑料中树脂的分子结构和热性能不同，可将塑料分为热塑性塑料和热固性塑料。（　）

4. 同一形体的尺寸应尽量集中标注在一个视图上。（　）

5. 工件常用定位方法有完全定位和欠完全定位。（　）

6. 重视安全、环保，坚持文明生产是工具钳工（注塑模）的职业道德特点之一。（　）

7. 注塑机的操作步骤是先进行开车前的准备工作，再开车和停车。（　）

8. 在有触电危险的场所使用的手持式电动工具选用的安全电压额定值为 6 V。（　）

9. 常用的灭火器有泡沫灭火器、干粉灭火器、二氧化碳灭火器和 1211 灭火器。（　）

10. 全面质量管理要求企业中的全体职工参与，管理的范围应当是产品质量产生和形成的全过程。（　）

11. 锉削是用锉刀对工件进行切削加工的方法。（　）

12. 工件六点定位是指限制工件在空间的六个自由度，使之在夹具中或机床上只能移动而不能转动。（　）

13. 塑料注射成型工艺的成型周期短，能一次成型外形复杂、尺寸精确、带有金属或非金属嵌件的塑件。（　）

14. 金属切削加工常采用车床、钻床、镗床及电火花加工机床等。（　）

15. 台虎钳应用螺栓稳固在钳台上，当夹紧工件时，工件应夹在钳口的中心，不得施加猛力。（　）

16. 工艺规程的内容主要包括工艺路线、工艺文件、各工序加工的内容与要求等。（　）

17. 在液压传动系统中执行装置是一种把液体的压力能转换成机械能的装置。（　）

18. 用调速阀调速属于节流调速。（　）

19. 精密划线法是指以某一基准为依据，在坯料上按样板划出加工线。（　）

20. 在锯削过程中，起锯角太大会导致锯缝歪斜。（　）

21. 锉削常见的加工缺陷有将工件夹坏、尺寸和形状不准确以及表面粗糙等。（　）

22. 钻孔时，转速越高，切削液越多，钻头越不容易损坏。 （ ）

23. 凡利用尺身和游标刻线间长度之差原理制成的量具统称为游标类量具。 （ ）

24. 刀具磨损原因有磨料磨损、相变磨损、黏结磨损、扩散磨损和氧化磨损。（ ）

25. 确定电火花线切割加工路径主要以能防止或减少模具变形为原则。（ ）

26. 锁模机构的作用是使固态塑料均匀地塑化成熔融状态，并以足够的压力和速度将塑料熔体注入闭合的型腔中去。 （ ）

27. 型芯与型腔的修配基准为导柱孔。 （ ）

28. 型芯上的推杆孔与推杆配合部分应采用过渡配合。 （ ）

29. 根据模具装配零件能够达到的互换程度，互换装配方法可分为修配装配法和调整装配法两种。 （ ）

30. 装配侧向抽芯机构时应首先装配滑块。 （ ）

31. 低黏度塑料应采用大截面浇口。 （ ）

32. 加工冷却通道时，应注意离型腔的距离一般控制在 1 ~5 mm 之间。 （ ）

33. 初试模时，绝对不能使用过大的注射压力。 （ ）

34. 在注塑模注塑过程中，冷却时间只与塑件的壁厚有关。 （ ）

35. 塑件粘模的原因之一是型腔表面质量差。 （ ）

36. 塑件尺寸不稳定可能是由于保压时间过长。 （ ）

37. 注塑模的验收应依据由国家批准、发布的相关标准。 （ ）

38. 无论是杆状嵌件或环状嵌件，在模具中伸出的自由长度均应超过定位部分直径的两倍。 （ ）

39. 注塑模冷却水道常用的密封形式是密封圈密封。 （ ）

40. 排气系统可避免塑件的烧伤和气孔、组织疏松以及空洞等缺陷的产生。 （ ）

| 得分 | |
|---|---|
| 评分人 | |

**二、单项选择题（第 1 题 ~ 第 120 题。选择一个正确的答案，将相应的字母填入题内的括号中。每题 0.5 分，满分 60 分）**

1. 职业道德规范是指从事某种职业的人们在职业生活中所要遵循的（ ）。

A. 规章　B. 原则　C. 标准和准则　D. 规范

2. 工具钳工（注塑模）的主要工作是完成对（　　）的调试、装配和试模工作。

A. 冷冲模具　B. 注塑模具　C. 压铸模具　D. 挤压模具

3. 关于工具钳工（注塑模）的业务素养，以下说法中错误的是（　　）。

A. 应该刻苦学习，钻研业务　B. 应该忠于职守，自觉履行各项职责

C. 应该严格执行企业工作规范　D. 应该灵活执行工艺文件

4. 塑料是以（　　）为基础，再加入改善其性能的各种添加剂而制成的。

A. 树脂　B. 增塑剂　C. 稳定剂　D. 填充剂

5. 细实线用于表达（　　）。

A. 对称中心线　B. 相邻辅助零件的轮廓线

C. 尺寸线　D. 轴线

6. 下列说法中错误的是（　　）。

A. 尺寸可以标注在虚线上

B. 同轴回转体的直径尺寸应尽量标注在反映轴线的视图上

C. 同一形体的尺寸应尽量集中标注在一个视图上

D. 尺寸线、尺寸界线与轮廓线应尽量避免彼此间的相交

7. 下列说法中错误的是（　　）。

A. AutoCAD 默认的坐标系为 UCS

B. 每个图层都具有可见（不可见）、解冻（冻结）、开锁（锁定）三种状态

C. AutoCAD 可以在同一层里设置不同的颜色

D. 在 AutoCAD 中，如要定义块，用户需要指定块名、块中对象、块插入基点和线型

8. 基孔制一般用于（　　）。

A. 由冷拉棒料制造的零件，其配合表面不经切削加工

B. 减少备用定值刀具和量具的规格、数量，降低成本，提高加工的经济性

C. 滚动轴承外圈与机座孔的配合

D. 发动机活塞销与连杆衬套、活塞销孔之间的配合

9. 下列说法中正确的是（　　）。

A. 千分尺是应用螺旋副的传动原理，将角位移转变为直线位移

B. 内径百分表是把杠杆测头的位移通过机械传动转变为指针在表盘上的偏移

C. 杠杆百分表是将测量杆的直线位移通过杠杆齿轮传动系统转变为指针在表盘上的角位移

D. 万能测长仪利用光学杠杆的放大原理，将微小的位移量转换为光学影像的移动

10. 金属切削加工常采用车床、钻床及（　　）等。

A. 镗床　　B. 电火花加工机床

C. 电火花线切割机床　　D. 快速成型机

11. 依据能量来源和作用形式以及加工原理，特种加工设备可分为（　　）、电化学加工设备和激光加工设备等。

A. 注塑机　　B. 电火花加工设备

C. 压力机　　D. 数控磨床

12. 常用定位元件有（　　）、定位销、定位心轴。

A. V 形块　　B. 螺栓　　C. 螺母　　D. 垫片

13. 选择精基准一般应遵循基准重合原则、（　　）、自为基准原则和互为基准原则。

A. 基准统一原则　　B. 基准不统一原则

C. 通用夹具定位原则　　D. 专用夹具定位原则

14. 塑料注射成型工艺是塑料制品一种重要的成型方法，以下说法中错误的是（　　）。

A. 成型周期短　　B. 能一次成型外形复杂的塑件

C. 对各种塑料的适应性强　　D. 不能成型外形复杂的塑件

15. 45 钢常用于制作动模板、定模板、垫块和（　　）等。

A. 支撑板　　B. 导柱

C. 导套　　D. 产量大的模具的热塑性塑料模型芯

16. 工具钳工（注塑模）的主要任务是利用台虎钳及各种（　　）、电动工具、钻床以及模具专用设备来完成目前机械加工还不能替代的手工操作，并将加工好的工具零件按图样要求进行装配、调试，最后制造出合格的模具产品。

A．磨床　B．手工工具　C．车床　D．铣床

17．只需在工件的一个表面上划线，就能明确表示加工界线的划线过程称为（　）。

A．划加工线　B．平面划线　C．立体划线　D．划找正线

18．锯条按（　）大小可以做成粗齿、中齿和细齿三种。

A．长短　B．宽度　C．齿距　D．齿宽

19．锉刀按（　）可分为钳工锉、异形锉和整形锉三类。

A．形状不同　B．结构差异　C．用途不同　D．锉齿疏密

20．在切削加工中不能用做切削液的是（　）。

A．植物油　B．矿物油　C．切削油　D．水

21．关于注塑模具对锁紧及紧固零件的装配技术要求，以下说法中错误的是（　）。

A．锁紧作用要可靠　B．紧固螺钉要拧紧

C．圆柱销与模具零件要精确定位　D．圆柱销与模具零件要采用间隙配合

22．注塑机的操作主要包括（　）、开车和停车几个步骤。

A．检查注塑设备　B．开车前的准备工作

C．接通冷却水　D．加入原料到烘干桶内预热烘干

23．液压传动系统由（　）、执行装置、控制装置、辅助装置等组成。

A．电动机　B．动力装置　C．机械装置　D．压力装置

24．液压缸按结构形式不同可分为（　）、柱塞缸和摆动缸。

A．差动缸　B．单杆式缸　C．活塞缸　D．缓冲缸

25．要控制液压缸的运动速度，应由（　）来完成。

A．溢流阀　B．节流阀　C．顺序阀　D．换向阀

26．单作用气缸是（　）活塞杆的。

A．用弹簧弹力推出　B．用自重推出

C．用弹簧弹力推入　D．用气体压力推入

27．绿色或黑色按钮代表（　）。

A．停车、开断　B．启动、工作或点动

C．工作台返回时的启动或移动出界的停止　D．保护继电器的复位

28. 电动机的（　　）就是通过一个按钮开关控制接触器的线圈，从而实现用弱电来控制强电的功能。

A. 点动控制　　B. 长动控制　　C. 启动控制　　D. 保持控制

29. 以下关于安全用电的知识错误的是（　　）。

A. 断电时应先断开负荷开关，再断开电源隔离开关

B. 断开三相单头刀开关时，必须用绝缘棒操作

C. 复杂的倒闸操作应一人监护、一人操作

D. 送电时应先合上负荷开关，再合上电源隔离开关

30. 国家环境质量标准是由（　　）制定的。

A. 国务院　　B. 国家安全生产部门

C. 各省环境保护部门自行　　D. 国务院环境保护行政主管部门

31. 全面质量管理与传统的质量管理相比较，其特点是（　　）。

A. 以事后检验为主　　B. 以系统的观点为指导进行全面综合治理

C. 就事论事，分散管理　　D. 以制造为主

32. 制定《中华人民共和国消费者权益保护法》的目的是保护（　　）的合法权益，维护社会经济秩序，促进社会主义市场经济健康发展。

A. 公民　　B. 中国公民　　C. 消费者　　D. 外国公民

33.（　　）不属于人类对环境造成的污染。

A. 汽车排放　　B. 光污染　　C. 污水排放　　D. 火山喷发

34. 安全电压是根据（　　）和人体电阻确定的。

A. 人体允许的电流　　B. 安全电流

C. 触电电压　　D. 危险电压

35. 注塑机开车前的准备工作中不包括（　　）。

A. 检查注塑设备　　B. 接通冷却水

C. 加入原料到烘干桶内预热烘干　　D. 开启电源总开关

36. 关于工具、量具、夹具的现场摆放，应放在（　　），以便于随时取用，用后应及时放回原处，以免损坏。

A．仓库中　B．工件上　C．工作位置附近　D．搁物架上

37．关于钳工设备的安全操作，以下说法中错误的是（　　）。

A．使用手提式风动工具时，要求接头牢靠

B．台虎钳应用螺栓稳固在钳台上，当夹紧工件时，工件应夹在钳口的中心，不得施加猛力

C．使用设备前应检查配用的刀具、夹具是否正确

D．用手电钻钻孔时，钻头与工件可以倾斜

38．通过识读复杂注塑模的零件图，无法获得（　　）。

A．零件的表面粗糙度　B．零件的技术要求

C．零件的加工成本　D．零件的尺寸精度

39．零件的加工精度包括（　　）、形状精度和位置精度。

A．装配精度　B．尺寸精度　C．公差精度　D．配合精度

40．复杂零件测绘时可采用直接测量法和（　　）测量法。

A．相对　B．绝对　C．间接　D．动态

41．导柱、导套常采用（　　）的方式来提高耐磨性。

A．回火　B．淬火　C．退火　D．正火

42．液压传动是以（　　）的压力能来传递动力的。

A．机械　B．水　C．流体　D．气体

43．油箱可使油液中的（　　）。

A．气体逸出　B．能量得到保存

C．流速得以储存　D．流量加快

44．进油节流调速回路中溢流由（　　）承担。

A．溢流阀　B．节流阀　C．单向阀　D．油泵

45．气压控制换向阀是用阀芯运动来改变气体（　　）的。

A．流量　B．流向　C．流速　D．压力

46．气动流量控制阀利用改变阀的流通面积来实现（　　）的控制。

A．压力　B．排量　C．流速　D．流量

47. 利用工具铣床、样板铣床及坐标镗床等设备进行划线的方法称为（　　）。

A. 普通划线法　　B. 样板划线法

C. 精密划线法　　D. 基准划线法

48. 要想准确借料，首先必须（　　）。

A. 确定借料的方向　　B. 确定借料的多少

C. 确切知道毛坯误差程度　　D. 确定基准

49. 在锯削过程中，为避免废品的产生，可采取的措施是（　　）。

A. 在锯削工件时，工件装夹得越紧越好

B. 锯削软材料时，锯削速度可慢一些

C. 应尽量避免在旧锯缝中换新锯条

D. 起锯时应尽量采用近起锯

50. 锉削加工后工件尺寸、形状不准确的原因是（　　）。

A. 锉削前未检查划线的正确性

B. 工件材料较软

C. 在精锉时仍采用较粗的锉刀

D. 切屑嵌在锉纹中未及时清除

51. 钻削中可以防止钻出的孔不圆的方法是（　　）。

A. 钻头两切削刃对称

B. 在工件上正确划线

C. 选择合适的进给量

D. 及时清理堵塞在螺旋槽内的切屑，避免擦伤孔壁

52. 攻螺纹时可以防止螺纹烂牙的方法是（　　）。

A. 避免攻螺纹时铰杠晃动　　B. 攻螺纹时经常倒转断屑

C. 选择合适的丝锥　　D. 合理选用切削液

53. 铰孔时可以防止孔壁表面有明显棱面的方法是（　　）。

A. 避免铰孔完成后反转退刀　　B. 避免铰孔余量留得过大

C. 避免铰削速度过高　　D. 避免手铰时两手用力不均匀

54. 研磨时可以防止工件表面质量不合格的方法是（　　）。

A. 避免磨料太粗或不同粒度的磨粒混合

B. 研磨时及时更换方向

C. 避免研磨时研磨剂中混入杂质

D. 避免研磨时不用研磨棒的全长

55. 精密测量中所使用的量具是（　　）。

A. 量块　　B. 卷尺　　C. 钢直尺　　D. 游标卡尺

56. 塞尺是用来检验两个贴合面之间（　　）大小的片状定值量具。

A. 表面粗糙度　B. 间隙　　C. 接触力　　D. 平面度

57. 通过擦拭、清扫、润滑、调整等一般方法对设备进行护理，以维持及保护设备的性能和技术状况，称为（　　）。

A. 设备润滑　　B. 设备维护及保养

C. 设备清扫　　D. 设备调整

58. 砂轮的特性由磨料、粒度、结合剂、（　　）和组织等参数决定。

A. 脆度　　B. 韧性　　C. 硬度　　D. 强度

59. 关于钻头的说法中错误的是（　　）。

A. 扁钻分为整体式和装配式两种类型

B. 麻花钻是孔粗加工的主要工具

C. 深孔钻是用于加工深度与直径之比大于 5 的孔所用的钻头

D. 麻花钻专门用于加工各种轴类工件两端的中心孔

60. 电火花粗加工时应优先考虑采用较宽的（　　）。

A. 峰值电流　　B. 冲油压力　　C. 放电间隙　　D. 脉冲宽度

61. 切割厚工件时为保证加工的稳定性，可选用大电流、大脉冲宽度和（　　）。

A. 小的进给速度　　B. 大的脉冲间隔

C. 小的脉冲间隔　　D. 大的进给速度

62. 属于卧式注塑机结构优点的是（　　）。

A. 模具拆装方便　　B. 占地面积小

C. 重心位置低，安装稳定　　D. 容易安放嵌件

63. 整体式型腔的优点是（　　）。

A. 结构简单　　B. 加工工艺性好

C. 便于维修　　D. 便于更换

64. 修配模具型腔边沿处的分型面时，应保证型腔边沿周边（　　）mm 左右分型面接触吻合均匀，其他部位可比边沿处低 0.02 ~ 0.04 mm，以保证制品分型面处不产生飞翅或毛刺。

A. 2　　B. 10　　C. 30　　D. 50

65. 型芯与型腔间的间隙可以通过（　　）进行调整。

A. 在型腔四周塞入纯铜片　　B. 动模板

C. 定模板　　D. 固定板

66. 对于直径较小的圆型芯，一般用（　　）形式来固定连接滑块与侧型芯。

A. 燕尾槽　　B. 螺纹连接和销钉止转

C. 螺钉顶紧　　D. 加压板固定

67. 抛光工具与工件相对运动时，抛光剂中的磨料在外力作用下，在抛光工具表面形成众多浮动的“多刃”基体，这些基体在工件和工具之间做（　　），对工件产生挤压和微量切削作用，从而使工件获得很高的尺寸精度和很小的表面粗糙度值。

A. 滑动　　B. 滚动　　C. 滑动或滚动　　D. 转动

68. 进行抛光操作时，先将抛光件表面用（　　）擦洗干净，然后按磨料粒度从大到小依次进行研磨。

A. 机油　　B. 煤油　　C. 植物油　　D. 猪油

69. 关于带侧向抽芯机构模具推杆的装配要求，以下说法中错误的是（　　）。

A. 保证脱模运动平稳

B. 推杆装配完成后端面形状应随型芯表面形状进行修磨

C. 推杆装配完成后端面应不低于型芯表面

D. 型芯上的推杆孔与推杆配合部分的间隙应控制在 0.5 mm 以上

70. 对于侧向抽芯模具，推件板常设计成局部镶嵌的结构，若镶块的外形为非圆形，常

使用的镶嵌形式为（　　）。

A. 过盈配合　B. 粘接　C. 铆接　D. 焊接

71. 对于侧向抽芯模具，为了保证推件板能够正常顺利脱模，会在推出机构中设置导向零件，一般选用（　　）导向。

A. 导向块　B. 导柱　C. 导向板　D. 推杆

72. 注塑模的装配从（　　）、成型零件、浇注系统、侧向分型及抽芯机构零件、顶出系统零件、加热及冷却系统零件以及导向机构等方面提出了技术要求。

A. 模具外观　B. 模具结构　C. 模具功能　D. 塑件结构

73. 根据模具装配零件能够达到的互换程度不同，（　　）可分为完全互换法、部分互换法和分组互换法三种。

A. 非互换装配法　B. 修配装配法

C. 互换装配法　D. 调整装配法

74. 在镶块的装配方法中，一般不采用（　　）。

A. 沉孔镶入　B. 螺钉固定式　C. 底部通孔嵌入　D. 焊接式

75. 模具装配完成后，需进行模具的外观检查、内部检查和动作检查，以下说法中错误的是（　　）。

A. 推出机构要运动平稳、灵活，无卡阻，导向准确

B. 模具开模、合模动作要灵活、平稳，定位准确、可靠

C. 复位杆要高出分型面，以便于顺利复位

D. 各零件应连接可靠，螺钉应拧紧

76. 为避免形成强度不同的熔接纹，在型腔之外相应处应设置（　　），使熔接纹产生在塑件之外。

A. 主流道　B. 冷料穴　C. 分流道　D. 浇口

77. 注塑模最常用的冷却形式是（　　）。

A. 传热棒（片）冷却　B. 水井冷却

C. 冷却水道冷却　D. 喷流式冷却通道冷却

78. 注塑模冷却水道常用的密封圈形式是（　　）密封。

A. X 型　　B. D 型　　C. A 型　　D. O 型

79. 脱模斜度取决于（　　）、壁厚及塑料的收缩率。

A. 塑件的形状　　B. 塑件的尺寸

C. 塑件的用途　　D. 塑件的硬度

80. 注射成型之前，若料筒中残存的塑料与将要使用的塑料不同或颜色不一致，应（　　）。

A. 加大注射压力　　B. 更换新料筒

C. 将料筒拆卸下来　　D. 将料筒清洗干净

81. 初试模时，使用过大的注射压力会产生不良影响，但不会（　　）。

A. 引起塑料中水分增加　　B. 使制件产生较大的内应力

C. 损坏模具　　D. 损伤机器

82. 喷嘴温度通常比（　　）的温度低。

A. 注塑机　　B. 料筒　　C. 模具　　D. 塑件

83. 模具温度取决于（　　）、塑件的尺寸和结构以及塑件的性能要求等。

A. 塑料结晶性的有无　　B. 塑料的质量

C. 注塑机的温度　　D. 注塑机的总质量

84. 热固性塑料成型工艺性能主要包括塑料的固化速度、水分及挥发物含量、（　　）以及流动性等。

A. 收缩率　　B. 弯曲性　　C. 伸长性　　D. 热敏性

85. 注塑工艺参数的确定与（　　）、注塑机类型、塑料种类及塑件的要求等有密切关系。

A. 模具结构　　B. 导柱的材料　　C. 导套的材料　　D. 注塑机总长

86. 一般来说，闭模时要从模外施加大于（　　）一倍以上的锁模力。

A. 注塑机的额定注射压力　　B. 型腔外压力

C. 型腔内压力　　D. 塑件成型时所需的注射压力

87. 注塑模的调试应先（　　），在试模过程中进行缺陷的检查和分析，再根据缺陷进行调整。

A. 检测塑料的强度　　B. 检查模柄是否安装正确

C．检测模具材料的硬度　　　　D．进行调整前的检查

88．注塑模具验收时依据的主要模具工艺质量标准有（　　）。

A．《塑料注射模模架》　　　　B．《冲模模架》

C．《压铸模模架》　　　　D．《橡胶模模架》

89．塑件尺寸不稳定可能是由于（　　）、模具温度不均匀。

A．充模时间过长　　　　B．保压时间过长

C．注射压力过高　　　　D．模具设计尺寸不准确

90．塑件表面有波纹是由于原料含有水分及挥发物、料温太高或太低、（　　）、流道太长或浇口尺寸太大等。

A．注射压力太高　　　　B．注射压力太低

C．部分塑料发生分解　　　　D．加料量不足

91．塑件熔接不良可能是由于（　　）、型腔排气不良。

A．原料受到污染　　　　B．注射速度太快

C．塑料流动性太强　　　　D．料温太高

92．塑件凹陷可能是由于（　　）、料温太高。

A．注射速度太慢　　　　B．加料量过多

C．加料量不足　　　　D．注射压力过高

93．塑件产生翘曲变形的原因之一是（　　）。

A．塑件壁厚均匀　　　　B．冷却时间太长

C．浇口位置不当　　　　D．模具温度太低

94．塑件粘模的原因之一是（　　）。

A．型腔表面质量差　　　　B．注射压力太低

C．脱模斜度太大　　　　D．模具温度太低

95．注塑机的基本结构包括注射机构、（　　）、液压传动和电气控制系统。

A．定模板　　B．锁模机构　　C．动模板　　D．拉杆

96．在注塑模注塑过程中，冷却时间主要依据塑件的壁厚、（　　）、塑料的热性能和结晶性能来确定。

A. 模具的温度　　B. 塑料的干燥程度

C. 注射压力　　D. 模架的类型

97. 脱模剂的选择主要应根据（　）决定。

A. 注射制品用的原料　　B. 模具导套的类型

C. 推出机构的类型　　D. 推杆的长度

98. 在浇注系统中，流道的效率是流道的截面积与（　　）的比值。

A. 热损失　　B. 压力损失　　C. 流速　　D. 流道周长

99. 千分尺微分筒的外圆锥面上刻有（　）格。

A. 30　　B. 40　　C. 50　　D. 60

100. 印模法适用于笨重零件及（　）。

A. 内表面　　B. 外表面　　C. 端面　　D. 成形面

101. 下列说法中错误的是（　）。

A. 钻孔较深，钻头较长时，应选择较小的进给量

B. 在允许的范围内应尽量选择较小的进给量

C. 钻削速度对钻头使用寿命的影响比进给量大

D. 进给量对孔的表面粗糙度的影响比钻削速度大

102. 在锯削过程中，锯条折断是由于（　　）。

A. 工件装夹时产生歪斜　　B. 锯条安装不牢

C. 锯条安装过松　　D. 锯削速度过快

103. 气缸的退回靠外力的称为（　）气缸换向回路。

A. 单作用　　B. 双作用　　C. 手动　　D. 单活塞

104. 空气压缩机是将机械能转换成空气（　　）。

A. 势能　　B. 动能　　C. 压力能　　D. 冲击能

105. 顺序动作回路可用（　）来控制顺序动作。

A. 溢流阀　　B. 节流阀　　C. 行程阀　　D. 单向阀

106. 阀两端的压差变化会影响（　）的流量。

A. 溢流阀　　B. 顺序阀　　C. 减压阀　　D. 节流阀

107. 减压阀利用（　　）作为信号来改变阀芯的位置。

A. 出口压力　B. 进口压力　C. 出口流量　D. 进口流量

108. 相同输入时单杆式液压缸活塞杆伸出时的速度（　　）活塞杆退回时的速度。

A. 等于　B. 可大于或小于　C. 小于　D. 大于

109. 如容积泵的密封容积增大，此时其压力（　　），实现吸油。

A. 减小　B. 不变　C. 增大　D. 消失

110. 常采用淬火加（　　）的热处理方式提高模具工作零件的强度、刚度及硬度。

A. 回火　B. 正火　C. 退火　D. 调质

111. 关于注塑机操作，以下说法中错误的是（　　）。

A. 操作之前，应检查手动、半自动、全自动操作的各个动作是否正常，紧急按钮是否有效

B. 在半自动状态下，一定要先打开安全门，后取出塑件，禁止从后门或其他部位取出塑件

C. 要保持注塑机及周围环境清洁，地上无水、无油污

D. 打开注塑机电源前，不用检查外露接线的端子有无松动、脱皮情况

112. 对钳工工作现场的整理要求是（　　）。

A. 将工作场地用水清理干净　B. 材料和工件放在一起

C. 工作场地保持整洁　D. 工件和工具放在一起

113. 对产生粉尘的工种应该使用（　　）等劳动防护用品。

A. 防毒口罩　B. 防尘口罩　C. 防毒面具　D. 防砸鞋

114. 关于钳工设备的安全操作，以下说法中错误的是（　　）。

A. 可随时调整钻床的速度和行程

B. 用台虎钳夹紧工件时，工件应夹在钳口的中心

C. 凡两人或两人以上在同一台机床工作时，必须有一人负责安全，统一指挥，以防止发生事故

D. 钻头上绕上长切屑时，要停车清除，禁止用口吹、手拉，应使用刷子或铁钩清除

115. 下列说法中错误的是（　　）。

A. 测绘中，测量结果要按技术资料上的理论数据进行必要的圆整

B. 模具测绘的第一步是要先画出模具的结构草图，并测量总体尺寸

C. 测绘时标准件也必须画出草图

D. 测绘中零件间有配合、连接关系的应将其同时标注在相关零件图上

116. 绘制草图时，若零件形状较复杂，且平面能接触纸面，可采用（　　）的方法。

A. 拓印　　B. 勾描轮廓　　C. 色描　　D. 贴近

117. 溢流阀利用被控（　　）作为信号来改变弹簧的压缩量。

A. 压力　　B. 流量　　C. 流速　　D. 油液

118. 顺序阀利用（　　）作为信号来改变阀芯的位置。

A. 出口压力　　B. 进口压力

C. 出口流量　　D. 进口流量

119. 下列关于镗刀的说法中错误的是（　　）。

A. 镗刀可分为单刃镗刀和双刃镗刀

B. 镗刀是广泛使用的孔加工刀具

C. 双刃镗刀有固定式和浮动式两类

D. 单刃镗刀的刀头结构与车刀相似，但其刚度比车刀高得多

120. 嵌件在塑件中的作用是（　　）。

A. 提高塑件的局部硬度　　B. 方便塑件的推出

C. 降低型腔的加工难度　　D. 简化模具结构

| 得分 | |
|---|---|
| 评分人 | |

**三、多项选择题（第1题～第20题。选择一个以上正确的答案，将相应的字母填入题内的括号中。每题1分，满分20分）**

1. 职业道德包括的内容有（　　）。

A. 从事某种职业的人在职业生活中处理各种关系、矛盾的行为准则

B. 从事某种职业的人在生活中处理各种关系、矛盾的行为准则

C. 从事某种职业的人在生活中的道德准则

D. 评价从事某种职业的人职业行为好坏的标准

E. 评价从事某种职业的人社会行为好坏的标准

2. 关于工具钳工（注塑模）的职业道德要求，以下说法中正确的是（　　）。

A. 能够遵守企业的有关规定　B. 能够保守企业秘密

C. 不要与人合作　D. 能够自觉履行各项职责

E. 能够团结合作

3. 塑料的收缩性、（　　）都属于塑料的工艺性能。

A. 流动性　B. 湿度　C. 形态　D. 粒度　E. 热稳定性

4. 下列说法中错误的是（　　）。

A. 金属切削加工是利用化学能把工件上多余的材料去除

B. 金属切削加工是利用声能把工件上多余的材料去除

C. 金属切削加工是利用机械能把工件上多余的材料去除

D. 金属切削加工是利用电能把工件上多余的材料去除

E. 金属切削加工是利用热能把工件上多余的材料去除

5. 划线是指根据（　　），在毛坯或工件上用划线工具划出待加工部位的轮廓线或作为基准的点、线的操作过程。

A. 设计图样　B. 技术要求　C. 零件形状

D. 试验加工条件　E. 加工需要

6. 锉刀按用途不同可分为（　　）。

A. 平锉　B. 整形锉　C. 异形锉　D. 三角锉　E. 钳工锉

7. 模具装配工艺过程包括（　　）。

A. 模具零件的组装　B. 模具总装　C. 模具零部件的配作

D. 模具设计　E. 模具零部件的配修

8. （　　）是液压传动中的重要参数。

A. 质量　B. 体积　C. 压力　D. 密度　E. 流量

9. 在中华人民共和国（　　）和与之形成劳动关系的劳动者，适用《中华人民共和国劳动法》。

A. 境内的企业　　B. 境外的企业

C. 境外的个体经济组织　　D. 境内的个体经济组织

E. 境外的政府机关

10. 在注塑模注射过程中喷嘴温度要适当，以下说法中错误的是（　　）。

A. 喷嘴温度通常比料筒的温度高　　B. 喷嘴温度通常比料筒的温度低

C. 喷嘴温度通常比模具的温度高　　D. 喷嘴温度通常比模具的温度低

E. 喷嘴温度通常与塑件的温度一致

11. 以下关于注塑模冷却水道密封的说法中正确的是（　　）。

A. 水道经过两个镶件时中间要加密封圈

B. 钢件间需足够的正压力，否则难以保证密封效果

C. 对于圆形冷却水道的密封，应尽量避免装配时对密封圈的磨损

D. 圆形型芯和内模镶件中间的配合间隙要适当

E. 密封圈孔底一定要平滑，不要有粗纹，否则一定漏水

12. 脱模推出机构的作用包括（　　）。

A. 将塑件从定模中脱出　　B. 将塑件从动模上取出

C. 将塑件和凝料与模具松动、分离　　D. 将塑件和凝料从模内取出

E. 避免塑件烧伤

13. 浇口类型的选择原则包括（　　）。

A. 按塑料品种选择浇口　　B. 按塑件尺寸和形状选择浇口

C. 按塑件质量要求选择浇口　　D. 按型腔数量选择浇口

E. 按生产要求选择浇口

14. 侧向抽芯机构的装配过程中可能涉及的工作种类包括（　　）。

A. 测量　　B. 修磨　　C. 钻孔　　D. 磨削　　E. 攻螺纹

15. 根据模具装配零件能够达到的互换程度不同，互换装配方法可分为（　　）。

A. 修配装配法　　B. 完全互换法　　C. 调整装配法

D. 部分互换法　　E. 分组互换法

16. 滑块与侧型芯的连接方式有（　）。

A. 骑缝销　B. 中心销　C. 燕尾槽

D. 螺钉顶紧　E. 螺纹连接和销钉止转

17. 砂轮的特性由磨料、结合剂、（　）和组织等参数决定。

A. 脆性　B. 韧性　C. 粒度　D. 强度　E. 硬度

18. 关于量具的使用方法，以下说法中正确的是（　）。

A. 卡规可以检验圆柱形零件的外部尺寸

B. 游标卡尺可以测量矩形零件的外部尺寸

C. 塞尺可以检验两个贴合面之间的间隙

D. 塞尺可以测量矩形零件的外部尺寸

E. 游标卡尺可以测量两个贴合面之间的间隙

19. 下列属于气动流量控制阀的是（　）。

A. 节流阀　B. 溢流阀　C. 单向节流阀

D. 排气节流阀　E. 梭阀

20. 液压锁紧回路中换向阀的中位机能可选（　）。

A. H 型　B. M 型　C. O 型　D. P 型　E. Y 型

# 工具钳工（注塑模）（三级）理论知识试卷答案

**一、判断题（第 1 题 ~ 第 40 题。将判断结果填入括号中。正确的填“√”，错误的填“×”。每题 0.5 分，满分 20 分）**

1. √　2. ×　3. √　4. √　5. ×　6. √　7. √　8. ×　9. √

10. √　11. √　12. ×　13. √　14. ×　15. √　16. ×　17. √　18. √

19. ×　20. ×　21. √　22. ×　23. √　24. √　25. √　26. ×　27. ×

28. ×　29. ×　30. √　31. ×　32. ×　33. √　34. ×　35. √　36. ×

37. √　38. ×　39. √　40. √

**二、单项选择题（第 1 题～第 120 题。选择一个正确的答案，将相应的字母填入题内的括号中。每题 0.5 分，满分 60 分）**

1. C　2. B　3. D　4. A　5. C　6. A　7. A　8. B　9. A
10. A　11. B　12. A　13. A　14. D　15. A　16. B　17. B　18. C
19. C　20. D　21. D　22. B　23. B　24. C　25. B　26. B　27. B
28. A　29. D　30. D　31. B　32. C　33. D　34. A　35. D　36. C
37. D　38. C　39. B　40. C　41. B　42. C　43. A　44. A　45. B
46. D　47. C　48. C　49. C　50. A　51. A　52. B　53. B　54. A
55. A　56. B　57. B　58. C　59. D　60. D　61. B　62. C　63. A
64. B　65. A　66. C　67. C　68. B　69. D　70. C　71. B　72. A
73. C　74. D　75. C　76. B　77. C　78. D　79. A　80. D　81. A
82. B　83. A　84. A　85. A　86. C　87. D　88. A　89. D　90. B
91. A　92. C　93. C　94. A　95. B　96. A　97. A　98. D　99. C
100. A　101. B　102. C　103. A　104. C　105. C　106. D　107. A　108. C
109. A　110. A　111. D　112. C　113. B　114. A　115. C　116. C　117. A
118. B　119. D　120. A

**三、多项选择题（第 1 题～第 20 题。选择一个以上正确的答案，将相应的字母填入题内的括号中。每题 1 分，满分 20 分）**

1. AD　2. ABDE　3. AE　4. ABDE　5. ABE　6. BCE　7. ABCE
8. CE　9. AD　10. ACDE　11. ABCDE　12. ABCD　13. ABCDE　14. ABCDE
15. BDE　16. ABCDE　17. CE　18. ABC　19. ACD　20. AE

# 第6部分

# 操作技能考核模拟试卷

## 注 意 事 项

1. 考生根据操作技能考核通知单中所列的试题做好考核准备。

2. 请考生仔细阅读试题单中具体考核内容和要求，并按要求完成操作或进行笔答或口答，若有笔答请考生在答题卷上完成。

3. 操作技能考核时要遵守考场纪律，服从考场管理人员指挥，以保证考核安全顺利进行。

注：操作技能鉴定试题评分表及答案是考评员对考生考核过程及考核结果的评分记录表，也是评分依据。

### 国家职业资格鉴定

## 工具钳工（注塑模）（三级）

## 操作技能考核通知单

姓名：

准考证号：

考核日期：

**试题 1**

试题代码：1. 1. 1。

试题名称：模具零件测绘（一）。

考核时间：60 min。

配分：10 分。

**试题 2**

试题代码：1. 2. 1。

试题名称：液压缸双向锁紧控制回路。

考核时间：60 min。

配分：10 分。

**试题 3**

试题代码：2. 1. 1。

试题名称：复杂注塑模型芯（型腔）修配（一）。

考核时间：180 min。

配分：35 分。

**试题 4**

试题代码：3. 1. 1。

试题名称：带侧向抽芯机构的注塑模装配（一）。

考核时间：120 min。

配分：30 分。

**试题 5**

试题代码：4. 1. 1。

试题名称：注塑模具检测与验收（一）。

考核时间：60 min。

配分：10 分。

**试题 6**

试题代码：4. 2. 1。

试题名称：注塑模具问题分析与排除（一）。

考核时间：30 min。

配分：5 分。

## 工具钳工（注塑模）（三级）操作技能鉴定

### 试　题　单

试题代码：1.1.1。

试题名称：模具零件测绘（一）。

考核时间：60 min。

1. 操作条件

（1）模具零件：斜锲块。

（2）测绘工具。

（3）A4 幅面空白草稿纸 1 张。

（4）考生自备 HB 绘图铅笔、橡皮、削笔刀（器）。

2. 操作内容

测绘模具零件“斜锲块”，并在答题纸上补全“斜锲块”的零件图。

3. 操作要求

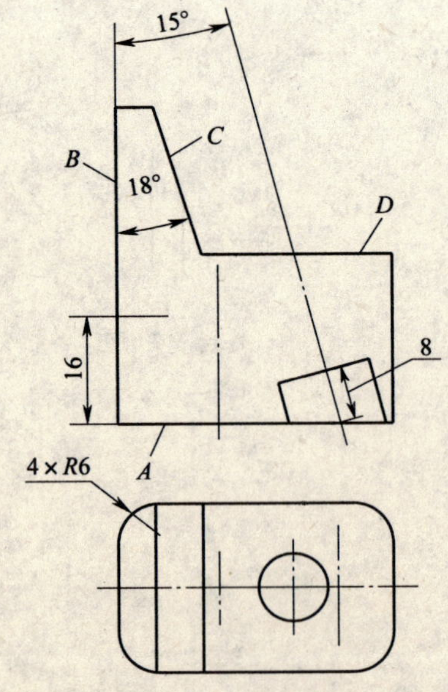

（1）按要求，用给定的测绘工具（游标卡尺）进行实物零件的尺寸测量。

（2）绘制并补全零件草图（主视图、俯视图）。在绘制的过程中，只允许使用铅笔徒手绘制，不允许使用圆规、直尺等绘图工具。

（3）主视图采用全剖视图。

（4）标出在各个视图中缺少的尺寸（标出实测值，不允许标出公差值）。

（5）在图上标出底平面作为 $A$ 基准。

（6）用形位公差的框格表示 $\phi$10 mm 孔的轴线对 $A$ 基准的倾斜度公差为 0.025 mm。

（7）用形位公差的框格表示 $B$ 面对 $A$ 基准的垂直度公差为 0.02 mm。

（8）用形位公差的框格表示 $D$ 面对 $A$ 基准的平行度公差为 0.02 mm。

（9）在 $C$ 面和 $\phi$10 mm 孔处标注表面粗糙度 $R_a$ 值为 0.8 μm，在 $A$ 面和 $D$ 面标注表面粗糙度 $R_a$ 值为 1.6 μm。

（10）在图上标注其余表面粗糙度 $R_a$ 值为 3.2 μm。

# 工具钳工（注塑模）（三级）操作技能鉴定

## 答　题　卷

试题代码：1.1.1。

试题名称：模具零件测绘（一）。

考生姓名：　　　　　　　　　　　准考证号：

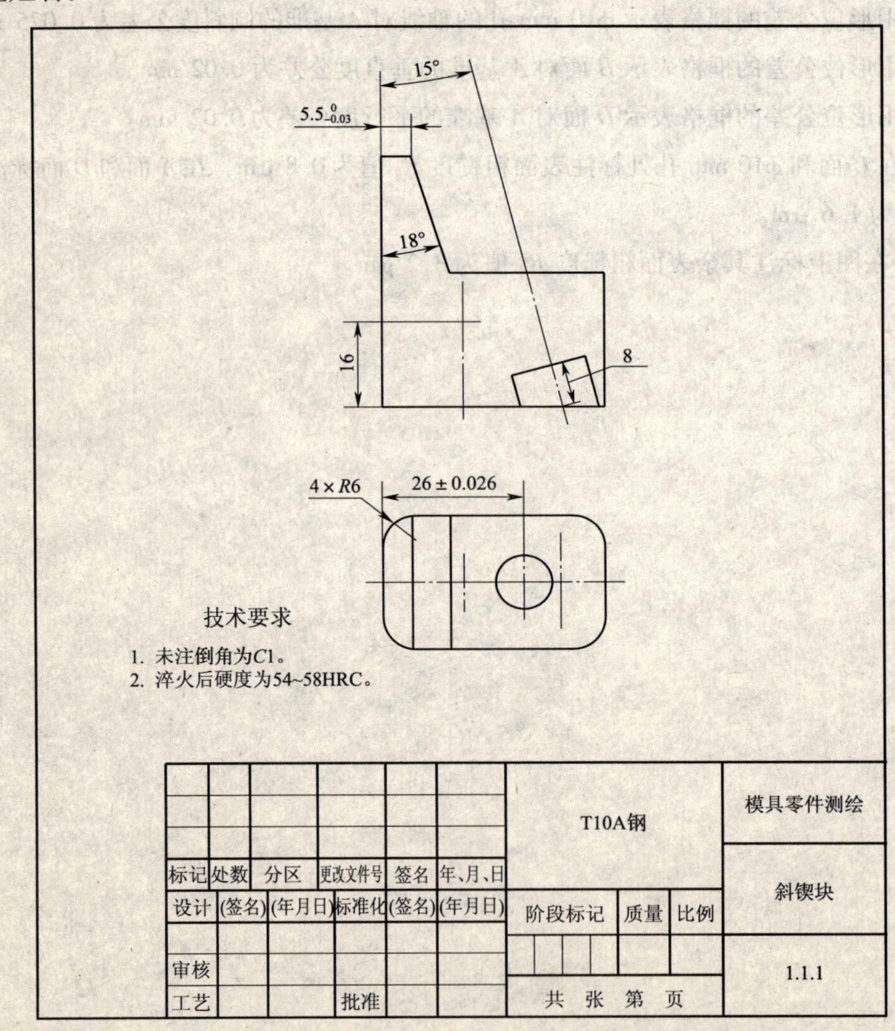

# 工具钳工（注塑模）（三级）操作技能鉴定

## 试题评分表及答案

考生姓名： 准考证号：

### 试题评分表

<table>
<tr><td colspan="2">试题代码及名称</td><td colspan="3">1.1.1 模具零件测绘（一）</td><td colspan="4">考核时间</td><td colspan="2">60 min</td></tr>
<tr><td colspan="2" rowspan="2">评价要素</td><td rowspan="2">配分</td><td rowspan="2">等级</td><td rowspan="2">评分细则</td><td colspan="5">评定等级</td><td rowspan="2">得分</td></tr>
<tr><td>A</td><td>B</td><td>C</td><td>D</td><td>E</td></tr>
<tr><td rowspan="5">1</td><td rowspan="5">绘制并补全主视图和俯视图</td><td rowspan="5">3</td><td>A</td><td>视图全部补全</td><td rowspan="5"></td><td rowspan="5"></td><td rowspan="5"></td><td rowspan="5"></td><td rowspan="5"></td><td rowspan="5"></td></tr>
<tr><td>B</td><td>图中有两处错误</td></tr>
<tr><td>C</td><td>图中有三处错误</td></tr>
<tr><td>D</td><td>图中有五处错误</td></tr>
<tr><td>E</td><td>差或未答题</td></tr>
<tr><td rowspan="5">2</td><td rowspan="5">测量并补全尺寸</td><td rowspan="5">3</td><td>A</td><td>测量尺寸全部补全</td><td rowspan="5"></td><td rowspan="5"></td><td rowspan="5"></td><td rowspan="5"></td><td rowspan="5"></td><td rowspan="5"></td></tr>
<tr><td>B</td><td>有两处尺寸未补全</td></tr>
<tr><td>C</td><td>有三处尺寸未补全</td></tr>
<tr><td>D</td><td>有五处尺寸未补全</td></tr>
<tr><td>E</td><td>差或未答题</td></tr>
<tr><td rowspan="5">3</td><td rowspan="5">按要求正确标注工件的基准和形位公差</td><td rowspan="5">2</td><td>A</td><td>标注全部正确、合理</td><td rowspan="5"></td><td rowspan="5"></td><td rowspan="5"></td><td rowspan="5"></td><td rowspan="5"></td><td rowspan="5"></td></tr>
<tr><td>B</td><td>标注有一处错误</td></tr>
<tr><td>C</td><td>标注有两处错误</td></tr>
<tr><td>D</td><td>标注有三处错误</td></tr>
<tr><td>E</td><td>差或未答题</td></tr>
<tr><td rowspan="5">4</td><td rowspan="5">按要求正确标注工件的表面粗糙度</td><td rowspan="5">2</td><td>A</td><td>标注全部正确、合理</td><td rowspan="5"></td><td rowspan="5"></td><td rowspan="5"></td><td rowspan="5"></td><td rowspan="5"></td><td rowspan="5"></td></tr>
<tr><td>B</td><td>标注有一处错误</td></tr>
<tr><td>C</td><td>标注有两处错误</td></tr>
<tr><td>D</td><td>标注有三处错误</td></tr>
<tr><td>E</td><td>差或未答题</td></tr>
<tr><td colspan="2">合计配分</td><td>10</td><td colspan="8">合计得分</td></tr>
</table>

考评员（签名）：

| 等级 | A（优） | B（良） | C（尚可） | D（较差） | E（差或未答题） |
|---|---|---|---|---|---|
| 比值 | 1.0 | 0.8 | 0.6 | 0.2 | 0 |

“评价要素”得分＝配分×等级比值。

# 工具钳工（注塑模）（三级）操作技能鉴定

## 试 题 单

试题代码：1.2.1。

试题名称：液压缸双向锁紧控制回路。

考核时间：60 min。

1. 操作条件

液压传动与控制综合实验台一套。

2. 操作内容

（1）如图 1.2.1 所示，安装液压缸双向锁紧的液压传动控制回路。

（2）该回路能实现液压缸双向锁紧的液压传动控制功能。

（3）按给定的回路图，确定并准确选择所需的液压元件。

（4）接入动力源，调试该液压控制回路并能使之正确运行。

（5）在答题卷上书写液压缸双向锁紧控制回路的工作原理。

3. 操作要求

（1）在液压传动与控制综合实验台上，正确连接给定的液压传动控制回路，操作过程正确。

（2）接入动力源，调试该液压传动控制回路，检验液压传动控制回路实现结果，并能使之正确运行。

（3）在答题卷上正确说明该液压传动控制回路的工作原理。

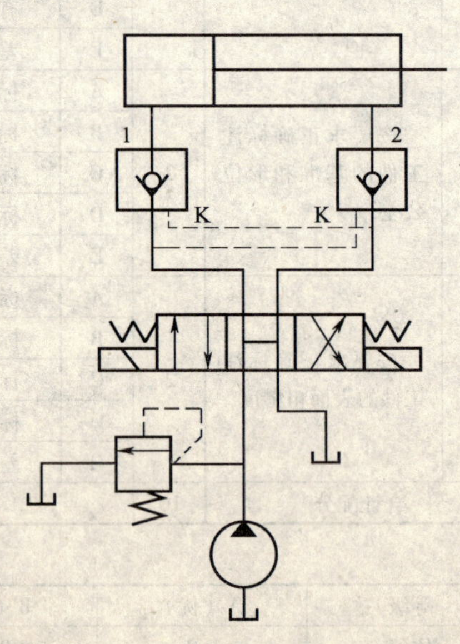

图 1.2.1 液压缸双向锁紧控制回路原理图

# 工具钳工（注塑模）（三级）操作技能鉴定

## 答　题　卷

试题代码：1.2.1。

试题名称：液压缸双向锁紧控制回路。

考生姓名：　　　　　　　　　　　准考证号：

用文字简要说明液压缸双向锁紧控制回路的工作原理。

# 工具钳工（注塑模）（三级）操作技能鉴定

## 试题评分表及答案

考生姓名： 准考证号：

### 试题评分表

| 试题代码及名称 | | 1.2.1 液压缸双向锁紧控制回路 | | | 考核时间 | | | | 60 min | |
|---|---|---|---|---|---|---|---|---|---|---|
| 评价要素 | | 配分 | 等级 | 评分细则 | 评定等级 | | | | | 得分 |
| | | | | | A | B | C | D | E | |
| 1 | 用文字简要说明回路的工作原理 | 3 | A | 文字说明完全正确 | | | | | | |
| | | | B | 文字说明有两处错误 | | | | | | |
| | | | C | 文字说明有三处错误 | | | | | | |
| | | | D | 文字说明有四处错误 | | | | | | |
| | | | E | 差或未答题 | | | | | | |
| 2 | 在液压控制回路中实现元器件的选择及回路的连接 | 3 | A | 元器件选择及回路连接完全正确 | | | | | | |
| | | | B | 元器件选择及回路连接有两处错误 | | | | | | |
| | | | C | 元器件选择及回路连接有三处错误 | | | | | | |
| | | | D | 元器件选择及回路连接有四处错误 | | | | | | |
| | | | E | 差或未答题 | | | | | | |
| 3 | 液压控制回路实现结果 | 4 | A | 实现结果完全正确 | | | | | | |
| | | | B | 实现结果有两处错误 | | | | | | |
| | | | C | 实现结果有三处错误 | | | | | | |
| | | | D | 实现结果有四处错误 | | | | | | |
| | | | E | 差或未答题 | | | | | | |
| 合计配分 | | 10 | 合计得分 | | | | | | | |

考评员（签名）：

| 等级 | A（优） | B（良） | C（尚可） | D（较差） | E（差或未答题） |
|---|---|---|---|---|---|
| 比值 | 1.0 | 0.8 | 0.6 | 0.2 | 0 |

“评价要素”得分＝配分×等级比值。

# 工具钳工（注塑模）（三级）操作技能鉴定

## 试　题　单

试题代码：2. 1. 1。

试题名称：复杂注塑模型芯（型腔）修配（一）。

考核时间：180 min。

1. 操作条件

（1）钳工工作台、台虎钳。

（2）测量工具、钳工工具。

（3）型芯镶块毛坯。

（4）型芯固定板、型芯。

（5）操作者劳动防护服、工作鞋、防护眼镜穿戴齐全。

（6）试题单图样 2. 1. 1。

2. 操作内容

按照装配图 2. 1. 1—0 所示的要求完成复杂注塑模型芯（型腔）的修配。

（1）将型芯镶块毛坯根据型芯镶块图样 2. 1. 1—3 的要求进行修配。

（2）将修配好的型芯镶块装配到型芯（见图 2. 1. 1—2）所示的位置上。

（3）将型芯装配到型芯固定板（见图 2. 1. 1—1）所示的位置上，形成图 2. 1. 1—0 所示的装配关系。

（4）按照图 2. 1. 1—3 所示的要求对修配好的型芯镶块进行尺寸公差、表面粗糙度和垂直度的检测。

（5）按照图 2. 1. 1—2 所示的要求对修配好的型芯镶块进行间隙检测。

3. 操作要求

（1）按照图样要求，正确完成上述操作内容。

（2）保证型芯镶块 95% 的尺寸在公差范围内。

（3）保证型芯镶块达到垂直度要求，各个面之间的夹角均为 90°。

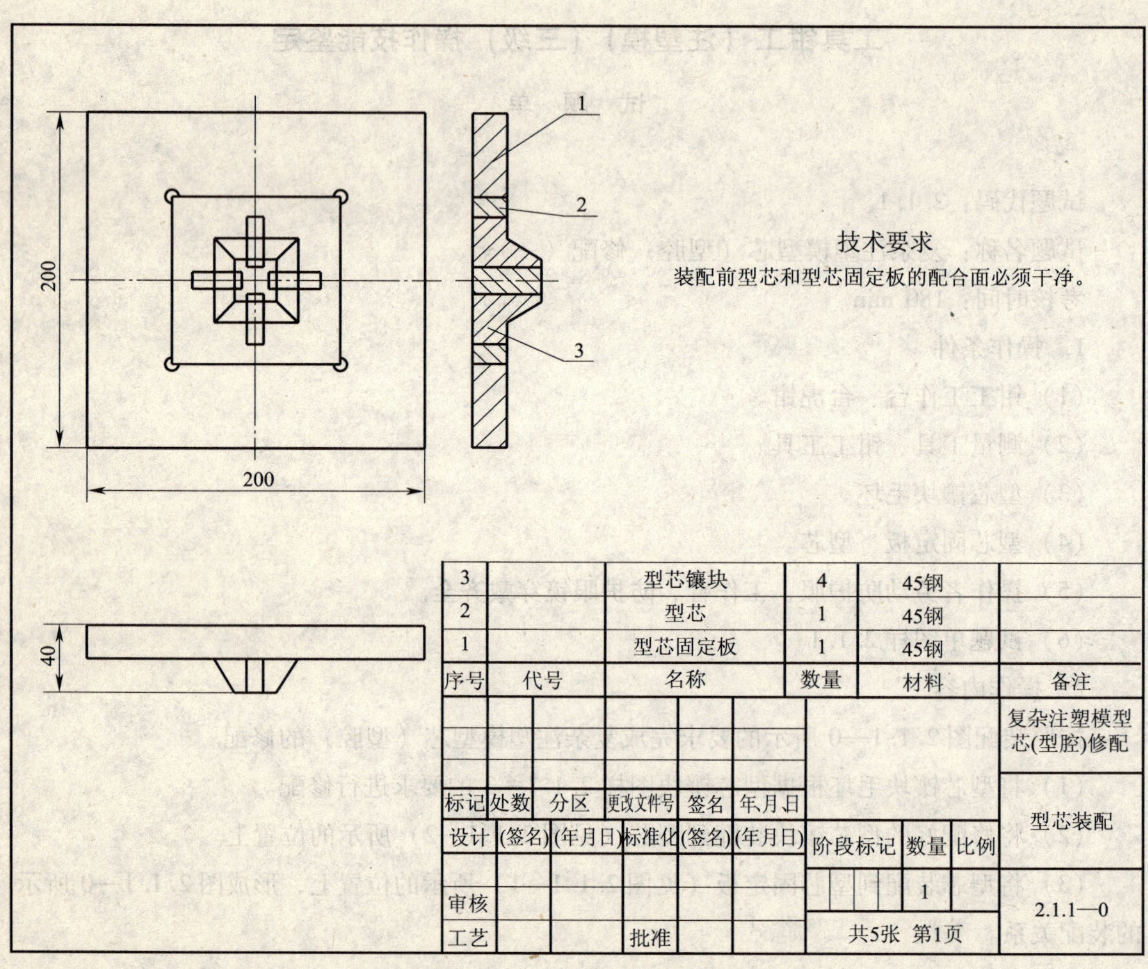


（4）保证型芯镶块各面的表面粗糙度全部符合图样要求。

（5）保证型芯镶块与型芯的间隙在 0.01 mm 以内。

（6）正确掌握与钳工研磨操作规范。

（7）正确执行安全技术操作规程。

（8）加工要求请参阅试题单图样。

注：考生在考试过程中不允许将镶件装配于检具上进行配作，否则该项目得零分。

4. 附录

（1）检具图样：图 2. 1. 1—1、图 2. 1. 1—2。

（2）装配图样：图 2. 1. 1—0。

（3）修配零件图样：图 2. 1. 1—3。

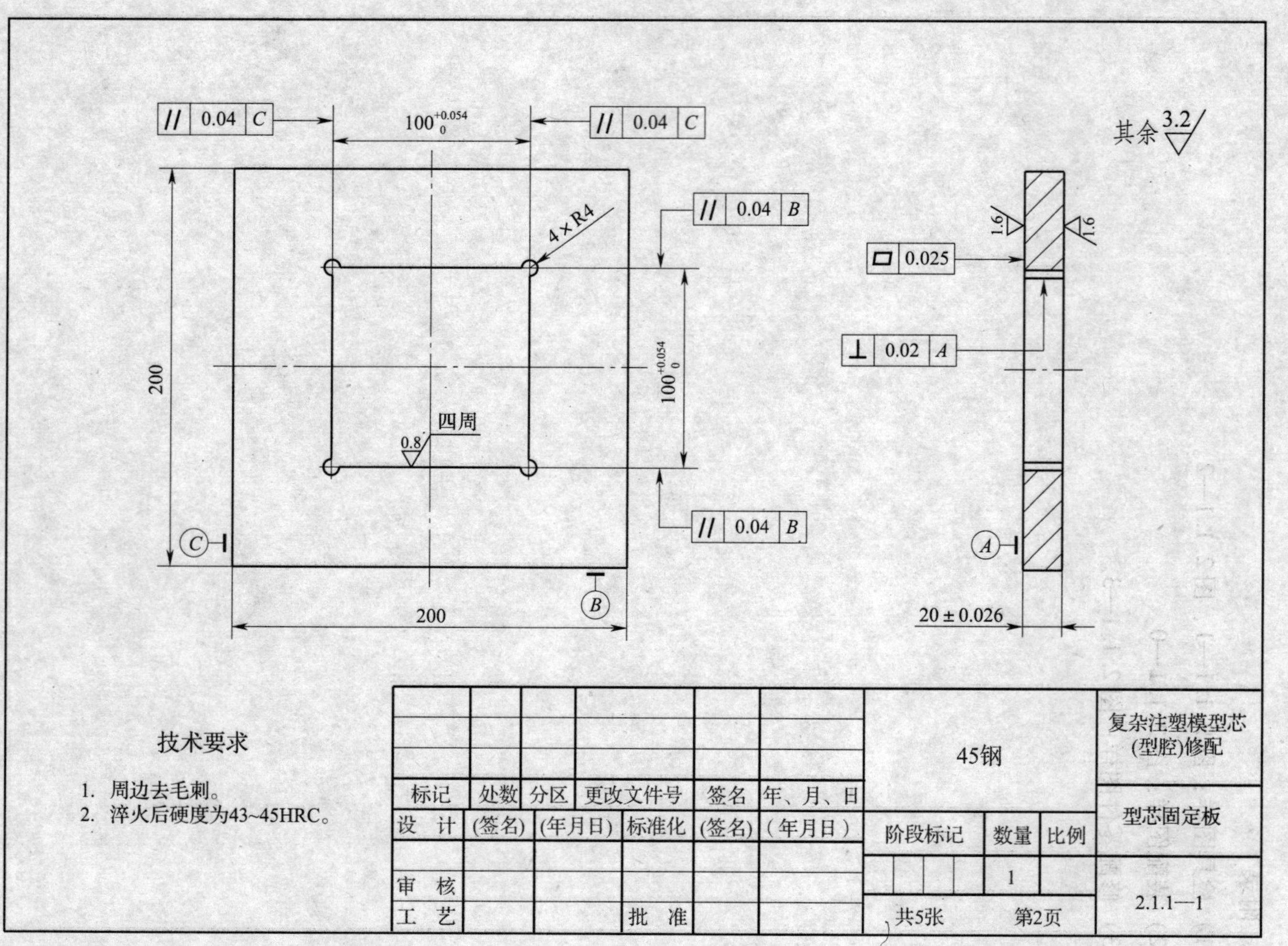
// 0.04 C
$100^{+0.054}_{0}$
// 0.04 C
其余 3.2
// 0.04 B
4×R4
1.6
1.6
□ 0.025
⊥ 0.02 A
200
$100^{+0.054}_{0}$
四周
0.8
// 0.04 B
C
A
B
200
20±0.026
技术要求
1. 周边去毛刺。
2. 淬火后硬度为43~45HRC。
标记 处数 分区 更改文件号 签名 年、月、日
设 计 (签名) (年月日) 标准化 (签名) (年月日)
审 核
工 艺
批 准
45钢
阶段标记 数量 比例
1
共5张 第2页
复杂注塑模型芯(型腔)修配
型芯固定板
2.1.1—1

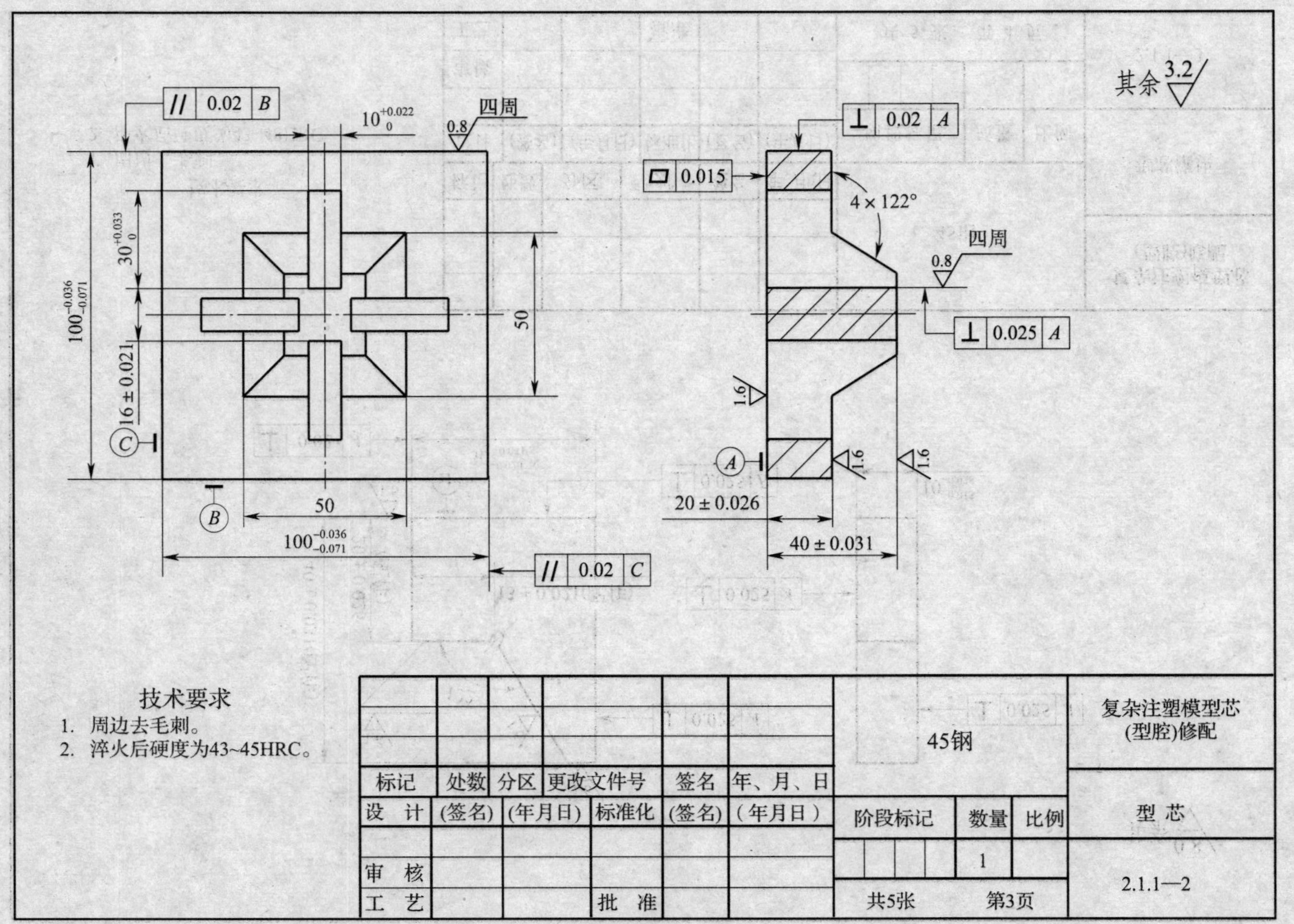
// 0.02 B
$10^{+0.022}_{0}$
0.8 四周
其余 3.2
⊥ 0.02 A
□ 0.015
4×122°
0.8 四周
⊥ 0.025 A
$30^{+0.033}_{0}$
$100^{-0.036}_{-0.071}$
50
16±0.021
C
1.6
A
1.6
1.6
B
50
$100^{-0.036}_{-0.071}$
20±0.026
40±0.031
// 0.02 C
技术要求
1. 周边去毛刺。
2. 淬火后硬度为43~45HRC。
45钢
复杂注塑模型芯(型腔)修配
标记 处数 分区 更改文件号 签名 年、月、日
设 计 (签名) (年月日) 标准化 (签名) (年月日)
阶段标记 数量 比例
型 芯
1
审 核
工 艺 批 准
共5张 第3页
2.1.1—2

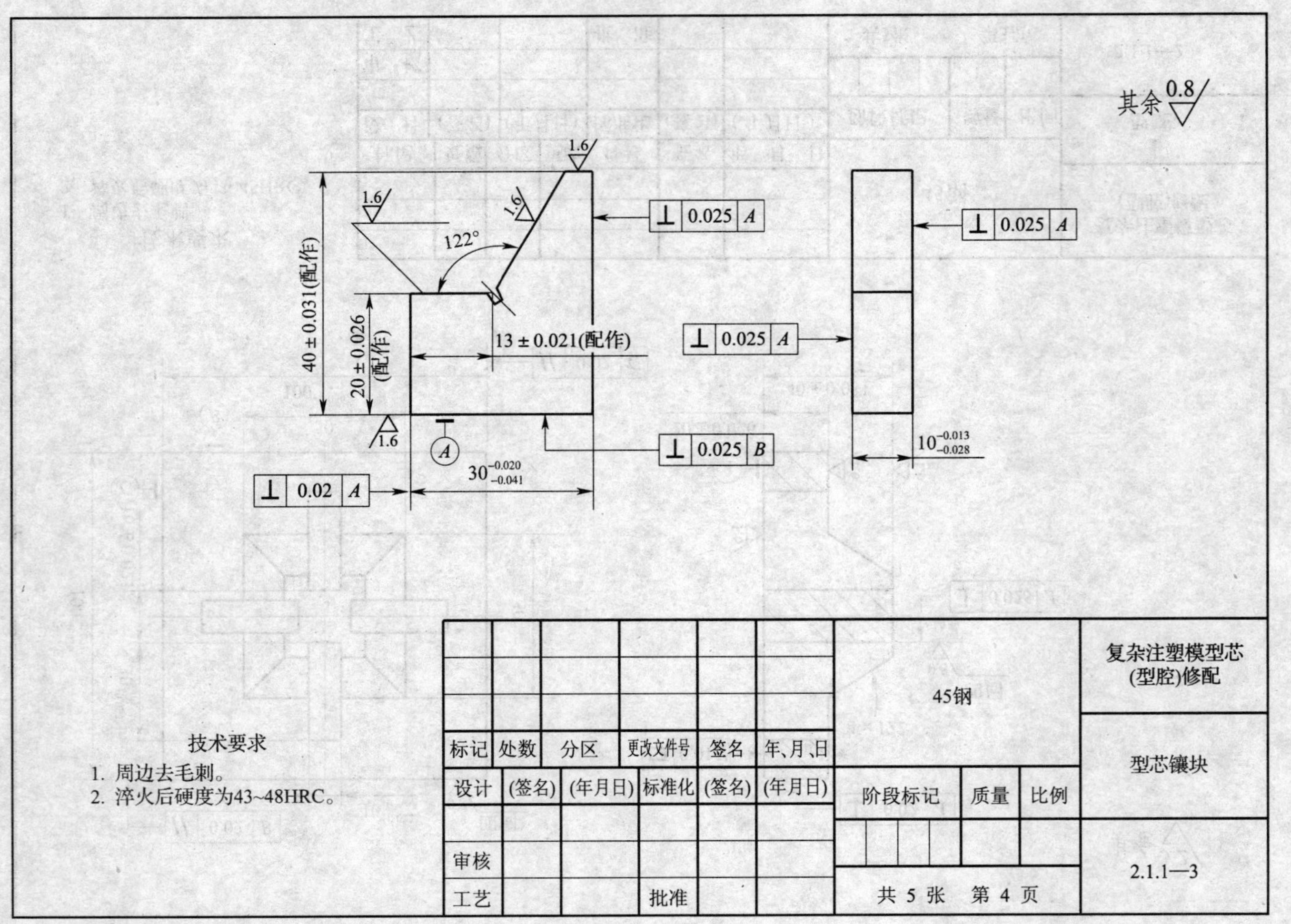

其余 0.8
1.6
122°
⊥ 0.025 A
⊥ 0.025 A
40±0.031(配作)
20±0.026(配作)
13±0.021(配作)
⊥ 0.025 A
⊥ 0.025 B
A
⊥ 0.02 A
$30^{-0.020}_{-0.041}$
$10^{-0.013}_{-0.028}$
技术要求
1. 周边去毛刺。
2. 淬火后硬度为43~48HRC。
标记 处数 分区 更改文件号 签名 年、月、日
设计 (签名) (年月日) 标准化 (签名) (年月日)
审核
工艺 批准
45钢
阶段标记 质量 比例
共 5 张 第 4 页
复杂注塑模型芯(型腔)修配
型芯镶块
2.1.1—3

# 工具钳工（注塑模）（三级）操作技能鉴定

## 试题评分表及答案

考生姓名： 准考证号：

### 试题评分表

<table>
<tr><td colspan="2">试题代码及名称</td><td colspan="3">2.1.1 复杂注塑模型芯（型腔）修配（一）</td><td colspan="4">考核时间</td><td colspan="2">180 min</td></tr>
<tr><td colspan="2" rowspan="2">评价要素</td><td rowspan="2">配分</td><td rowspan="2">等级</td><td rowspan="2">评分细则</td><td colspan="5">评定等级</td><td rowspan="2">得分</td></tr>
<tr><td>A</td><td>B</td><td>C</td><td>D</td><td>E</td></tr>
<tr><td colspan="2">否决项</td><td colspan="3">若考生在考试过程中将镶件装配于检具上进行配作，该项目得零分</td><td></td><td></td><td></td><td></td><td></td><td></td></tr>
<tr><td rowspan="5">1</td><td rowspan="5">型芯镶块尺寸公差检测</td><td rowspan="5">10</td><td>A</td><td>95% 的尺寸在公差范围内</td><td rowspan="5"></td><td rowspan="5"></td><td rowspan="5"></td><td rowspan="5"></td><td rowspan="5"></td><td rowspan="5"></td></tr>
<tr><td>B</td><td>85% 的尺寸在公差范围内</td></tr>
<tr><td>C</td><td>75% 的尺寸在公差范围内</td></tr>
<tr><td>D</td><td>60% 的尺寸在公差范围内</td></tr>
<tr><td>E</td><td>差或未答题</td></tr>
<tr><td rowspan="5">2</td><td rowspan="5">型芯镶块垂直度检测</td><td rowspan="5">8</td><td>A</td><td>各个面之间的夹角均为 90°</td><td rowspan="5"></td><td rowspan="5"></td><td rowspan="5"></td><td rowspan="5"></td><td rowspan="5"></td><td rowspan="5"></td></tr>
<tr><td>B</td><td>有一个面不合格</td></tr>
<tr><td>C</td><td>有两个面不合格</td></tr>
<tr><td>D</td><td>有三个面不合格</td></tr>
<tr><td>E</td><td>差或未答题</td></tr>
<tr><td rowspan="5">3</td><td rowspan="5">型芯镶块表面粗糙度检测</td><td rowspan="5">4</td><td>A</td><td>表面粗糙度全部符合图样要求</td><td rowspan="5"></td><td rowspan="5"></td><td rowspan="5"></td><td rowspan="5"></td><td rowspan="5"></td><td rowspan="5"></td></tr>
<tr><td>B</td><td>有单一平面不合格</td></tr>
<tr><td>C</td><td>有两个面不合格</td></tr>
<tr><td>D</td><td>有相邻的三个面不合格</td></tr>
<tr><td>E</td><td>差或未答题</td></tr>
<tr><td rowspan="3">4</td><td rowspan="3">间隙检测</td><td rowspan="3">8</td><td>A</td><td>型芯镶块与型芯的间隙在 0.01 mm 以内（含 0.01 mm）</td><td rowspan="3"></td><td rowspan="3"></td><td rowspan="3"></td><td rowspan="3"></td><td rowspan="3"></td><td rowspan="3"></td></tr>
<tr><td>B</td><td>型芯镶块与型芯的间隙在0.01 ~ 0.02 mm 之间（含0.02 mm）</td></tr>
<tr><td>C</td><td>型芯镶块与型芯的间隙在0.02 ~ 0.03 mm 之间（含0.03 mm）</td></tr>
</table>

续表

| 试题代码及名称 | | 2.1.1　复杂注塑模型芯（型腔）修配（一） | | | 考核时间 | | | | 180 min | |
|---|---|---|---|---|---|---|---|---|---|---|
| 评价要素 | | 配分 | 等级 | 评分细则 | 评定等级 | | | | | 得分 |
| | | | | | A | B | C | D | E | |
| 4 | 间隙检测 | 8 | D | 型芯镶块与型芯的间隙在 0.03～0.04 mm 之间（含 0.04 mm） | | | | | | |
| | | | E | 差或未答题 | | | | | | |
| 5 | 符合钳工操作规范和安全技术操作规程 | 5 | A | 符合规范、规程 | | | | | | |
| | | | B | — | | | | | | |
| | | | C | 工具、夹具、量具随意摆放 | | | | | | |
| | | | D | 有安全隐患 | | | | | | |
| | | | E | 差或未答题 | | | | | | |
| 合计配分 | | 35 | | 合计得分 | | | | | | |

考评员（签名）：

| 等级 | A（优） | B（良） | C（尚可） | D（较差） | E（差或未答题） |
|---|---|---|---|---|---|
| 比值 | 1.0 | 0.8 | 0.6 | 0.2 | 0 |

“评价要素”得分＝配分×等级比值。

# 工具钳工（注塑模）（三级）操作技能鉴定

## 试　题　单

试题代码：3. 1. 1。

试题名称：带侧向抽芯机构的注塑模具装配（一）。

考核时间：120 min。

1．操作条件

（1）带侧向抽芯机构的注塑模具。

（2）钳工工作台、台虎钳。

（3）测量工具、钳工工具。

（4）操作者劳动防护服、工作鞋、防护眼镜穿戴齐全。

（5）试题单图样 3. 1. 1。

2．操作内容

（1）按照装配图 3. 1. 1—0 所示的要求完成定模部分装配。

（2）按照装配图 3. 1. 1—0 所示的要求完成动模部分装配。

（3）按照装配要求，进行合模调整。

（4）按照装配要求及装配操作，填写装配工艺卡。

3．操作要求

（1）按照装配图 3. 1. 1—0 所示的要求完成带侧向抽芯机构的注塑模具装配。

（2）装配过程要规范、合理、正确。

（3）正确填写装配工艺卡片。

（4）工件、工具摆放整齐、合理。

（5）正确执行安全技术操作规程。

4．备注

（1）考生在考试期间，应根据模具的零件明细表和总装配图将模具装配完毕，然后举手示意考评员，待考评员认可后才能进行拆卸操作。

（2）模具上的镶件及斜导柱是不允许拆装的，否则按“E（差或未答题）”评分。

**3.1.1—0 模具的零件明细表**

| 序号 | 名称 | 规格① | 数量 | 材料 | 备注 |
|---|---|---|---|---|---|
| 1 | 动模座板 | | 1 | 45 钢 | |
| 2 | 推板 | | 1 | 45 钢 | |
| 3 | 垫块 | | 2 | 45 钢 | |
| 4 | 内六角螺钉 | M12×100 | 4 | | GB/T 70.1—2008 |
| 5 | 型芯固定板 | | 1 | 45 钢 | 调质：230～270HBW |
| 6 | 型腔固定板 | | 1 | 45 钢 | 调质：230～270HBW |
| 7 | 定模座板 | | 1 | 45 钢 | |
| 8 | 内六角螺钉 | M12×25 | 4 | | GB/T 70.1—2008 |
| 9 | 内六角螺钉 | M10×26 | 2 | | GB/T 70.1—2008 |
| 10 | 浇口套 | $\phi$10×41.5 | 1 | 45 钢 | GB/T 4169.19—2006 |
| 11 | 定位圈 | $\phi$100×10 | 1 | 45 钢 | GB/T 4169.18—2006 |
| 12 | 型腔 | | 1 | P20 | 淬火：52～55HRC |
| 13 | 斜导柱 | | 1 | T10A 钢 | 淬火：52～55HRC |
| 14 | 楔紧块 | | 1 | 45 钢 | 调质：230～270HBW |
| 15 | 滑块 | | 1 | 45 钢 | 调质：230～270HBW |
| 16 | 侧型芯 | | 1 | P20 | 淬火：52～55HRC |
| 17 | 定位钢球 | | 2 | | |
| 18 | 型芯 | | 1 | P20 | 淬火：52～55HRC |
| 19 | 弹簧 | | 4 | 65Mn 钢 | |
| 20 | 推杆固定板 | | 1 | 45 钢 | |
| 21 | 型芯镶件 | | 1 | P20 | 淬火：52～55HRC |
| 22 | 内六角螺钉 | M6×25 | 4 | | GB/T 70.1—2008 |
| 23 | 复位杆 | $\phi$12×95 | 4 | T10A 钢 | GB/T 70.13—2000 |
| 24 | 内六角螺钉 | M6×25 | 4 | | GB/T 70.1—2008 |
| 25 | 内六角螺钉 | M6×30 | 4 | | GB/T 70.1—2008 |

续表

| 序号 | 名称 | 规格① | 数量 | 材料 | 备注 |
| --- | --- | --- | --- | --- | --- |
| 26 | 水嘴 | G1/4 × 10 | 2 | Cu | |
| 27 | O 形密封圈 | $d \times d_0 = 10 \times 2.65$ | 2 | 橡胶 | GB/T 3452. 1—2005 |
| 28 | 内六角螺钉 | M4 × 16 | 4 | | GB/T 70. 1—2008 |
| 29 | 水堵头 | $\phi 8 \times 8$ | 8 | Cu | |
| 30 | 带头导套 | $\phi 20 \times 60$ | 4 | T10A 钢 | GB/T 4169. 3—2006 |
| 31 | 带头导柱 | $\phi 20 \times 90 \times 40$ | 4 | T10A 钢 | GB/T 4169. 4—2006 |
| 32 | 压块 | | 2 | 45 钢 | |
| 33 | 内六角螺钉 | M4 × 10 | 4 | | GB/T 70. 1—2008 |
| 34 | 内六角螺钉 | M8 × 20 | 4 | | GB/T 70. 1—2008 |
| 35 | 推杆 | $\phi 5 \times 115$ | 4 | T10A 钢 | GB/T 4169. 1—2006 |

①除序号为 26 的水嘴“G1/4 × 10”中 1/4 为无单位的尺寸代号外，其余各尺寸均为 mm。

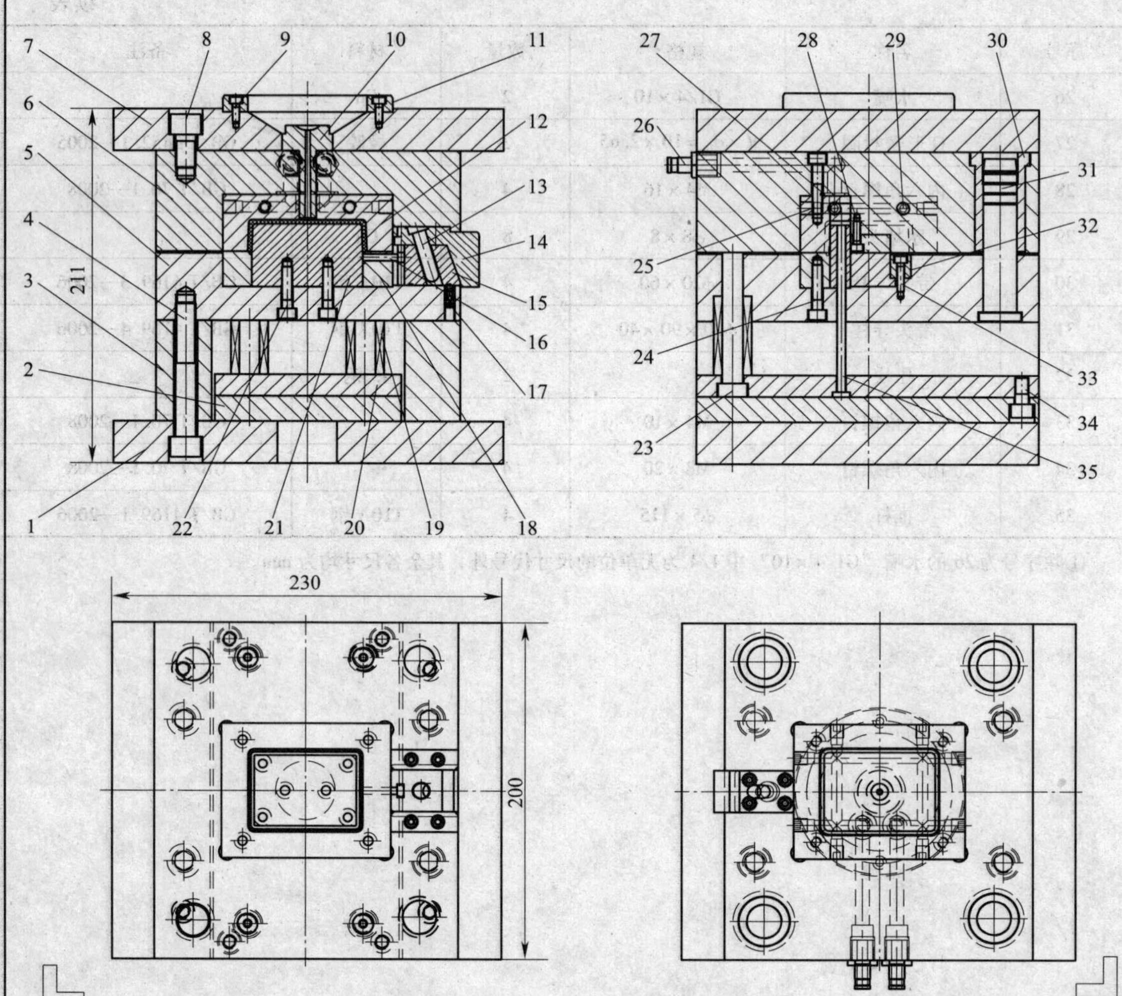


技术要求

1. 装配时对两分型面进行修研，应使垂直分型面接触吻合，水平分型面稍留有间隙。
2. 检查各活动机构是否适当，保证没有松动和咬死现象。
3. 装配后进行试模验收，脱模机构不得有干涉现象，塑件质量应达到设计要求。
4. 标准模架：1820—CI—A60—B40—C60。

| 序号 | 代号 | 名　称 | 规　格 | 数量 | 材　料 | 备　注 |
|---|---|---|---|---|---|---|
| 35 | | 推杆 | $\phi$5×115 | 4 | T10A钢 | GB/T 4169.4—2006 |
| 34 | | 内六角螺钉 | M8×20 | 4 | | GB/T 70.1—2008 |
| 33 | | 内六角螺钉 | M4×10 | 4 | | GB/T 70.1—2008 |
| 32 | | 压块 | | 2 | 45钢 | |
| 31 | | 带头导柱 | $\phi$20×90×40 | 4 | T10A钢 | GB/ T 4169.4—2006 |
| 30 | | 带头导套 | 20×60 | 4 | T10A钢 | GB/ T 4169.3—2006 |
| 29 | | 水堵头 | $\phi$8×8 | 8 | Cu | |
| 28 | | 内六角螺钉 | M4×16 | 4 | | GB/T 70.1—2008 |
| 27 | | O形密封圈 | $d \times d_0$=10×2.65 | 2 | 橡胶 | GB/T 3452.1—2005 |
| 26 | | 水嘴 | G1/4×30 | 2 | Cu | |
| 25 | | 内六角螺钉 | M6×30 | 4 | | GB/T 70.1—2008 |
| 24 | | 内六角螺钉 | M6×25 | 4 | | GB/T 70.1—2008 |
| 23 | | 复位杆 | $\phi$12×95 | 4 | T10A钢 | GB/T 70.13—2000 |
| 22 | | 内六角螺钉 | M6×25 | 4 | | GB/T 70.1—2008 |
| 21 | | 型芯镶件 | | 1 | P20 | 淬火：52～55HRC |
| 20 | | 推杆固定板 | | 1 | 45钢 | |
| 19 | | 弹簧 | | 4 | 65Mn钢 | |
| 18 | | 型芯 | | 1 | P20 | 淬火：52～55HRC |
| 17 | | 定位钢球 | | 2 | | |
| 16 | | 侧型芯 | | 1 | P20 | 淬火：52～55HRC |
| 15 | | 滑块 | | 1 | 45钢 | 调质：230~270HBW |
| 14 | | 楔紧块 | | 1 | 45钢 | 调质：230~270HBW |
| 13 | | 斜导柱 | | 1 | T10A钢 | 淬火：52～55HRC |
| 12 | | 型腔 | | 1 | P20 | 淬火：52～55HRC |
| 11 | | 定位圈 | $\phi$100×10 | 1 | 45钢 | GB/T 4169.18—2006 |
| 10 | | 浇口套 | $\phi$10×41.5 | 1 | 45钢 | GB/T 4169.19—2006 |
| 9 | | 内六角螺钉 | M10×26 | 2 | | GB/T 70.1—2008 |
| 8 | | 内六角螺钉 | M12×25 | 4 | | GB/T 70.1—2008 |
| 7 | | 定模座板 | | 1 | 45钢 | |
| 6 | | 型腔固定板 | | 1 | 45钢 | 调质：230~270 HBW |
| 5 | | 型芯固定板 | | 1 | 45钢 | 调质：230~270 HBW |
| 4 | | 内六角螺钉 | M12×100 | 4 | | GB/T 70.1—2008 |
| 3 | | 垫块 | | 2 | 45钢 | |
| 2 | | 推板 | | 1 | 45钢 | |
| 1 | | 动模座板 | | 1 | 45钢 | |

| 标记 | 处数 | 分区 | 更改文件号 | 签名 | 年、月、日 | | | | 带侧向抽芯机构的注塑模具装配 |
|---|---|---|---|---|---|---|---|---|---|
| 设计 | (签名) | (年月日) | 标准化 | (签名) | (年月日) | 阶段标记 | 质量 | 比例 | 盒盖注塑模 |
| 审核 | | | | | | | | | 3.1.1—0 |
| 工艺 | | 批准 | | | | 共　张　第　页 | | | |

# 工具钳工（注塑模）（三级）操作技能鉴定

## 答 题 卷

试题代码：3.1.1。

试题名称：带侧向抽芯机构的注塑模具装配（一）。

考生姓名：　　　　　　　　　　准考证号：

根据装配图及装配过程填写装配工艺卡。

| | 工具钳工（注塑模）三级 | | | 装配工艺卡片 | 零件图号 | | |
|---|---|---|---|---|---|---|---|
| | | | | | 零件名称 | | |
| | 工序号 | 工步号 | 工序（工步）名称 | 工步内容 | 设备 | 工艺装备 | 工时 |
| | | | | | | | |
| | | | | | | | |
| | | | | | | | |
| | | | | | | | |
| | | | | | | | |
| | | | | | | | |
| | | | | | | | |
| | | | | | | | |
| | | | | | | | |
| 描图 | | | | | | | |
| | | | | | | | |
| 描校 | | | | | | | |
| | | | | | | | |
| 底图号 | | | | | | | |
| | | | | | | | |
| 装订号 | | | | | | | |

| | | | | | | | | | | | | | | |
|---|---|---|---|---|---|---|---|---|---|---|---|---|---|---|
| | | | | | | | | | | | | | | |
| 日期 | | | | | | | | | | | 编制 | | 审核 | |
| | 标记 | 处数 | 更改文件号 | 签字 | 日期 | 标记 | 处数 | 更改文件号 | 签字 | 日期 | | | 共 2 页 | 第 1 页 |

# 工具钳工（注塑模）（三级）操作技能鉴定

## 试题评分表及答案

考生姓名：　　　　　　　　　　准考证号：

### 试题评分表

<table>
<tr><td colspan="2">试题代码及名称</td><td colspan="3">3.1.1　带侧向抽芯机构的注塑模具装配（一）</td><td colspan="4">考核时间</td><td colspan="2">120 min</td></tr>
<tr><td colspan="2" rowspan="2">评价要素</td><td rowspan="2">配分</td><td rowspan="2">等级</td><td rowspan="2">评分细则</td><td colspan="5">评定等级</td><td rowspan="2">得分</td></tr>
<tr><td>A</td><td>B</td><td>C</td><td>D</td><td>E</td></tr>
<tr><td rowspan="5">1</td><td rowspan="5">动模部分装配操作（含合模）</td><td rowspan="5">10</td><td>A</td><td>装配过程完全正确</td><td rowspan="5"></td><td rowspan="5"></td><td rowspan="5"></td><td rowspan="5"></td><td rowspan="5"></td><td rowspan="5"></td></tr>
<tr><td>B</td><td>装配过程有两处错误</td></tr>
<tr><td>C</td><td>装配过程有三处错误</td></tr>
<tr><td>D</td><td>装配过程有四处错误</td></tr>
<tr><td>E</td><td>差或未答题</td></tr>
<tr><td rowspan="5">2</td><td rowspan="5">定模部分装配操作</td><td rowspan="5">5</td><td>A</td><td>装配过程完全正确</td><td rowspan="5"></td><td rowspan="5"></td><td rowspan="5"></td><td rowspan="5"></td><td rowspan="5"></td><td rowspan="5"></td></tr>
<tr><td>B</td><td>装配过程有两处错误</td></tr>
<tr><td>C</td><td>装配过程有三处错误</td></tr>
<tr><td>D</td><td>装配过程有四处错误</td></tr>
<tr><td>E</td><td>差或未答题</td></tr>
<tr><td rowspan="5">3</td><td rowspan="5">模具装配规范</td><td rowspan="5">5</td><td>A</td><td>整个模具装配过程规范、合理、正确</td><td rowspan="5"></td><td rowspan="5"></td><td rowspan="5"></td><td rowspan="5"></td><td rowspan="5"></td><td rowspan="5"></td></tr>
<tr><td>B</td><td>模具装配过程有一处错误</td></tr>
<tr><td>C</td><td>模具装配过程有两处错误</td></tr>
<tr><td>D</td><td>模具装配过程有三处错误</td></tr>
<tr><td>E</td><td>差或未答题</td></tr>
<tr><td rowspan="5">4</td><td rowspan="5">装配工艺卡填写（答题）</td><td rowspan="5">5</td><td>A</td><td>装配过程回答完全正确</td><td rowspan="5"></td><td rowspan="5"></td><td rowspan="5"></td><td rowspan="5"></td><td rowspan="5"></td><td rowspan="5"></td></tr>
<tr><td>B</td><td>装配过程回答有一处错误</td></tr>
<tr><td>C</td><td>装配过程回答有两处错误</td></tr>
<tr><td>D</td><td>装配过程回答有三处错误</td></tr>
<tr><td>E</td><td>差或未答题</td></tr>
</table>

续表

<table>
<tr><td colspan="2">试题代码及名称</td><td colspan="3">3.1.1　带侧向抽芯机构的注塑模具装配（一）</td><td colspan="4">考核时间</td><td colspan="2">180 min</td></tr>
<tr><td colspan="2" rowspan="2">评价要素</td><td rowspan="2">配分</td><td rowspan="2">等级</td><td rowspan="2">评分细则</td><td colspan="5">评定等级</td><td rowspan="2">得分</td></tr>
<tr><td>A</td><td>B</td><td>C</td><td>D</td><td>E</td></tr>
<tr><td rowspan="5">5</td><td rowspan="5">工件、工具摆放</td><td rowspan="5">5</td><td>A</td><td>工件、工具摆放整齐、合理</td><td rowspan="5"></td><td rowspan="5"></td><td rowspan="5"></td><td rowspan="5"></td><td rowspan="5"></td><td rowspan="5"></td></tr>
<tr><td>B</td><td>工件、工具摆放有两处不合理</td></tr>
<tr><td>C</td><td>工件、工具摆放有三处不合理</td></tr>
<tr><td>D</td><td>工件、工具摆放有四处不合理</td></tr>
<tr><td>E</td><td>差或未答题</td></tr>
<tr><td colspan="2">合计配分</td><td>30</td><td colspan="7">合计得分</td><td></td></tr>
</table>

考评员（签名）：

| 等级 | A（优） | B（良） | C（尚可） | D（较差） | E（差或未答题） |
|---|---|---|---|---|---|
| 比值 | 1.0 | 0.8 | 0.6 | 0.2 | 0 |

“评价要素”得分 = 配分 × 等级比值。

# 工具钳工（注塑模）（三级）操作技能鉴定

## 试 题 单

试题代码：4.1.1。

试题名称：注塑模具检测与验收（一）。

考核时间：60 min。

1. 操作条件

（1）注塑机。

（2）注塑模具。

（3）操作者劳动防护服、工作鞋、防护眼镜穿戴齐全。

2. 操作内容

在注塑机上已安装了如图 4.1.1 所示的“盖”的注塑模具，塑件材料为 PP。请按以下要求进行相关操作：

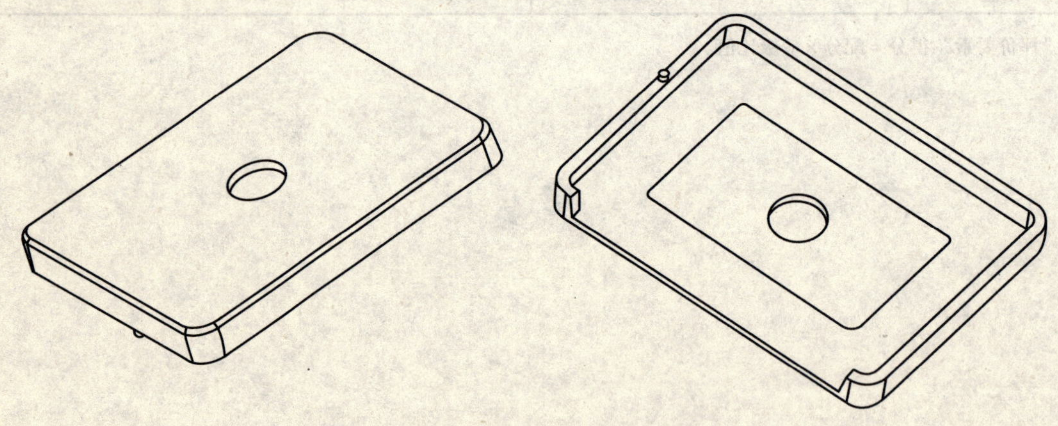

图 4.1.1 盖

（1）试模

1）在注塑机上设置合适的注塑工艺参数。

2）完成注塑工艺参数设定后，进行模具的试模操作。

3）将试模后得到的正确的试模工艺参数填入答题卷上“注塑工艺表”中的指定区域。

（2）检测与验收

1）根据试题单图样（见图4.1.1—1）上所标注的尺寸和技术要求，对注塑后的制件进行产品的验收。

2）在制件上测量试题单图样上所标注的$A$，$B$，$C$三处尺寸，并将测得的实际尺寸标注在答题卷图样（见图4.1.1—0）上。

3．操作要求

（1）塑件尺寸测量应完全正确。

（2）在注塑工艺表中正确填写注塑工艺参数。

（3）请仔细调整工艺参数，注塑出符合试题单图样要求的制件。

（4）安全文明生产

1）正确执行安全技术操作规程。

2）确保工作场地整洁，工件、工具摆放整齐。

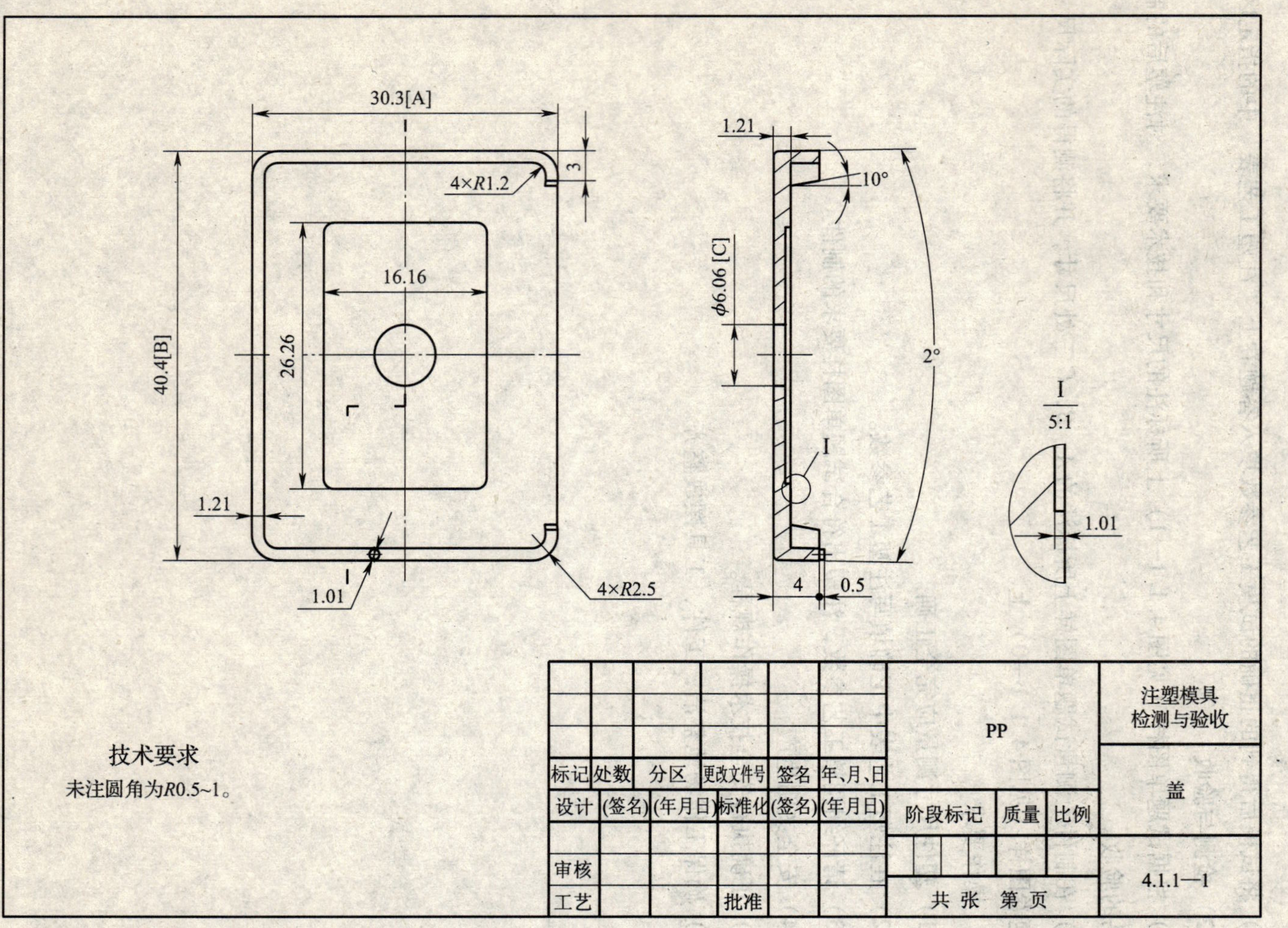
30.3[A]
3
4×R1.2
16.16
26.26
40.4[B]
1.21
1.01
4×R2.5
1.21
10°
φ6.06[C]
2°
I
4
0.5
I
5:1
1.01
技术要求
未注圆角为R0.5~1。
标记
处数
分区
更改文件号
签名
年、月、日
设计
(签名)
(年月日)
标准化
(签名)
(年月日)
审核
工艺
批准
PP
阶段标记
质量
比例
共 张 第 页
注塑模具
检测与验收
盖
4.1.1—1

# 工具钳工（注塑模）（三级）操作技能鉴定

## 答　题　卷

试题代码：4.1.1。

试题名称：注塑模具检测与验收（一）。

考生姓名：　　　　　　　　　　　　　准考证号：

1. 对试模后的制件进行测量，将测得的实际尺寸（$A$，$B$，$C$）标注在答题卷图样（见图 4.1.1—0）的相应位置上。

2. 正确填写注塑工艺表。

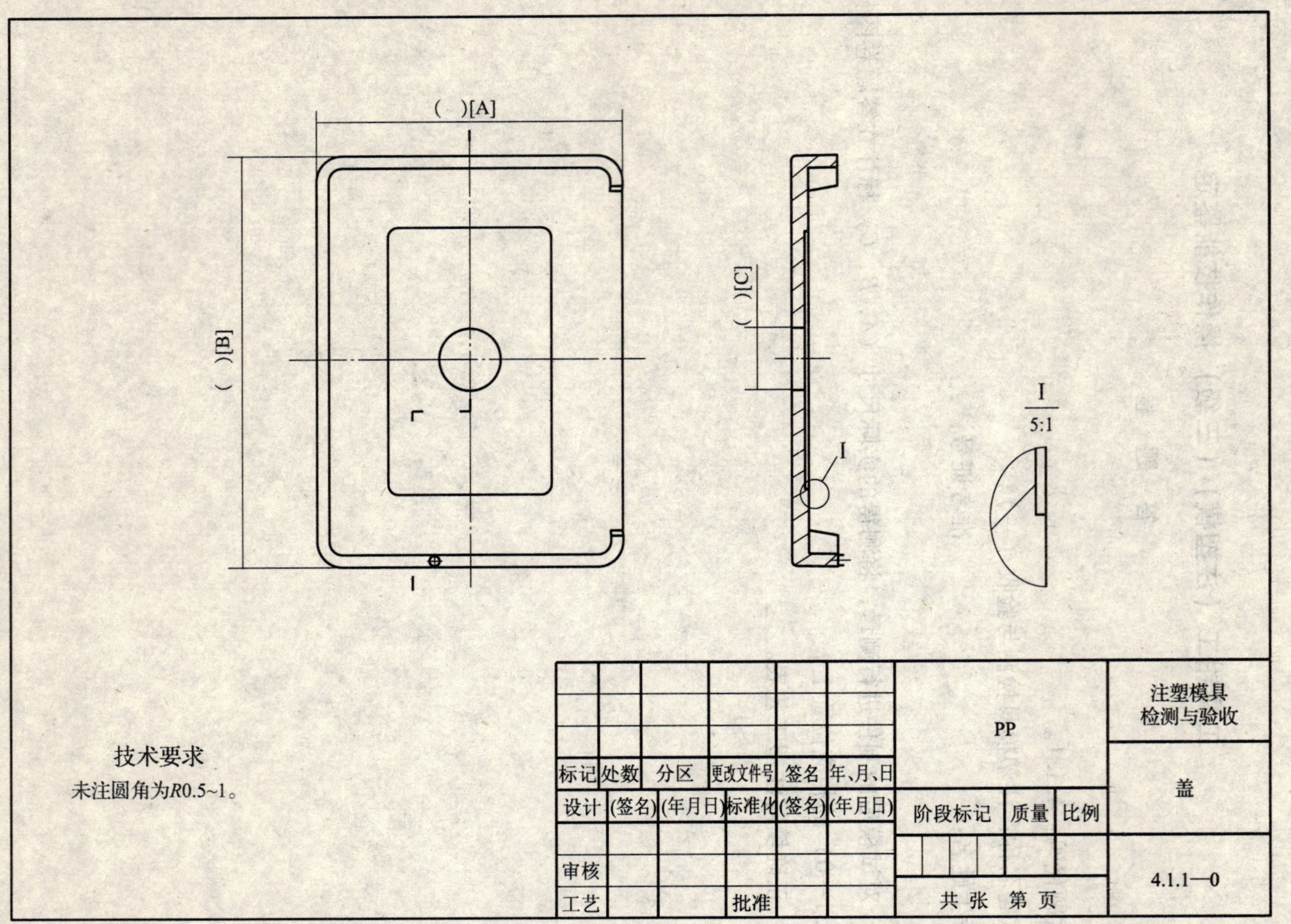
( )[A]
( )[B]
( )[C]
I
I
5:1
技术要求
未注圆角为R0.5~1。
标记 处数 分区 更改文件号 签名 年、月、日
设计 (签名) (年月日) 标准化 (签名) (年月日)
审核
工艺 批准
PP
阶段标记 质量 比例
共 张 第 页
注塑模具
检测与验收
盖
4.1.1—0

## 注 塑 工 艺 表

产品图号　　　　塑件材料　　　　生产日期　　　　订单批号

拌料记录　　　　操作人员　　　　日期

| 编号 | 物料名称 | 质量 | 拌料设备 | 拌料时间 | 烘料设备 | 烘料时间 | 烘料温度 | 备注 |
|---|---|---|---|---|---|---|---|---|
| | | | | | | | | |
| | | | | | | | | |
| | | | | | | | | |
| | | | | | | | | |
| | | | | | | | | |
| | | | | | | | | |

注塑机台工艺记录表　　　　操作人员　　　　日期/时间

| 开合模 | 位置 | 压力 | 速度 | | | 设定 | | |
|---|---|---|---|---|---|---|---|---|
| 合模快速 | | | | 时间 | 开模时间 | | | |
| 合模低压 | | | | | 射出时间 | | | |
| 合模高压 | | | | | 冷却时间 | | | |
| 开模慢速 1 | | | | | 保压时间 | | | |
| 开模快速 | | | | | 合模时间 | | | |
| 开模慢速 2 | | | | | 周期 | | | |

| 料筒温度 | 射嘴 | 第一节 | 第二节 | 第三节 | 第四节 | 第五节 | 模温 1 | 模温 2 |
|---|---|---|---|---|---|---|---|---|
| 设定 | | | | | | | | |
| 实际 | | | | | | | | |
| 射料 | 位置 | 压力 | 速度 | 射胶 | 位置 | 压力 | 速度 | 备注 |
| 射料 1 | | | | 射料 1 | | | | |
| 射料 2 | | | | 射料 2 | | | | |
| 射料 3 | | | | 射料 3 | | | | |
| 射料 4 | | | | 射料 4 | | | | |
| 射料 5 | | | | 射料 5 | | | | |
| 保压 1 | | | | 保压 1 | | | | |
| 保压 2 | | | | 保压 2 | | | | |

| 储料 | 位置 | 压力 | 速度 | 背压 | 位置 | 压力 | 速度 | 背压 |
|---|---|---|---|---|---|---|---|---|
| 一段 | | | | | | | | |
| 二段 | | | | | | | | |
| 三段 | | | | | | | | |
| 松退 | | | | | | | | |
| 射终 | | | | | | | | |

| 托模 | 位置 | 压力 | 速度 | 托模 | 位置 | 压力 | 速度 | 备注 |
|---|---|---|---|---|---|---|---|---|
| 前进 | | | | 前进 | | | | |
| 后退 | | | | 后退 | | | | |

| 模具状况 | 设计穴数 | 出现穴数 | 可用穴数 | 产品后整形 |
|---|---|---|---|---|
| | | | | |

记录：　　　　审核　　　　年　　月　　日

# 工具钳工（注塑模）（三级）操作技能鉴定

## 试题评分表及答案

考生姓名：　　　　　　　　准考证号：

### 试题评分表

| 试题代码及名称 | | 4.1.1 注塑模具检测与验收（一） | | | 考核时间 | | | | 60 min | |
|---|---|---|---|---|---|---|---|---|---|---|
| 评价要素 | | 配分 | 等级 | 评分细则 | 评定等级 | | | | | 得分 |
| | | | | | A | B | C | D | E | |
| 1 | 塑件尺寸测量（答题卷） | 2 | A | 塑件尺寸完全正确 | | | | | | |
| | | | B | — | | | | | | |
| | | | C | 塑件有一个尺寸错误 | | | | | | |
| | | | D | 塑件有两个尺寸错误 | | | | | | |
| | | | E | 差或未答题 | | | | | | |
| 2 | 在注塑工艺表中填写注塑工艺参数（答题卷） | 2 | A | 注塑工艺参数填写完全正确 | | | | | | |
| | | | B | — | | | | | | |
| | | | C | 注塑工艺参数填写有一处错误 | | | | | | |
| | | | D | 注塑工艺参数填写有两处错误 | | | | | | |
| | | | E | 差或未答题 | | | | | | |
| 3 | 注塑机的开模、合模操作 | 2 | A | 开模、合模操作完全正确，工艺参数设置合理 | | | | | | |
| | | | B | — | | | | | | |
| | | | C | 开模操作有失误 | | | | | | |
| | | | D | 合模操作有失误 | | | | | | |
| | | | E | 差或未答题 | | | | | | |
| 4 | 注塑机的射出操作 | 2 | A | 射出操作完全正确，工艺参数设置合理 | | | | | | |
| | | | B | — | | | | | | |
| | | | C | 空射出操作有失误 | | | | | | |
| | | | D | 射出操作有失误 | | | | | | |
| | | | E | 差或未答题 | | | | | | |

续表

| 试题代码及名称 | | 4.1.1　注塑模具检测与验收（一） | | | 考核时间 | | | | 60 min | |
|---|---|---|---|---|---|---|---|---|---|---|
| 评价要素 | | 配分 | 等级 | 评分细则 | 评定等级 | | | | | 得分 |
| | | | | | A | B | C | D | E | |
| 5 | 注塑机的安全规范 | 2 | A | 操作全部符合安全规范 | | | | | | |
| | | | B | — | | | | | | |
| | | | C | — | | | | | | |
| | | | D | 操作中有不规范的现象存在 | | | | | | |
| | | | E | 差或未答题 | | | | | | |
| 合计配分 | | 10 | 合计得分 | | | | | | | |

考评员（签名）：

| 等级 | A（优） | B（良） | C（尚可） | D（较差） | E（差或未答题） |
|---|---|---|---|---|---|
| 比值 | 1.0 | 0.8 | 0.6 | 0.2 | 0 |

“评价要素”得分 = 配分 × 等级比值。

# 工具钳工（注塑模）（三级）操作技能鉴定

## 试　题　单

试题代码：4. 2. 1。

试题名称：注塑模具问题分析与排除（一）。

考核时间：30 min。

1. 背景资料

缺陷塑件的实物图如下（圆圈圈住处为考核的塑件缺陷，全黑的塑件上存在较为明显的几条痕迹）：

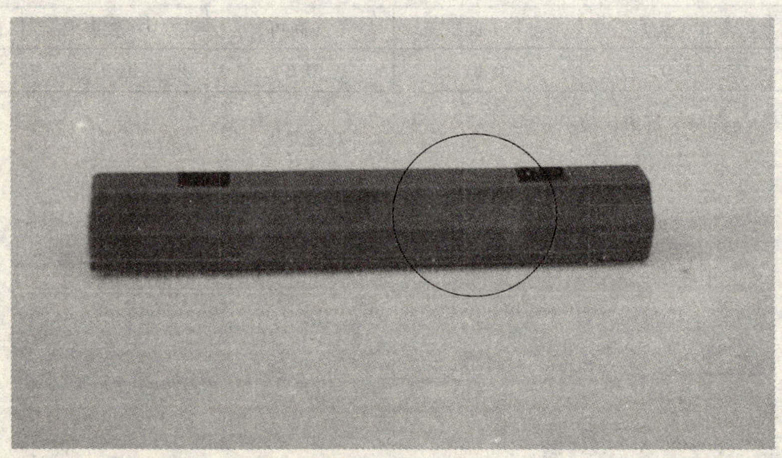

2. 试题要求

（1）根据缺陷塑件的实物图判断塑件缺陷的类别。

（2）分析塑件产生缺陷的原因。

（3）分析塑件缺陷的排除方法。

# 工具钳工（注塑模）（三级）操作技能鉴定

## 答　题　卷

试题代码：4.2.1。

试题名称：注塑模具问题分析与排除。

考生姓名：　　　　　　　　　　准考证号：

1. 缺陷塑件的种类是（　　）。

　A. 熔接不良　　B. 制品尺寸不稳定　　C. 表面纹

　D. 制品翘曲　　E. 制品粘模

2. 塑件产生缺陷的原因。

| 序号 | 产生的原因 | 分析问题的方向 |
|---|---|---|
| 1 | | 原料方面 |
| 2 | | 注塑机方面 |
| 3 | | 模具方面 |
| 4 | | 模具方面 |
| 5 | | 成型工艺方面 |
| 6 | | 成型工艺方面 |
| 7 | | 成型工艺方面 |
| 8 | | 成型工艺方面 |

3. 塑件缺陷的排除方法。

| 序号 | 排除方法 | 分析问题的方向 |
|---|---|---|
| 1 | | 原料方面 |
| 2 | | 注塑机方面 |
| 3 | | 模具方面 |
| 4 | | 模具方面 |
| 5 | | 成型工艺方面 |
| 6 | | 成型工艺方面 |
| 7 | | 成型工艺方面 |
| 8 | | 成型工艺方面 |

# 工具钳工（注塑模）（三级）操作技能鉴定

## 试题评分表及答案

考生姓名：　　　　　　　　　　准考证号：

### 试题评分表

<table>
<tr><td colspan="2">试题代码及名称</td><td colspan="3">4. 2. 1　注塑模具问题分析与排除</td><td colspan="5">考核时间</td><td>30 min</td></tr>
<tr><td colspan="2" rowspan="2">评价要素</td><td rowspan="2">配分</td><td rowspan="2">等级</td><td rowspan="2">评分细则</td><td colspan="5">评定等级</td><td rowspan="2">得分</td></tr>
<tr><td>A</td><td>B</td><td>C</td><td>D</td><td>E</td></tr>
<tr><td rowspan="5">1</td><td rowspan="5">塑件缺陷的种类</td><td rowspan="5">1</td><td>A</td><td>答对</td><td rowspan="5"></td><td rowspan="5"></td><td rowspan="5"></td><td rowspan="5"></td><td rowspan="5"></td><td rowspan="5"></td></tr>
<tr><td>B</td><td>—</td></tr>
<tr><td>C</td><td>—</td></tr>
<tr><td>D</td><td>—</td></tr>
<tr><td>E</td><td>差或未答题</td></tr>
<tr><td rowspan="5">2</td><td rowspan="5">塑件产生缺陷的原因</td><td rowspan="5">3</td><td>A</td><td>全部答对</td><td rowspan="5"></td><td rowspan="5"></td><td rowspan="5"></td><td rowspan="5"></td><td rowspan="5"></td><td rowspan="5"></td></tr>
<tr><td>B</td><td>答错一个</td></tr>
<tr><td>C</td><td>答错两个</td></tr>
<tr><td>D</td><td>答错三个</td></tr>
<tr><td>E</td><td>差或未答题</td></tr>
<tr><td rowspan="5">3</td><td rowspan="5">塑件缺陷的排除方法</td><td rowspan="5">1</td><td>A</td><td>全部答对</td><td rowspan="5"></td><td rowspan="5"></td><td rowspan="5"></td><td rowspan="5"></td><td rowspan="5"></td><td rowspan="5"></td></tr>
<tr><td>B</td><td>答错一个</td></tr>
<tr><td>C</td><td>答错两个</td></tr>
<tr><td>D</td><td>答错三个</td></tr>
<tr><td>E</td><td>差或未答题</td></tr>
<tr><td colspan="2">合计配分</td><td>5</td><td colspan="7">合计得分</td><td></td></tr>
</table>

考评员（签名）：

| 等级 | A（优） | B（良） | C（尚可） | D（较差） | E（差或未答题） |
|---|---|---|---|---|---|
| 比值 | 1.0 | 0.8 | 0.6 | 0.2 | 0 |

“评价要素”得分＝配分×等级比值。